高等学校计算机专业规划教材

新编数据结构及算法教程

林碧英 主编

石 敏 焦润海 编著

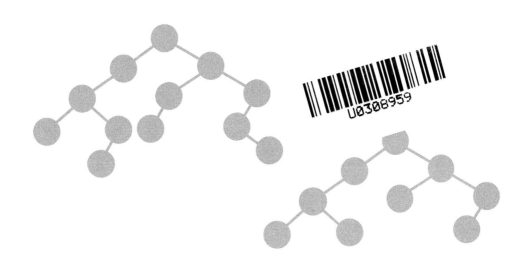

清华大学出版社

北 京

内 容 简 介

本书介绍了数据结构的基本概念、基本知识以及数据结构的应用。全书按照三部分编写。第一部分是线性结构,包括线性表、栈与队列、数组和特殊矩阵;第二部分是非线性结构,包括树和二叉树、图;第三部分是数据处理技术,包括查找和排序,内容涵盖了全国硕士研究生计算机综合考试课程的数据结构知识。

本书适合作为各类高等院校、高等职业技术学校与计算机相关的各类专业的数据结构与算法的教学用书,也是从事软件设计人员一本难得的参考书。

图书在版编目 CIP 数据

新编数据结构及算法教程/林碧英主编. —北京:清华大学出版社,2012.9(2021.1重印)
(高等学校计算机专业规划教材)
ISBN 978-7-302-29370-5

Ⅰ.①新⋯ Ⅱ.①林⋯ Ⅲ.①数据结构—高等学校—教材 ②算法分析—高等学校—教学参考资料 Ⅳ.①TP311.12

中国版本图书馆 CIP 数据核字(2012)第 158276 号

责任编辑:龙启铭
封面设计:常雪影
责任校对:梁 毅
责任印制:杨 艳

出版发行:清华大学出版社
    网 址:http://www.tup.com.cn,http://www.wqbook.com
    地 址:北京清华大学学研大厦 A 座   邮 编:100084
    社 总 机:010-62770175   邮 购:010-83470235
    投稿与读者服务:010-62776969,c-service@tup.tsinghua.edu.cn
    质量反馈:010-62772015,zhiliang@tup.tsinghua.edu.cn
    课件下载:http://www.tup.com.cn,010-83470236
印 装 者:北京九州迅驰传媒文化有限公司
经 销:全国新华书店
开 本:185mm×260mm   印 张:25.75   字 数:614 千字
版 次:2012 年 9 月第 1 版   印 次:2021 年 1 月第 7 次印刷
定 价:39.50 元

产品编号:048357-01

前　言

　　"数据结构"是计算机及相关专业的一门核心专业基础课,在计算机课程的教学计划中,它起着核心主导、承上启下的作用,是培养学生程序设计能力的一门重要课程,也是计算机及相关专业的大学生应聘、考研的一门必需课程。

　　长期以来,数据结构课程由于其抽象与动态性,使得在教学过程中始终存在"能听懂,编不了程,不会应用"的现象。目前大部分学生在学数据结构之前,只学了一门程序设计语言。受学时的限制,数据结构需要的链表基础,学生知之甚少,几乎没有编写过有关链表的程序,因此造成了学生学习"数据结构"的困难。另外,目前国内外的很多数据结构教科书都是在抽象层次上阐述,它们在介绍典型数据结构之前,虽然也使用了一些实际问题作为切入点,但最后并没有针对这些问题给出具体的解决方案,学生还是没有弄清楚为什么要学习这种结构,怎样用这种结构来解决实际问题。

　　由于以上问题,我们认为数据结构的教学改革势在必行。为此,我们对传统的教学方法进行改革尝试,以应用为主线,用案例驱动的教学方式,对每一种典型的数据结构教学采用以下方法:

　　(1) 引入实际问题。

　　(2) 分析实际问题中的数据和数据之间的关系,以及对数据需要做的常用操作。

　　(3) 抽象出实际问题涉及数据的逻辑结构、存储结构和基本操作的设计与实现。

　　(4) 用所学的数据结构设计和实现解决这些实际问题的算法。

　　(5) 编码、调试并分析运行结果。

　　上述案例驱动的教学模式,我们已经实践了 4 年,取得了可喜的成绩。我们边教学边总结,编写了这本以案例驱动为主导,以解决实际问题为主线,以激发学生学习热情为目标的教材,目的是使得原本难教难学的课程变得生动形象,更贴近实际,从而切实提高学生的程序设计能力。

　　此外,本教材还具有以下特点:

　　(1) 加强对基本操作实现的函数形参的分析。每个基本操作都配以示意图,显示存放在内存中的数据对象在操作完成前后的变化,分析操作的对象,需要的输入和输出,以及操作是否引起数据对象的变化,帮助读者熟练掌握基本操作的设计与实现。

（2）数据结构中的很多算法涉及递归操作，初学者很难理解递归算法的执行过程，为此我们对较难理解的递归算法，配以图表，揭示每一步的变化，将抽象的想象变为可以看到的具体过程，提升读者对递归算法的设计能力。

（3）对复杂的算法，我们用实际数据，采用图表结合的方式，将存储结构的变化和逻辑结构的变化同步展现，加强读者对算法的理解，使读者进一步掌握复杂算法的设计与实现。

（4）各章内容均与授课对象进行过多次交流，广泛听取学生的意见，及时进行内容的更新和修改。

全书共 8 章，由林碧英老师统一编排、审核。第 1 章、第 7 章和第 8 章由石敏老师编写；第 2 章和第 3 章由焦润海老师编写；第 4 章、第 5 章和第 6 章由林碧英老师编写。各章的习题由苏辰隽、莫瑞芳整理。

我们只是在案例教学做了一些尝试，在教材的编写中可能还有很多不尽人意的地方，恳请广大读者多提宝贵意见。

编写组

2012 年 8 月于北京

目 录

第1章

绪　论

1.1　数据结构的起源与发展

20 世纪 40 年代,第一台电子计算机问世。由于其产生的最初动力是人们想发明一种能进行科学计算的机器,因此在发展早期,其应用范围几乎只局限于科学和工程的计算,其处理的对象是纯数值型的信息,人们把这类问题称为数值计算问题。

近 30 年来,电子计算机的发展异常迅猛,运算速度不断提高,信息存储量日益扩大,价格逐步下降。更重要的是,计算机的应用范围已远远超出了科学计算的范畴,信息检索、企业管理、系统控制、虚拟现实等多种应用,几乎渗透到了人类社会活动的一切领域。与此相应,计算机的处理对象由早期纯粹的数值信息发展到文字、声音、多媒体以及图像等多样化的非数值信息。这类问题通常被称为非数值计算问题。与数值计算问题相比,非数值计算问题需要处理的数据对象及其相关关系更为复杂,加工数据的程序规模也更加庞大。单凭程序设计人员的经验和技巧已经难以设计出效率高、可靠性强的程序。由于系统中数据的表示方法和组织形式直接影响到系统运行的效率。因此,为了设计出高效的程序,就需要对计算机程序加工的数据对象进行系统地研究,即研究数据的特性以及数据之间存在的关系,此即为**数据结构**(Date Structure)。

1968 年,在图灵奖得主高纳德所著的《计算机程序设计艺术》(The Art of Computer Programming)第一卷《基本算法》中,较系统地阐述了数据的逻辑结构和存储结构及其操作,开创了数据结构的最初体系。同年,“数据结构”作为一门独立的课程在国外正式开始设立。

20 世纪 60 年代末出现了大型程序,软件也相对独立,结构化程序设计成为程序设计方法学的主要内容。人们越来越重视数据结构,认为程序设计的实质是对确定的问题选择一种好的结构,加上设计一种好的算法。数据结构在程序设计中的重要地位也日益凸显。

如今,“数据结构”作为计算机科学中的一门重要的专业基础课,综合了数学、计算机硬件和计算机软件等多学科的研究。它不仅是一般程序设计(特别是非数值性程序设计)的基础,而且是设计和实现编译程序、操作系统、数据库系统及其他系统程序的重要基础。同时,数据结构技术也广泛应用于信息科学、系统工程、应用数学以及各种工程技术领域。“数据结构”已经成为构建计算机类专业课程群的核心课程。

值得注意的是,虽然通过系统的分析与研究,已经总结得到了几种基本类型的数据结构,但数据结构的发展并未终结。据有关统计资料表明,现在计算机用于数据处理的时间比例达到80％以上,随着时间的推移和计算机应用的进一步普及,计算机用于数据处理的时间比例必将进一步增大。因此,针对各专业领域中的特殊问题和特定数据,有必要研究并构建高效的数据结构,如高维图形数据的数据结构和空间数据的数据结构等,以促使快速有效地数据分析与实时的数据处理。

1.2 基本概念和术语

既然数据结构主要研究数据的特性以及数据之间存在的关系,那我们就先来看什么是数据。

1. 数据

数据是能被输入到计算机中,能被计算机识别,且能被计算机加工处理的符号集合,是计算机操作对象的总称。现代计算机科学的观点,数据不仅包括数值信息,如整型、实型等,还包括非数值的信息,如图像、声音、文字等。

例如,游戏中的三维人物角色就是图形数据,而其中播放的声音就是声音数据。换句话说,所谓的数据,是对客观事物的符号表示,这些符号具备两个条件:

(1) 能输入到计算机中;

(2) 能被计算机程序处理。

对于数值型数据,可以直接对其处理;而对于非数值的数据,可以通过编码将其变成字符数据来处理。

2. 数据元素

数据元素是数据的一个基本单位,在计算机中通常作为一个整体进行考虑和处理。如整数5是整型数据中的一个数据元素。字符‘N’是字符型数据中的一个数据元素。如果数据元素被组织成表结构,也将其称为数据记录。例如,描述一个学生的数据元素可能包含学号、姓名、性别、出生日期等多个属性。于是,一条具体的学生信息:"10001、王小丽、女、1999/1/1",即是一条数据记录,如表1-1所示。

表 1-1 学生信息表

学号	姓名	性别	出生日期
10001	王小丽	女	1999/1/1
10002	李东东	男	2000/10/23
10003	张一毛	男	1998/11/2
10004	于亮	男	2002/10/5
10005	赵小小	女	2003/4/23

3. 数据项

数据元素可以由若干项构成,这些项是构成数据元素的单位,即为数据项。数据项可以是原子项,也可以是组合项。如学生数据元素中包含多个数据项,其中,姓名、学号和性别都是原子项,不能再进行分割;而出生日期可看作是由年、月、日构成的组合项,它可以分割为更小的数据项。

4. 数据对象(Data Object)

数据对象是性质相同的数据元素的集合,是数据的一个子集。例如,集合 N={0,1,−1,2,−2,⋯}是整型数据对象,C={'A','B','C',⋯,'Z'}是字符型数据对象。

5. 数据结构

结构,即关系。通常,实际应用问题中的数据元素之间并不是孤立存在的,而是存在一定的关系。数据元素之间的关系称为结构。所谓数据结构,简单地说,是指相互之间存在着某种逻辑关系的数据元素的集合。

综上所述,不难看出:数据包含数据对象;数据对象包含数据元素;数据元素包含数据项。

1.3　理解数据结构

计算机解决一个具体问题时,大致需要经过下列几个步骤:首先要从具体问题中抽象出一个适当的数学模型,然后设计一个求解此数学模型的**算法**(Algorithm),最后编出程序,测试和调整,直至得到最终解答。寻求数学模型的实质是分析问题,从中提取操作的数据对象,找出数据对象中的数据元素之间含有的关系,并加以描述。这实际上是对数据结构进行分析与描述。

为了更好地理解数据结构,先举一个简单的例子。

例如,求解一元二次方程 $ax^2+bx+c=0$ 的根,其中 a,b,c 作为已知输入。

这是一个典型的数值计算问题。需要处理的数据对象是 a,b,c,三者之间的关系可用给定的方程来表示,即 a,b,c 之间的关系隐含在一元二次方程中。

下面,再给出几个例子。

例 1-1:将 10 个整数进行求和运算。

例 1-2:对一个班学生的基本信息进行管理。

例 1-3:对一个单位的组织机构进行管理。

例 1-4:对一个行政区域的地图进行着色,要求最多用 4 种颜色,相邻区域不可用相同的颜色。

很显然,上述 4 个问题,都不是数值问题,要操作的数据之间的关系也不可能用简单的数学方程表示。那么,对于这类非数值计算问题,其数据之间的关系如何描述呢?这就是数据结构要研究的问题。下面我们进行详细分析。

在例 1-1 中,要求和的 10 个数是需要操作的数据对象。这 10 个数除了属于一个数集之外,相互之间没有其他特定的关系。或者说,这 10 个数之间具有比较松散的关系。这 10 个数称为集合结构。

在例 1-2 中,表示学生基本信息的数据是该问题需要处理的数据对象。它们可以组织为如表 1-1 的表格形式。在表格中,每一条学生信息的记录依次线性排列。这些学生信息和他们的前后次序关系称为线性结构。

在例 1-3 中,需要操作的数据对象是该单位中所有的组织机构名。例如,一个高校的组织机构如图 1-1 所示。

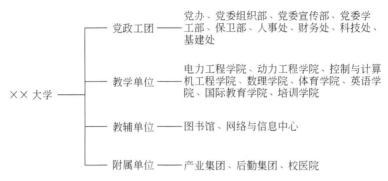

图 1-1　高校的组织机构图

这些组织机构之间具有更加复杂的层级关系:最高一级只有一个数据,是××大学,它包含党政工团、教学单位、教辅单位、附属单位多个类别的单位,这些类别可看作是第二层级,它们各自又分别包含了更低一级的子单位,如党政工团包括党办、党委组织部、党委宣传部等多个子单位。这些组织机构和它们之间的层次关系即为树形结构。

在例 1-4 中,行政区域示意图如图 1-2 所示。

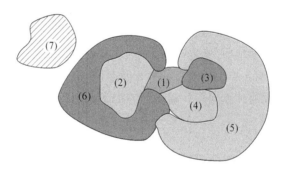

图 1-2　行政区域示意图

该问题需要操作的数据是这些行政区域,以及任何两个区域之间是否具有相邻接的关系。这些区域和它们的邻接关系我们称为图形结构。

从上述示例可知,数据结构主要研究在非数值计算的程序设计问题中计算机的操作对象以及它们之间的关系。在此基础之上,进行数据对象上的操作。

1.4　数据的逻辑结构和存储结构

一般认为,一个数据结构是由数据元素依据某种逻辑关系组织起来的。对数据元素间逻辑关系的描述称为数据的逻辑结构;其次,数据必须在计算机内存储,数据的存储结构是数据结构的实现形式,是其在计算机内的表示;此外,讨论一个数据结构,必须同时讨论在该类数据上执行的运算才有意义。

1.4.1 逻辑结构

逻辑结构是对数据元素之间的逻辑关系的描述,是从具体问题抽象出来的数学模型,与数据的存储无关。通常所说的数据结构即指逻辑结构。由 1.3 节的分析可知,有 4 种类型的数据结构,即 4 种逻辑结构。逻辑结构可以用一个数据元素的集合和定义在此集合上的若干关系来表示,例如,图形表示、二元组表示、语言描述。其中,最常用的方法是图形表示法,习惯用小圆圈表示数据元素,而用圆圈之间的线表示数据元素之间的关系;如果数据元素之间的关系是有方向的,则用带箭头的线表示关系。

1. 集合结构

集合结构,数据对象中的数据元素之间除了同属于一个集合之外,没有任何其他的关系。这种结构类似于数学中的集合,如图 1-3 所示。

2. 线性结构

线性结构,数据对象中的数据元素之间存在一对一的线性关系,可以表示为 1:1,如图 1-4 所示。

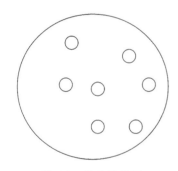

图 1-3 集合结构图

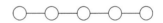

图 1-4 线性结构关系图

其中图 1-4 中的线段隐含了从左到右到关系,通常省略标志方向的箭头。

3. 树形结构

树形结构,数据对象中的数据元素之间存在一对多的层次关系,可以表示为 1:n,如图 1-5 所示,其中的线段隐含了从左到右的层次关系,通常省略标志方向的箭头。

4. 图形结构

图形结构,也称为网状结构,指数据对象中的数据元素之间存在多对多的任意关系,可以表示为 m:n,如图 1-6 所示。

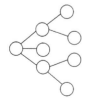

图 1-5 树形结构关系

图 1-6 图形结构关系

图 1-6 中线段表示的关系是双向的,通常省略方向的标注。如果线段表示的关系是单向的,则必须标注方向。

在上述 4 种数据结构中,集合是数据元素之间关系极为松散的一种结构,因此在实际应用中往往用其他结构来表示。集合结构、树形结构和图形结构属于非线性结构。

数据的逻辑结构,除用图形法表示之外,也可用二元组进行形式定义:

$$Data\_structure=(D,S)或(D,R)$$

其中,D 是数据元素的集合;S 或 R 是 D 上关系的集合。下面举例说明。

例 1-5:给出表 1-1 中数据结构的二元组形式描述。

StudentList＝(D,S),其中:

D＝$\{a_i|i=1,\cdots,5\}$

S＝$\{<a_i,a_{i+1}>|i=1,\cdots,4\}$

$<a_i,a_{i+1}>$是一对序偶,表示 a_i 是 a_{i+1} 的直接前驱,a_{i+1} 是 a_i 的直接后继。

例 1-6:给出以树形所示的数据结构的二元组形式描述,如图 1-7 所示。

Tree＝(D,S),其中:

D＝{A,B,C,D,E,F,G,H}

S＝$\{<A,B>,<A,C>,<A,D>,<B,E>,<B,F>,<D,G>,<D,H>\}$

例 1-7:给出以图形所示的数据结构的二元组形式描述,如图 1-8 所示。

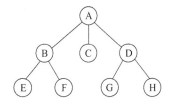

图 1-7　树形结构

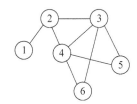

图 1-8　图形结构

该结构为一个图形结构,其对应的二元组形式可描述为:

G＝(D,S),其中:

D＝$\{i|i=1,2,\cdots,6\}$

S＝{(1,2),(2,3),(2,4),(3,4),(3,5),(3,6),(4,5),(4,6)}

(1,2)表示序偶$<1,2>$和序偶$<2,1>$同时存在。

1.4.2　存储结构

分析和研究数据结构的最终目的是为了使计算机能够对其进行处理。为此,仅有数据的逻辑结构是不够的,还必须研究这些结构在计算机内的存储方式,即存储结构(也称为物理结构)。需要注意的是,数据的存储结构应能正确反映数据元素之间的逻辑关系。换句话说就是,需要存储的内容包含:

(1)"数据"的存储;

(2)"关系"的存储。

常用的数据的存储结构形式有两种:顺序存储和链式存储。

1. 顺序存储结构

顺序存储结构,就是把逻辑上相邻的结点存储在物理位置相邻的存储单元里,结点间的逻辑关系由存储单元的邻接关系来体现。顺序存储结构是一种最基本的存储表示方法,借助于数组便可以实现。以表 1-1 为例,该表是一个线性结构,当对其进行顺序存储时,可以建立一个合适大小的数组,相应于此,计算机就在内存找到了一段连续的空闲空间。然后,即可以将表中的第一个数据元素存放到数组的第一个元素,表中的第二个数据元素存放到数组的第二个数据元素,依次类推即可。表 1-1 对应的顺序存储结构示意图见图 1-9。

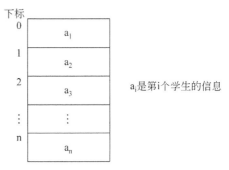

图 1-9　顺序存储示意图

2. 链式存储结构

链式存储结构,就是把数据元素放在任意的存储单元中,逻辑上相邻的元素其物理位置可能相邻,也可能不相邻,而元素间逻辑上的邻接关系在物理存储上通过附设的指针字段来表示。链式存储结构通常借助于程序设计语言中的指针类型来实现。仍以表 1-1 为例,其链式存储示意图如图 1-10 所示。其中,数据元素任意存放在内存单元中,而对于每一个数据元素,除了存储本身的值之外,还相应存储了逻辑上的下一个相邻元素的地址。也可以说,数据元素在内存中映像为一个包含数据和地址的结点。

内存单元地址

1000_H	a_3	$103C_H$
起始地址		
$\rightarrow 100A_H$	a_1	1028_H
1014_H	...	...
$101E_H$	a_6	NULL
1028_H	a_2	1000_H
1032_H	...	...
$103C_H$	a_4	1050_H
1046_H	...	...
1050_H	a_5	$101E_H$

a_i 是第 i 个学生的信息

图 1-10　链式存储示意图

除考虑逻辑结构和存储结构之外,对每一个数据结构而言,考虑数据集合之上可进行的操作是非常重要的。即使数据的逻辑结构相同,但若操作的种类和数目不同,则数据结构能起的作用也不同。

1.5　抽象数据类型

开发一个软件系统,需经历以下 4 个阶段,如图 1-11 所示。

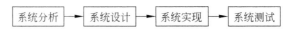

图 1-11　软件系统开发的阶段示意图

当完成系统分析之后,已经明确了系统应该具有的功能和各个功能所要求的数据。在系统设计阶段需要对系统的数据进行分析与设计,抽象出数据对象,数据元素之间的关系以及在数据对象上需要完成的操作。此时还没有确定用何种程序设计语言实现,为了更加清楚地表述数据结构,用一种统一的形式将数据对象、数据元素之间的关系和在数据对象上的操作表示出来,即采用抽象数据类型描述。当完成系统设计之后,进入系统实现阶段,再根据软件系统的规模和应用环境,选用一种程序设计语言,此时需将在系统设计阶段得到的抽象数据类型描述转换成选定语言支持的数据类型描述,才能进行程序的编码和调试。

1.5.1　数据类型

数据类型,就是一个值的集合以及定义在这个值集上的一组操作的总称。在 C 语言中,按照取值的不同,数据类型可以分为两类:原子类型和结构类型。原子类型是不可以再分解的基本类型,包括整型、实型、字符型、枚举类型、指针类型;结构类型是由若干个类型组合而成的类型,如数组、文件等。

在程序设计语言中,每一个数据都属于某种数据类型。类型明显或隐含地规定了数据的取值范围、存储方式以及允许进行的运算。可以认为,数据类型是在程序设计中已经实现了的数据结构。另一方面,在程序设计过程中,当需要引入某种新的数据结构时,总是借助编程语言所提供的数据类型来描述数据的存储结构。

例如,在 C 语言中,一旦定义了两个整型变量 a 和 b,就意味着 a 和 b 只能赋值为 int 规定的取值范围,并且只能进行 int 类型所允许的运算。

各种高级程序设计语言中都拥有“整数”类型,尽管它们在不同处理器上表示和实现的方法不同,但对程序员而言是“相同的”,因为它们的数学特性相同。程序员并不关心整数在计算机内是如何表示的,也不用知道为了实现 a+b 需要进行什么操作,他们只需直接使用已经定义的功能即可。从“数学抽象”的角度看,可称它是一个已经用某种语言实现了的一个“抽象数据类型”,它强调的是其本质的特征、其所能完成的功能以及它和外部用户的接口(即外界使用它的方法)。

1.5.2　抽象数据类型

抽象数据类型(Abstract Data Type,ADT),即指一个数学模型以及定义在该模型上的一组操作。抽象数据类型的定义仅取决于它的一组逻辑特性,而与其在计算机内部如何表示和实现无关。

抽象数据类型有两个重要特性。

1. 数据抽象

用 ADT 描述程序处理的实体时,强调的是其本质特征、所能完成的功能以及它与外部用户的接口(即外界使用它的方法)。

2. 数据封装

将实体的外部特性和其内部实现细节分离,并且对外部用户隐藏其内部实现细节。

抽象数据类型定义了一个数据集的逻辑结构以及在此结构上的一组算法。它实际上就是对数据结构的定义。

抽象数据类型可用以下三元组表示:

$$(D, S, P)$$

其中,D 是数据对象,S 是 D 上的关系集,P 是对 D 的基本操作集。基本操作集通常包括:初始化、插入、删除、查找、遍历等。

在本书中,采用的 ADT 定义形式为:

```
ADT 抽象数据类型名
{
    数据对象: (数据元素集合)
    数据关系: (数据关系二元组集合)
    基本操作: (操作函数的列表)
}ADT 抽象数据类型名;
```

下面,定义"复数"的抽象数据类型。

```
ADT Complex{
  数据对象:
     D={e1,e2|e1,e2∈ RealSet}
  数据关系:
     R={<e1,e2>|e1 是复数的实数部分,e2 是复数的虚数部分 }
  基本操作:
     InitComplex(&z,v1,v2)
     操作结果: 构造复数,其实部和虚部分别被赋予参数 v1 和 v2 的值
     DestroyComplex(Z)
     操作结果: 复数 Z 被销毁
     GetReal(Z,&real)
     初始条件: 复数已存在
     操作结果: 返回复数 Z 的实部值
     GetImag(Z,&imag)
     初始条件: 复数已存在
     操作结果: 返回复数 Z 的虚部值
     Add(z1,z2,&sum)
     初始条件: z1,z2 是复数
     操作结果: 返回两个复数 z1,z2 的和值
```

```
    Multiply(z1,z2,&product)
    初始条件：z1,z2 是复数
    操作结果：用 product 返回两个复数 z1,z2 的积值
    Division(z1,z2,&result)
    初始条件：z1,z2 是复数,并且商存在
    操作结果：用 result 返回两个复数 z1,z2 的商值
} ADT Complex;
```

抽象数据类型定义完成后,在构建软件系统前,必须用程序设计语言来实现它。以复数类型为例进行说明。这里我们只实现其中的 InitComplex() 和 Add() 操作。其他操作的具体实现方法,读者可自己完成。

用 C 语言实现的复数类型如下：

```c
typedef struct complex
{
    float realpart;
    float imagpart;
}ComPlex;
void InitComplex(ComPlex * z,float v1,float v2)
{
    z->realpart=v1;
    z->imagpart=v2;
}
void Add(ComPlex z1,ComPlex z2,ComPlex * sum)
{
    sum->realpart=z1.realpart+z2.realpart;
    sum->imagpart=z1.imagpart+z2.imagpart;
}
```

用 C++ 语言实现的复数类型如下：

```cpp
class ComPlex
{
    float realpart;
    float imagpart;
    void InitComplex(ComPlex * z,float v1,float v2)
    {
        z->realpart=v1;
        z->imagpart=v2;
    }
    void Add(ComPlex z1,ComPlex z2,ComPlex * sum)
    {
        sum->realpart=z1.realpart+z2.realpart;
        sum->imagpart=z1.imagpart+z2.imagpart;
    }
}
```

1.6　算法分析与评价

1.6.1　数据结构与算法的关系

学习数据结构的目的是为了了解计算机处理对象的特性,将实际问题中所涉及的数据对象在计算机中表示出来,并对它们进行加工操作,以完成各种功能。因此,数据的运算是数据结构的一个重要方面,而讨论实现各种运算的算法,则是数据结构课程的重要内容之一。

许多大型系统的构造经验表明,系统实现的困难程度和系统构造的质量都严重地依赖于是否选择了最优的数据结构。许多时候,确定了数据结构后,算法就容易得到了。当然,有些时候事情也会反过来,需要根据特定算法来选择有效的数据结构与之适应。

那么,当利用计算机解决具体问题时,什么时候需要进行算法设计呢? 由于算法的设计仅取决于数据的逻辑结构,而与物理存储方式无关,因此,在构建好数学模型之后,便可以进行相应操作的算法设计。而算法的具体实现则依赖于数据采用的存储结构。

1.6.2　算法的定义

算法,即解决问题的方法。在中国古代称为"术",最早出现在《周髀算经》、《九章算术》中。英文名称"Algorithm"则来自于 9 世纪波斯数学 al-Khwarizmi。如今,比较普遍使用的算法定义如下:

算法(Algorithm)是指问题求解所需要的具体步骤和方法,是规定的一个有限长的操作序列。也就是说,给定初始状态或输入数据,能够在有限时间内得出所要求或期望的终止状态或输出数据。

如果一个算法有缺陷,或者不适合某个问题,执行这个算法将不能解决这个问题。对于给定的问题,可以采用不同的算法进行解决,而每一种算法占用的时间、空间或效率都可能不同。

例 1-8:求解 1～100 的和,可以提供以下两种算法。

【算法 1.1】

```
for(int i=1,sum=0,n=100;i<=n;i++)
    sum+=i;
```

【算法 1.2】

```
int i=1,sum=0,n=100;
sum=(1+n) * n/2;
```

比较这两个算法,显而易见的,算法 2 的效率远高于算法 1。

1.6.3　算法的 5 大特性

图灵奖得主高纳德所著的《计算机程序设计艺术》(The Art of Computer

Programming)中,清楚地描述了算法具有的 5 大特性。

(1) 输入:一个算法必须有零个或多个输入。

(2) 输出:一个算法应有一个或多个输出。输出是算法进行信息处理后得到的结果。

(3) 确定性:算法的描述必须无歧义,以保证算法的实际执行结果是完全符合问题需求,通常要求实际运行结果是确定的,即在一定的条件下,只有一条执行路径,相同的输入只能有唯一的输出结果。

(4) 有限性:算法必须在有限步骤内完成任务。如果在描述算法的指令序列中出现了死循环,这就不满足有限性。

(5) 有效性:又称可行性,即算法中描述的操作都是可以通过已经实现的基本运算执行有限次来实现。一个有效的算法是指能够通过程序运行,获得正确结果的算法。如果一个特定算法的理论很成熟,可是复杂度太高,难以实现;或者即使勉强实现了它,程序运行也需要几十年甚至几百年的时间开销,那么,这个算法就很难说是一个有效的算法。

1.6.4 算法设计的要求

既然对于一个确定的问题,算法并不一定唯一,那么,设计一种好的算法,是非常有必要的。一个优秀的算法,通常应考虑达到以下目标。

(1) 正确性。正确的算法应当能够满足问题的需求、能够得到问题的正确答案。对"正确性"理解,可分为以下 4 个层次:

a. 程序中不含语法错误。

b. 程序对于几组输入数据能够得出满足要求的输出结果。

c. 程序对于精心选择的、典型、苛刻且带有刁难性的几组输入数据能够得出满足要求的结果。

d. 程序对于一切合法的输入数据都能得出满足要求的结果。

其中,层次 a 要求最低。但是,仅仅不含语法错误,很难说程序的输出结果也正确。而层次 d 的要求最高。实际上,我们根本不可能把所有合法的输入都进行逐一验证,这压根就是不可行的操作。因此,通常将层次 c 作为一个算法是否正确的标准。

(2) 可读性。算法设计的目的不仅是为了计算机执行,同时,也为了人的阅读与交流。因此,算法应该易于人的理解。

可读性强的算法更加便于调试,且易于发现并修改错误;而晦涩难读的程序易于隐藏较多错误而难以调试。此外,现实中的软件系统通常较为庞大,很难独自完成,需要多人合作。如果一个算法的设计让人难于理解,绝大多数人都看不懂,则很难将其有效利用,最终也是"一潭死水"。

(3) 健壮性。当输入数据不合法时,算法应当能够恰当地做出反应或进行相应处理,而不是产生莫名其妙的输出结果,并且,处理出错的方法不应是中断程序的执行,而应是返回一个表示错误或错误性质的值,以便在更高的抽象层次上进行处理。例如,输入的分式中的分母不应该是 0,一旦出现了 0,就应该马上做出相应的提示操作,而不是异常中断。

（4）高效率和低存储量需求。通常,效率指的是算法执行时间;存储量指的是算法执行过程中所需的最大存储空间。两者都与问题的规模(一般情况下问题的规模与数据量成正比)有关。设计算法应该尽可能使其具有较低的时间成本,并且具有较少的空间开销。

算法设计需用算法描述工具实现。常用的算法描述工具有自然语言、流程图、N-S 结构图、伪代码和程序设计语言。本书采用接近 C 语言函数的类 C 描述方法,基本上遵循 C 函数的规范,通常缺省内部变量的说明,对有格式的输入输出函数,如 scanf() 和 printf(),在没有明确数据类型时,通常省略格式字符串,只给出输入地址表列或输出项。

1.6.5 算法效率分析

算法的效率主要指算法的执行时间。同一问题可用不同算法解决,而每个算法的质量优劣不同,其执行效率也相应不同。算法分析的目的在于选择合适的算法,并改进已有的算法,从而提高系统整体性能。

通常,衡量算法效率的方法有两种:事后统计法和事前分析估算法。

1. 事后统计法

事后统计法,即对每一个算法编制出相应的程序,并在计算机上运行,利用机器时钟计算出程序执行的时间,从而确定算法的效率。

这种方法的缺陷是显而易见的,主要有以下几点:

a. 对于每一个算法,都要编制好相应的程序并执行程序,这通常需要花费大量的时间和精力,造成不必要的成本浪费。

b. 一些其他的因素容易掩盖算法本身的优劣。例如,运行程序所选择的计算机、操作系统、编译器等不同,都会导致同一个算法的运行时间具有差异。

c. 运行程序时,选择合适的输入数据集非常困难。通常,不同的输入数据集将导致程序不同的执行时间,而且程序的运行效率也将随着数据规模的变化而产生相应变化。因此,如果选择的测试数据不够全面、准确,往往很难正确评价算法本身的优劣性。

由于事后统计法存在无法避免的缺陷,因此很少被采用。而更多采用的是另一种方法——事前分析估算法。

2. 事前分析估算法

事前分析估算法,即在算法设计完成后,并不需要编制程序,而只需采用统计方法进行算法效率的大致估算。

分析发现,程序的运行时间取决于以下几个因素:

a. 算法选用的策略。

b. 问题的规模。

c. 编写程序的语言。

d. 编译程序产生的机器代码质量。

e. 计算机执行指令的速度。

如果抛开计算机硬件、软件相关的因素,只考虑算法本身,则前两条 a 和 b 是影响程序运行时间的主要因素。对于某一个特定算法,其"运行时间"的大小只依赖于问题的规模(问题处理数据量的大小,通常用整数量 n 表示),或者说,它是问题规模的函数。

1.6.6　算法的时间复杂度

1. 算法的时间耗费

算法的执行时间是由构成算法的所有语句的执行时间决定的,因此,可以进行如下估算:

算法所耗费的时间 ＝ 算法中每条语句的执行时间之和

每条语句的执行时间 ＝ 语句的频度 × 语句执行一次所需时间

其中,语句的频度(Frequency Count),即指语句的执行次数。

在上述估算中,为了确定语句执行一次的具体时间,必须上机运行测试算法才能知道。但不同机器的指令性能、速度以及编译所产生的代码质量等因素,使得语句具体的执行时间难以确定。另一方面,我们不可能也没有必要对每个算法都上机测试,而只需知道哪个算法花费的时间多、哪个算法花费的时间少就可以了。因此,将每条语句的执行时间看作单位时间。这样,算法花费的时间与算法中语句的执行次数成正比,语句执行次数多,算法花费时间就多,从而可以估算算法的耗费时间。

例 1-9:累加求和。

```
int i,s;
for(i=1,s=0;i<=n;i++)
    s+=i;
```

在上述算法中,i＝1 和 s＝0 各执行了 1 次,i＜＝n 执行了 n＋1 次,i＋＋和 s＋＝i 各执行了 n 次,总的执行次数 T(n)＝3n＋3 次,此即为算法的时间耗费。

上面的 n 称为问题的规模,当 n 不断变化时,时间耗费也会不断变化。下面引入时间复杂度概念。

2. 时间复杂度(Time Complexity,也称时间复杂性)

一般情况下,算法中基本操作重复执行的次数是问题规模 n 的某个函数,用 T(n)表示,若有某个辅助函数 f(n),使得当 n 趋近于无穷大时,T(n)/f(n)的极限值为非零的常数,则称 f(n)是 T(n)的同数量级函数,即 T(n)的增长率与 f(n)的增长率相同。记作 T(n)＝O(f(n)),称 O(f(n))为算法的渐进时间复杂度,如图 1-12 所示。

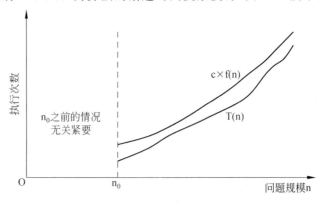

图 1-12　时间复杂度的示意图

在算法中,语句执行次数不相同时,渐进时间复杂度也有可能相同,如 $T(n)=n^2+3$ 与 $T(n)=4n^2+3n$,渐进时间复杂度都为 $O(n^2)$。

在算法分析时,往往对算法的时间复杂度和渐近时间复杂度不予区分,而经常是将渐近时间复杂度 $T(n)=O(f(n))$ 简称为时间复杂度。利用算法时间复杂度的数量级(即算法的渐近时间复杂度),来评价一个算法的时间性能。

例 1-10:求解同一问题的两个算法 A1 和 A2,时间复杂度分别是 $T_1(n)=100n^2$, $T_2(n)=50n^3$。

(1) 当输入量 $n<20$ 时,有 $T_1(n)>T_2(n)$,后者花费的时间较少。

(2) 随着问题规模 n 的增大,两个算法的时间开销之比 $T_2(n)/T_1(n)=n/20$,亦随着问题规模 n 增大,算法 A1 比算法 A2 要有效地多。它们的渐近时间复杂度 $O(n^2)$ 和 $O(n^3)$ 从宏观上评价了这两个算法在时间方面的性能。

3. 计算时间复杂度

通常,从算法中选取一种对于所研究的问题来说是"基本操作"的原操作,以该"基本操作"在算法中重复执行的次数作为算法运行时间的衡量准则,并计算其时间复杂度。下面举例说明。

例 1-11:交换 i 和 j 的内容。

```
temp=i;
i=j;
j=temp;
```

以上三条语句的频度均为 1,该程序段的执行时间是一个与问题规模 n 无关的常数。算法的时间复杂度为常数阶,记作 $T(n)=O(1)$。

如果算法的执行时间不随着问题规模 n 的增加而增长,即使算法中有上千条语句,其执行时间也不过是一个较大的常数。此类算法的时间复杂度是 $O(1)$。

例 1-12:分析冒泡排序的时间复杂度。

```
void bubble_sort(int a[],int n)
{   //将 a 中整数序列重新排列成自小至大有序的整数序列
    int t;
    for(i=0;i<n-1;i++)
    {
        for(j=0;j<n-1-i;j++)
            if(a[j]>a[j+1])
            {
                t=a[j];
                a[j]=a[j+1];
                a[j+1]=t;
            }
    }
}
```

> **【分析】** 一般情况下,对具有循环结构的算法,只需考虑最深层循环体中语句的执行次数,忽略该语句中步长加1、终值判别、控制转移等成分。基本语句为 a[j]>a[j+1],受控于两重循环。根据两个循环的关系,外循环 i=0 时,内循环 j 执行 n−1 次;外循环 i=1 时,内循环 j 执行 n−2 次…;外循环 i=n−2 时,内循环 j 执行 1 次。所以基本语句总共执行了 $(1+2+3+\cdots+n-1)=n*(n-1)/2$ 次,即 $T(n)=O(n^2)$。

例 1-13：分析下列程序段的时间复杂度。

```
int i=1;
while(i<=n)i=i*2;
```

> **【分析】** 基本语句为 i=i*2,它的执行次数受控于变量 n,而变量 i 是按照 2 的指数幂变化。不妨假设 $2^{f(n)}<=n$,两边取对数,则有 $f(n)<=\log_2 n$,由此得出：$T(n)=O(\log_2 n)$。

例 1-14：分析下列程序段的时间复杂度。

```
for(i=0;i<m;i++)
    for(j=0;j<n;j++)x[i][j]=i*10+j;
```

> **【分析】** 基本语句为 x[i][j]=i*10+j;,它的执行次数受控于两个循环,外循环执行 m 次,内循环执行 n 次,基本语句的执行次数为 m×n,由此得出：时间复杂度与 m 和 n 有关,$T(m,n)=O(m×n)$。

常见的时间复杂度按数量级递增排列依次为：常数 $O(1)$、对数阶 $O(\log n)$、线性阶 $O(n)$、线性对数阶 $O(n\log n)$、平方阶 $O(n^2)$、立方阶 $O(n^3)$、……、k 次方阶 $O(n^k)$、指数阶 $O(2^n)$。显然,时间复杂度为指数阶的算法效率极低,当 n 值稍大时就无法应用。

1.6.7　算法存储空间需求

类似于时间复杂度的讨论,算法的**空间复杂度**(Space Complexity)定义为：

$$S(n)=O(g(n))$$

它也是问题规模 n 的函数,表示随着问题规模 n 的增大,算法运行所需存储量的增长率与 g(n) 的增长率相同。

空间复杂度是对算法在运行过程中临时占用存储空间大小的量度。算法在计算机存储器上所占用的存储空间,包括三个方面：存储算法本身所占用的存储空间,算法的输入输出数据所占用的存储空间,以及算法在运行过程中临时占用的存储空间。算法的输入输出数据所占用的存储空间是由要解决的问题决定的,是通过参数表由调用函数传递而来的,它不随算法的不同而改变。存储算法本身所占用的存储空间与算法书写的长短成正比,要压缩这方面的存储空间,就必须编写出较短的算法。算法在运行过程中临时占用的存储空间随算法的不同而异,有的算法只需要占用少量的临时工作单元,而且不随问题规模的大小而改变,我们称这种算法是"就地"进行的,是节省存储的算法,如这一节介绍过的几个算法都是如此。有的算法需要占用的临时工作单元数与解决问题的规模 n 有关,它随着 n 的增大而增大,当 n 较大时,将占用较多的存储单元。

对于一个算法,其时间效率和空间效率往往是相互影响的。当追求较高的时间性能时,可能会导致更高的空间复杂度,即可能导致占用较多的存储空间;反之,当追求较好的空间性能时,可能会使时间复杂度的性能变差,即可能导致占用较长的运行时间。因此,当设计一个算法时,要综合考虑两方面的性能。此外,还应考虑算法的使用频率,算法处理的数据量的大小,算法描述语言的特性,算法运行的机器系统环境等各方面因素,才能够设计出比较好的算法。

1.7　本　章　小　结

本章首先介绍了数据结构在计算机相关课程的地位和作用,详细阐述了数据结构研究的内容,并给出了数据结构的基本概念和术语。此外,特别强调了算法的 5 大特性和算法效率评估的时间复杂度和空间复杂度以及大 O 表示法。

数据结构的研究内容包括数据的逻辑结构、数据的存储结构和对数据施加的基本操作(初始化、插入、删除、查找、遍历等)。常见的逻辑结构有 4 种,即集合结构、线性结构、树形结构和图形结构,其中的集合结构、树形结构和图形结构是非线性结构。

数据的逻辑结构独立于计算机,面向问题;存储结构面向计算机。前者在系统分析阶段使用,后者在系统实现阶段使用。

数据的存储结构通常有两种:顺序存储和链式存储。

1.8　习　　　题

一、填空题

1. 数据结构是一门研究非数值计算的程序设计问题中计算机的_____以及它们之间的_____和运算等的学科。

2. 数据结构被形式地定义为(D，R),其中 D 是_____的有限集合,R 是 D 上的_____有限集合。

3. 数据结构包括数据的_____、数据的_____和数据的_____这三个方面的内容。

4. 数据结构按逻辑结构可分为两大类,它们分别是_____和_____。

5. 线性结构中元素之间存在_____关系,树形结构中元素之间存在_____关系,图形结构中元素之间存在_____关系。

6. 在线性结构中,第一个结点_____前驱结点,其余每个结点有且只有 1 个前驱结点;最后一个结点_____后继结点,其余每个结点有且只有 1 个后继结点。

7. 在树形结构中,树根结点没有_____结点,其余每个结点有且只有_____个前驱结点;叶子结点没有_____结点,其余每个结点的后继结点数可以_____。

8. 在图形结构中,每个结点的前驱结点数和后继结点数可以_____。

9. 数据结构的存储结构常用两种基本的存储方法表示,它们分别是_____。

10. 数据的基本运算最常用的有 5 种,它们分别是＿＿＿＿＿＿＿＿＿＿＿。

11. 一个算法的效率可分为＿＿＿＿效率和＿＿＿＿效率。

二、单项选择题

1. 线性结构是数据元素之间存在一种(   )

  (A) 一对多关系　　(B) 多对多关系　　(C) 多对一关系　　(D) 一对一关系

2. 数据结构中,与所使用的计算机无关的是数据的(   )结构。

  (A) 存储　　　　　(B) 物理　　　　　(C) 逻辑　　　　　(D) 物理和存储

3. 算法分析的目的是(   )。

  (A) 找出数据结构的合理性　　　　　(B) 研究算法中的输入和输出的关系

  (C) 分析算法的效率以求改进　　　　(D) 分析算法的易懂性和文档性

4. 算法分析的两个主要方面是(   )。

  (A) 空间复杂性和时间复杂性　　　　(B) 正确性和简明性

  (C) 可读性和文档性　　　　　　　　(D) 数据复杂性和程序复杂性

5. 计算机算法指的是(   )。

  (A) 计算方法　　　　　　　　　　　(B) 排序方法

  (C) 解决问题的有限运算序列　　　　(D) 调度方法

6. 计算机算法必须具备输入、输出和(   )等 5 个特性。

  (A) 可行性、可移植性和可扩充性　　(B) 可行性、确定性和有穷性

  (C) 确定性、有穷性和稳定性　　　　(D) 易读性、稳定性和安全性

三、简答题

1. 抽象数据类型和数据类型两个概念的区别。

2. 简述线性结构与非线性结构的不同点。

四、分析下面各程序段的时间复杂度

1.
```
for(i=0;i<n;i++)
  for(j=0;j<m;j++)
    for(k=0;j<p;j++)x++;
```

2.
```
s=0;
for(i=0;i<n;i++)
  for(j=0;j<n;j++)
    s+=b[i][j];
sum=s;
```

3.
```
x=0;
for(i=1;i<n;i++)
  for(j=1;j<=n-i;j++)
    x++;
```

4.
```
i=1;
  while(i<=n)
    i=i*3;
```

五、应用题

设有数据逻辑结构 S＝(D,R),试按各小题所给条件画出这些逻辑结构的图示,并确定相对于关系 R,哪些结点是开始结点,哪些结点是终端结点?

(1) D＝{d1,d2,d3,d4}

　　R＝{＜d1,d2＞,＜d2,d3＞,＜d3,d4＞}

(2) D＝{d1,d2,…,d9}

　　R＝{＜d1,d2＞,＜d1,d3＞,＜d3,d4＞,＜d3,d6＞,＜d6,d8＞,＜d4,d5＞,＜d6,d7＞,＜d2,d9＞}

(3) D＝{d1,d2,…,d9}

　　R＝{(d1,d3),(d1,d8),(d2,d3),(d2,d4),(d2,d5),(d3,d9),(d5,d6),(d8,d9),(d9,d7),(d4,d7),(d4,d6)}

第2章

线 性 表

线性表是线性结构中的一种最基本的结构,数据元素之间的关系是"前后"的次序关系,在实际应用中比比皆是。本章主要介绍线性表的逻辑结构、存储结构和基本操作的实现,并针对涉及线性表的实际问题,给出解决问题的方案,提高用线性表解决实际问题的能力。

2.1 问题的提出

目前计算机技术已经渗透到各个应用领域,不论是大学、中学和小学,都已经将学生的成绩采用计算机管理。表 2-1 是某学校的有关新生入学成绩的数据。

表 2-1 新生的成绩列表

学号	姓名	班级	英语	数学	总分
1051250101	陈俊俊	软件 0503	82	110	576
1051250102	陈小龙	软件 0503	90	112	580
⋮	⋮	⋮	⋮	⋮	⋮
1051250103	刘静静	软件 0503	97	120	590

通常,学校为了给新生提供一个更好的学习平台,对外语和数学成绩较好的同学单独分班教学。对新入学的学生,根据他们的单科成绩和总成绩,确定入选的名单,这时就需要对表 2-1 的数据进行相关的操作。即需要编写一个新生入学成绩管理系统,该系统具有如下功能:

① 创建新生数据　② 插入新生数据　③ 删除新生数据
④ 修改新生数据　⑤ 查询英语成绩　⑥ 查询数学成绩
⑦ 查询总成绩　　⑧ 显示新生数据

通过这个系统可以创建新生成绩表;插入和删除新生数据;根据自定的英语、数学和总成绩的阀值,查找需要的新生信息。

2.1.1 问题中的数据分析

在表 2-1 的表格数据中,每一行是一个新生的数据,包括学号、姓名、班级、英语、数学和总分,一个学生的数据是一个结构体类型的数据,即数据元素,又称为记录。多个学生

的数据是一个具有相同结构体类型数据的集合体,即数据对象。这些记录之间存在如下关系:

(1) 第一个新生数据的前面没有其他新生的数据;

(2) 最后一个新生数据的后面没有其他新生的数据;

(3) 中间的每一个新生的数据前面一定有一个紧邻他的另一个新生的数据,后面也有一个紧邻他的另一个新生的数据。

2.1.2　问题中的功能分析

根据要求,系统完成的所有功能就是对上述新生数据对象做如下处理。

(1) 创建新生信息表:将新生的数据存放到具有相同结构体类型的一组结构体变量中。

对应的操作:根据输入顺序,依次从键盘上输入数据并存放在定义好的结构体变量中。

(2) 插入新生数据:根据条件,确定插入位置,将某个新生数据插入到指定的结构体变量中。

对应的操作:在已经存在的一组结构体变量中,找到要插入的位置,再将待插入的新生数据放入对应的结构体变量中。

(3) 删除新生数据:根据条件,确定删除位置,将某个新生数据删除。

对应的操作:在已经存在的一组结构体变量中,找到要删除的位置,将该位置上的新生数据删除。

(4) 修改新生数据:根据条件确定需要修改新生数据的位置,将修改后的数据覆盖原来的数据。

对应的操作:在已经存在的一组结构体变量中,找到要更新数据的位置,将该位置上的新生数据用新数据替换。

(5) 查询英语成绩:从已经存放的新生数据中,根据指定的英语成绩范围,提取满足条件的新生。

对应的操作:在已经存在的一组结构体变量中,根据给定的英语成绩的阈值,逐个判断哪些新生数据是满足条件的。

(6) 查询数学成绩:从已经存放的新生数据中,根据指定的数学成绩范围,提取满足条件的新生。

对应的操作:在已经存在的一组结构体变量中,根据给定的数学成绩的阈值,逐个判断哪些新生数据是满足条件的。

(7) 查询总成绩:从已经存放的新生数据中,根据指定的总成绩范围,提取满足条件的新生。

对应的操作:在已经存在的一组结构体变量中,根据给定的总成绩的阈值,逐个判断哪些新生数据是满足条件的。

(8) 显示:用列表的方式,显示所有新生数据。

对应的操作:对已经存在的一组结构体变量,逐个输出。

2.1.3　问题中的数据结构

经过上面的分析,不难看出,新生成绩管理系统中的有关新生的数据表是一组具有相同数据类型的数据元素,数据元素之间的关系是 1∶1 的线性关系,系统的功能是对这个数据对象进行不同的操作。

2.2　线　性　表

在日常生活中,我们会遇到很多类似上述例子中的数据问题,例如,26 个英文字母;职工工资基本管理等。这些实际问题中涉及的数据之间的关系是相同的,即 1∶1 的线性关系。我们把具有这种关系的数据对象称为**线性表**。

2.2.1　线性表的定义

线性表是最简单的一种线性结构。具有如下特征:

(1) 集合中必存在唯一的一个"第一元素";

(2) 集合中必存在唯一的一个"最后元素";

(3) 除最后元素在外,均有唯一的直接后继;

(4) 除第一元素之外,均有唯一的直接前驱。

可以表示为:

$$List = (D, R)$$

其中:D 是数据元素的集合:$D = \{a_i \mid a_i \in D_0, i$ 是元素的位序,$i = 1, 2, \cdots, n, n \geqslant 0\}$;$D_0$ 是具有某种性质的数据元素的集合。

R 是数据元素关系的集合:

$$R = \{< a_i, a_{i+1} > \mid a_i \in D_0, i = 1, \cdots, n, n \geqslant 0\};$$

$< a_i, a_{i+1} >$ 表示一对具有前驱和后继关系的数据元素,a_i 是 a_{i+1} 的直接前驱,a_{i+1} 是 a_i 的直接后继。

对于线性表,可以对其中的数据进行各种各样的操作。对于每一个实际问题,虽然需要完成的操作不尽相同,但是有一些操作是最基本的,其他操作可以用这些基本操作的组合得到或者在基本操作的基础上稍加修改即可。因此,对每一种数据结构,我们只讨论其上的基本操作。

由于计算机程序设计语言种类繁多,有结构化的,有面向对象的。为了更好地揭示数据和数据之间的关系以及其上的基本操作,我们讨论数据的逻辑结构时,采用抽象数据类型描述。

线性表的抽象数据类型定义形式:

```
ADT List
{
    数据对象:
```

D={a_i|a_i∈ElemSet,i=1,2,…,n,n≥0}

{n 为线性表的表长;n=0 时的线性表为空表。}

数据关系:

R={<a_{i-1},a_i>|a_{i-1},a_i∈D,i=2,…,n}

{设线性表为(a_1,a_2,…,a_i,…,a_n),称 1 为 a_i 在线性表中的位序。}

基本操作:

初始化操作

销毁操作

引用型操作

加工型操作

} ADT List

假设线性表为 L,在对线性表 L 的基本操作中,有的操作会引起线性表的变化,约定用 &L 表示;有的操作不会引起线性表的变化,约定用 L 表示。

下面分别介绍线性表的各个基本操作的功能。

(1) 初始化操作:InitList(&L)

操作结果:构造一个空的线性表 L。

(2) 销毁操作:DestroyList(&L)

初始条件:线性表 L 已存在。

操作结果:销毁线性表 L。

(3) 引用型操作:这类操作只是使用线性表中的元素,并没有改变线性表。

(a) 判断线性表是否为空。ListEmpty(L)

初始条件:线性表 L 存在。

操作结果:若 L 为空表,则返回 TRUE,否则 FALSE。

(b) 求线性表的长度:ListLength(L)

初始条件:线性表 L 存在。

操作结果:返回 L 中的数据元素的个数。

(c) 得到线性表某个位置上的元素:GetElem(L,i,&e)

初始条件:线性表 L 已存在,且 1≤i≤LengthList(L)。

操作结果:用 e 返回 L 中第 i 个元素的值。

(d) 通过比较,寻找位置:LocateElem(L,e,compare())

初始条件:线性表 L 已存在,e 为给定值,compare()是元素比较函数。

操作结果:返回 L 中第 1 个与 e 满足关系 compare()的元素的位序。若这样的元素不存在,则返回值为 0。

(e) 遍历线性表:ListTraverse(L)

初始条件:线性表 L 已存在。

操作结果:依次访问 L 中的每个元素。

(4) 加工型操作:这类操作改变了原有的线性表。

(a) 线性表置空:ClearList(&L)

初始条件:线性表 L 已存在。

操作结果：将 L 重置为空表。

（b）修改线性表某个位置上的元素值：PutElem(&L,i,e)

初始条件：线性表 L 已存在，且 1≤i≤LengthList(L)。

操作结果：L 中第 i 个元素赋值 e。

（c）在第 i 个位置上插入数据元素：ListInsert(&L,i,e)

初始条件：线性表 L 已存在，且 1≤i≤LengthList(L)+1。

操作结果：在 L 的第 i 个元素之前插入新的元素 e,L 的长度增 1。

（d）将线性表的第 i 个元素删除：ListDelete(&L, i, &e)

初始条件：线性表 L 已存在，且 1≤i≤LengthList(L)。

操作结果：删除 L 的第 i 个元素,并用 e 返回其值,L 的长度减 1。

2.2.2　线性表的存储结构和基本操作的实现

在求解问题的需求分析阶段,我们先对问题中的数据进行分析,得到相应的数学模型,即数据的逻辑结构和对数据的操作;问题的解决必须设计出解决该数学模型的算法,即设计合理的存储结构和一组操作的实现;再编写程序才能得到问题的解。数据的存储结构不仅要考虑数据元素的存储,还要考虑数据元素之间关系的存储。根据线性表中数据元素的特点以及它们的前后次序关系,通常采用顺序存储或链式存储。

2.2.2.1　顺序存储

线性表的顺序存储：用一组连续的存储空间存放线性表中的各个数据元素,用位置相邻的存储空间关系表示线性表中数据元素的前驱和后继的次序关系。

在顺序存储中,如果只定义存放数据元素的数组,不提供数组的容量和已经存进去的数据元素个数,对线性表做操作是很不方便的。因此,我们必须自定义结构体数据类型,包括：

（1）一片连续的存储空间（数组或数组的起始地址,用于存放数据元素）

（2）线性表的容量（数组的大小,防止溢出）

（3）线性表的长度（已存入到数组中的数据元素个数）

下面是顺序存储数据类型的 C 语言描述的两种常用形式：

（1）第一种形式如下所示：

```
#define MAX 100
typedef struct
{
    ElemType data[MAX];        //直接定义数组,存放数据元素
    int listSize;              //存放数组容量
    int length;                //存放实际的数据元素个数
}SqList;
```

SqList 是一个结构体数据类型,称为顺序表。其中：ElemType 表示数据元素的抽象类型,针对具体的实际问题,再赋予 ElemType 代表的实际数据类型。

例如,SqList L;定义了一个顺序表类型的变量 L。L 的存储空间示意图见图 2-1。

L.data	L. listSize	L.length
数组	容量	数据元素个数

图 2-1　线性表的顺序存储空间分配示意图

上述定义的数据类型 SqList 包含的一个数据成员是数组,数组的大小是由符号常量 MAX 决定的。如果需要改变数组的大小,必须修改编译预处理命令♯define。

（2）另一种形式如下所示：

```
typedef struct
{
    ElemType * data;          //定义存放数组起始地址的指针变量
    int listSize;             //存放数组容量
    int length;              //存放实际的数据元素个数
}SqList;
```

SqList 是一个结构体数据类型,它的第一个数据成员是指针变量,用于存放一片连续存储空间的起始地址,这片连续存储空间的申请由初始化操作完成。

例如,SqList L;语句运行后,L 的存储空间示意图见图 2-2。

L.data	L. listSize	L.length
数组的首地址	容量	数据元素的个数

图 2-2　线性表的顺序存储空间分配示意图

顺序存储结构中的任意数据元素的地址计算公式：首地址＋下标×数据元素占用的空间大小。

对比两种存储结构的不同描述。第一种理解容易,使用相对简单,但数组大小固定,缺乏灵活性;第二种理解有一定的难度,但数组大小的定义不在数据类型中,可根据实际问题的需要,在初始化操作中自定义数组的大小,具有非常好的通用性。

2.2.2.2　基于顺序表的基本操作的实现

下面采用顺序表的第二种数据类型描述,讲述基于顺序表的主要基本操作的实现。为了清楚起见,假设有一组学生数据（姓名和总分）,用顺序表存放。

由于学生数据本身是一个结构体类型,顺序表类型的定义分两步完成。

（1）先定义学生数据的数据类型：

```
typedef struct
{
    char name[20];           //存放学生姓名
    float score;             //存放学生的分数
}STD;
```

（2）再定义顺序表数据类型：

```
typedef struct
{
    STD * data;                      //dada 是一个指向 STD 类型的指针变量
    int listSize;
    int length;
}SqList;
```

例如：

```
SqList L, * p= &L;                   //p 指向了 L
```

结构体变量 L 的 3 个数据成员的访问，既可以用结构体变量的成员运算符表示，也可以用指针变量的指向表示。

用结构体变量分别表示为：L. data[i]，L. listSize，L. length。

用指针变量 p 分别表示为：p—>data[i]，p—>listSize，p—>length。

为了使操作具有很好的健壮性，一般情况下，在下面的各个操作所对应的函数定义中，用函数值表示操作的成功与失败。函数值为 1，表示成功；函数值为 0，表示失败。函数需要的已知条件用函数的参数来表示。

函数之间通过参数来传递数据。一般分为如下两种情况。

（1）如果被调用函数只是接收主调函数中的某个值，而不改变这个值，则被调用函数的形参定义为与这个值同类型的变量，调用时被调用函数接受的实参是主调函数中的某个值（常量、有确定值的变量、可以求值的表达式），形参与实参完全独立，形参的任何变化都不影响实参。

例如：

```
int add(int x,int y){return x+y;}
void main()
{
    int a=3,b=4;
        printf("%d+%d=%d\n",a,b,add(a,b));
}
```

（2）如果被调用函数希望将函数体内的某个值，通过参数存放到主调函数的某个变量中，则被调用函数的形参定义为存放这种类型变量地址的指针变量，调用时被调用函数的实参是主调函数中用于接收值的变量地址，在被调函数中用（＊形参）的形式间接访问主调函数中用于接收值的变量。

例如：

```
void add(int x,int y,int * z){return * z=x+y;}
void main()
{   /＊变量 c 接收函数 add()通过指针变量 z 带出来的值＊/
    int a=3,b=4,c;
```

```
add(a,b,&c);                        //对应指针变量 z 的实参是变量 c 的地址
printf("%d+%d=%d\n",a,b,c);
}
```

下面介绍基于顺序表的一组操作。由于所有操作都是基于顺序表完成,因此与操作对应的函数必须有一个形参用于接受顺序表类型变量。如果操作只是使用顺序表类型变量中的成员值,并不改变顺序表的成员值,则形参定义为 SqList 类型变量即可;如果操作不仅是使用顺序表类型变量中的成员值,而且会改变顺序表类型变量中的成员值,则形参定义为 SqList 类型的指针变量。至于函数中的其他形参的个数与类型,视操作而定。

1. 初始化操作

初始化操作完成一片连续空间的申请,将空间的起始地址、容量和数据个数 0 依次存放到顺序表的三个对应成员中,见图 2-3。

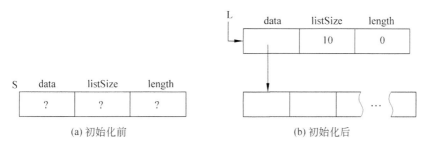

图 2-3 顺序表存储结构初始化操作示意图

【分析】 初始化之前,顺序表中的 3 个成员变量的值是随机值,初始化操作是申请一片连续的存储空间,给顺序表中的 3 个成员变量赋予初值,顺序表类型变量的值发生了改变。所以对应的初始化函数应该有两个形参,一个是能将顺序表类型变量的变化传出去,即顺序表类型指针变量,另一个是接收数组大小的整型变量。算法如下:

【算法 2.1】

```
int initSqList(SqList * L,int max)
{
    L->data=(STD * )malloc(max * sizeof(STD));
    if(L->data==NULL){printf("空间申请失败!\n"); return 0;}
    L->listSize=max;
    L->length=0;
    return 1;
}
```

【复杂性分析】 该算法不涉及基本操作的循环执行,算法的时间复杂度为 T(n)= O(1)。

【说明】 函数首部的形参 L 前面的 *,用来标识 L 是指针变量,函数体中的 L->,是形参 L 所指的顺序表类型变量,这个顺序表类型变量在函数调用时,由主调函数提供。

例如：

```
SqList L;
if(initSqList(&L,10))printf("创建成功!\n");
else {printf("创建不成功!\n");exit(0);}
```

2. 插入操作

将学生数据插入到顺序表中指针成员所指向数组的指定位置上，数据个数加 1，见图 2-4。

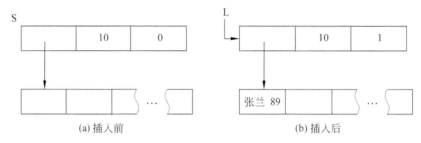

(a) 插入前　　　　　　　　　(b) 插入后

图 2-4　在表中第一个位置插入操作示意图

【分析】　插入操作除了在尾部插入之外，其他位置上的插入都需要将一组数据元素向后移动(由于数组不在顺序表类型中，移动不会改变顺序表类型变量的成员值)，并且数据元素的个数加 1(改变了顺序表类型变量中长度成员的值)，插入操作改变了顺序表类型的变量。插入必须知道插入数据元素的位置和插入的数据元素，所以对应的插入函数应该有 3 个形参，第 1 个形参是能够将顺序表类型变量的变化传出去的顺序表类型的指针变量，第 2 个形参是接收插入数据元素位置的整型变量，第 3 个形参是接收待插入的数据元素值的变量。算法如下。

【算法 2.2】

```
int insertSqList(SqList * L,int i,STD x)
{
    int k;
    if(i<1||i>L->length+1) { printf("插入位置异常!\n");return 0;}
    if(L->length>=L->listSize){printf("容量不够!\n");return 0;}
    for(k=L->length;k>=i;k--)              //向后移动一组数据元素
        L->data[k]=L->data[k-1];
    L->data[i-1]=x;                        //将待插入数据放入指定位置
    L->length=L->length+1;                 //长度加 1
    return 1;
}
```

例如：

```
STD x;
strcpy(x.name,"张兰");x.score=89;
```

```
if(insertSqList(&L,L.length+1,x))printf("插入成功!\n");
else printf("插入失败!\n");
```

【复杂性分析】　寻找插入位置,将数据插进来,需移动数据元素。

最好情况(i=n+1):基本语句执行 0 次,时间复杂度为 O(1)。

最坏情况(i=1):基本语句执行 n 次,时间复杂度为 O(n)。

平均情况(1≤i≤n+1):等概率 pi=1/(n+1),

$$\sum_{i=1}^{n+1}p_i(n-i+1)=\frac{1}{n+1}\sum_{i=1}^{n+1}(n-i+1)=\frac{n}{2}$$

时间复杂度为 T(n)=O(n)。

3. 删除操作

将指定位置的学生数据删除,数据个数减1,见图 2-5。

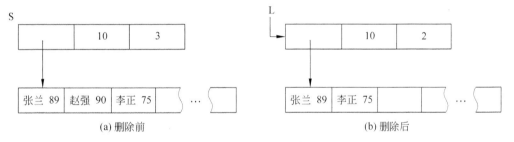

(a) 删除前　　　　　　　　　　　　(b) 删除后

图 2-5　删除操作示意图

【分析】　除了删除最后一个数据元素之外,在其他位置做删除操作都会引起数据元素的向前移动(这种移动不改变顺序表类型变量的成员值),删除后需要将数据元素个数减1(改变了顺序表类型变量的长度成员的值),删除操作改变了顺序表类型变量。删除必须知道删除数据元素的位置,有时还需要返回被删除的数据元素,所以对应的删除函数应该有 3 个形参,第 1 个形参是能够将顺序表类型变量的变化传出去的顺序表类型的指针变量,第 2 个形参是接收删除数据元素位置的整型变量,第 3 个形参是将被删除的数据元素传出去的指针变量。算法如下。

【算法 2.3】

```
int deleteSqList(SqList * L,int i,STD * x)
{
    int k;
    if(L->length==0) {printf("没有数据,不能删除!\n");return 0;}
    if(i<=0||i>L->length){printf("位置异常!\n"); return 0;}
    * x=L->data[i-1];
    for(k=i;k<L->length;k++)                    //向前移动一组数据元素
        L->data[k-1]=L->data[k];
    L->length=L->length-1;
```

```
        return 1;
    }
```

例如：

```
STD x;
if(deleteSqList(&L,2,&x))
    printf("删除的数据是：%s %7.2f\n",x.name,x.score);
else printf("删除失败!\n");
```

【复杂性分析】　寻找删除位置，将数据删除，需移动数据元素。

最好情况($i＝n$)：基本语句执行 0 次，时间复杂度为 $O(1)$。

最坏情况($i＝1$)：基本语句执行 $n-1$ 次，时间复杂度为 $O(n)$。

平均情况($1\leqslant i\leqslant n$)：等概率 $p_i＝1/n$

$$\sum_{i=1}^{n} p_i(n-i) = \frac{1}{n}\sum_{i=1}^{n}(n-i) = \frac{n-1}{2}$$

算法的时间复杂度 $T(n)＝O(n)$。

有的实际问题，只需将指定位置上的数据删除，不需返回，删除函数的第 3 个形参可以不要。对应的算法为：

【算法 2.4】

```
int deleteSqList(SqList * L,int i)
{
    int k;
    if(L->length==0) {printf("没有数据,不能删除!\n");return 0;}
    if(i<=0||i>L->length){printf("位置异常!\n"); return 0;}
    for(k=i;k<L->length;k++) L->data[k-1]=L->data[k];
    L->length=L->length-1;
    return 1;
}
```

4. 更新操作

用新数据将指定位置的数据更新，见图 2-6。

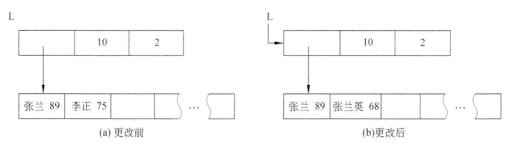

图 2-6　更新第二条数据操作示意图

【分析】　更新操作会引起数组中某个数组元素值的改变,但不会改变顺序表中的数据成员值;更新必须提供需要更新的数据位置和数据值,所以对应的更新函数应该有3个形参,算法如下。

【算法 2.5】

```
int updateSqList(SqList L,int i,STD x)
{
    if(L.length==0){printf("没有数据,不能更新!\n");return 0;}
    if(i<1||i>L->length) {printf("位置不合理!\n");return 0;}
    L.data[i-1]=x;
    return 1;
}
```

例如:

```
STD x;strcpy(x.name,"张兰英"); x.score=68;
if(updateSqList(L,2,x))printf("更新成功\n");
else printf("更新失败!\n");
```

【复杂性分析】　该算法的操作不涉及循环,均为顺序执行,所以算法的时间复杂度 $T(n)=O(1)$。

5. 获取操作

得到指定位置的数据元素。

【分析】　获取操作不会引起顺序表类型变量的变化,但必须知道获取数据的位置和返回获取的数据元素,所以对应的获取函数应该有 3 个形参,算法如下。

【算法 2.6】

```
int getSqList(SqList L,int i,STD * x)
{
    if(L.length==0){printf("没有数据!\n");return 0;}
    if(i<1||i>L->length) {printf("位置不合理!\n");return 0;}
    * x=L.data[i-1];
    return 1;
}
```

例如:

```
STD x;
if(getSqList(L,2,&x))printf("获取的数据为: %s %7.2f\n",x.name,x.score);
```

【复杂性分析】　该算法不涉及循环,所以算法的时间复杂度 $T(n)=O(1)$。

6．定位操作

根据给定的条件,得到某个数据元素的位置。

【分析】　定位操作不会引起顺序表的变化,但是必须提供要找的数据元素位置的条件,通常查找条件是数据元素的某个数据项,所以定位函数应该有2个形参。函数的返回值是找到的数据元素位置。如果为0,表示没有找到。

假设查找条件为学生的姓名,算法如下。

【算法 2.7】

```
int locationSqList(SqList L,char * x)
{
    int i;
    if(L.length==0){printf("没有数据!");return 0;}
    for(i=0;i<L.length;i++)
        if(strcmp(L.data[i].name,x)==0)return i+1;
    return 0;
}
```

例如:

```
STD x={"王小明",78}; int n;
n=locationSqList(L,x.name);
if(n!=0)printf("在第%d个位置上找到!\n",n);
else printf("没有找到!\n");
```

注意,查找条件可根据实际问题确定。

【复杂性分析】　按照给定的条件,查找相应的数据元素,需逐个判断,最好的情况是 $O(1)$;最坏的情况是 $O(n)$;等概率加权平均是 $O(n)$。

7．遍历操作

显示所有数据。

【分析】　遍历操作不会引起顺序表的变化,遍历函数只需一个形参,算法如下。

【算法 2.8】

```
int dispSqList(SqList L)
{
    int i;
    if(L.length==0){printf("没有数据!\n");return 0;}
    for(i=0;i<L.length;i++)
        printf("%10s%7.2f\n",L.data[i].name, L.data[i].score);
    return 1;
}
```

例如：

```
dispSqList(L);
```

【复杂性分析】 显示所有的数据，必须逐个依序显示，时间复杂度 $T(n) = O(n)$。

有了基本操作之后，其他的操作可以用它们的组合或修改得到。例如创建学生数据对应的函数 createSqList()，可用初始化函数和插入函数组合得到。算法如下：

```
void createSqList(SqList * L,int maxsize)
{
    int n=0;STD x;char yn;
    initSqList(L,maxsize);                    //创建空表
    do{
        printf("请输入第%d个学生的姓名和分数,用空格隔开：",n+1);
        scanf("%s%f",x.name,&x.score);
        getchar();                            //空读回车,以便下一次正确读取数据
        insertSqList(L,n+1,x);                //将数据插入在尾部
        n++;
        printf("继续输入吗?Y/N:");yn=getchar();
    } while(yn=='Y'||yn=='y');
}
```

例如：

```
SqList L;
createSqList(&L,10);                          //输入 10 个学生的数据
```

2.2.2.3 链式存储

线性表的链式存储：用一组数据类型相同的结点串接成一个单向链表，每一个结点是一个结构体变量，由数据域和指针域组成。数据域用于存放数据元素，指针域用于存放直接后继结点的地址。

单向链表分为带头结点和不带头结点。下面给出两种单向链表的示意图。

1. 不带头结点的单向链表（图 2-7）

图 2-7 中变量 L 是一个指针变量，用于存放第一个结点的地址。通常称为头指针。链表结点的数据类型是一个结构体类型，并且有一个数据成员是存放直接后继结点地址的指针变量。数据元素 a_1 所在结点为第一个结点，数据元素 a_n 所在结点为尾结点，指针域为 NULL。链表是否为空，只要看 L 中存放的地址值即可，当 L 中的值为 NULL 时，L 是一个空链表，否则是一个非空链表。

对不带头结点的单向链表做插入或删除操作时，我们会发现插入或删除的结点是第一个结点或其他位置上的结点，对应的操作是不同的。

如果插入或删除的结点是第一个结点，则因第一个结点前驱邻接的是一个指针变量，后继邻接的是一个结点，插入和删除会改变头指针的值；如果插入或删除的结点是其他位

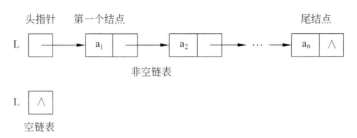

图 2-7　不带头结点的单向链表存储示意图

置上的结点,该结点的前驱邻接和后继邻接都是结点,插入和删除不会改变头指针的值;显然两种情况实现的代码是不相同的,因此编写代码时需要区分插入或删除的结点是第一个结点还是其他位置上的结点,相对比较复杂。

2. 带头结点的单向链表(图 2-8)

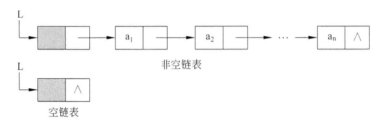

图 2-8　带头结点的单向链表存储示意图

头指针 L 指向的结点称为头结点(数据域为空,不存放数据),头结点的直接后继结点是第一个结点。链表是否为空取决于头结点的指针域是否为空。如果头结点的指针域为 NULL,则为空链表,否则链表不为空。

在带头结点的单向链表中进行插入和删除时,由于第一个结点和其他结点前驱邻接和后继邻接都是相同类型的结点,因此对带头结点的单向链表所做的插入和删除操作均不会改变头指针的值。因此实现的代码比不带头结点的单向链表规范简单。

在没有特殊说明的情况下,下面均采用带头结点的单向链表。

单向链表是由头指针和若干个结点组成的,结点的存储空间是动态申请的。在对单向链表操作时,需要用到结点的数据类型和指向结点的指针类型,因此单向链表的数据类型描述应给出结点和指向结点的数据类型。即:

```
typedef struct node
{
    ElemType data;                          //ElemType 表示数据元素类型
    struct node * next;
}LNode, * LinkList;
```

其中:LNode 为结点的数据类型,LinkList 为指向结点的指针类型。

例如:

```
LinkList L;
```

```
L=(LinkList)malloc(sizeof(LNode));    //申请一个新结点的存储空间,并将起始地址赋给
                                        指针变量 L
```

2.2.2.4　基于单向链表的基本操作的实现

假设有一组学生数据(姓名和总分),用带头结点的单向链表存放。单向链表的类型定义如下。

由于学生数据本身是一个结构体类型,单向链表的类型定义分两步完成。

(1) 先定义学生数据的数据类型:

```
typedef struct
{
    char name[20];                      //存放学生姓名
    float score;                        //存放学生的分数
}STD;
```

(2) 再定义单向链表的数据类型:

```
typedef struct Lnode
{
    STD data;                           //dada 是一个 STD 类型的变量
    struct Lnode * next;
}LNode, * LinkList;
```

其中 LNode 为结点数据类型,LinkList 为指向结点的指针类型。

下面介绍基于单向链表的一组操作。由于所有操作都是基于单向链表完成,因此与操作对应的函数必须有一个形参是用于表达操作对单向链表头指针的影响。如果操作只是使用头指针的值,则形参定义为 LinkList 类型变量即可;如果操作不仅是使用头指针的值,而且会改变头指针的值,则形参定义为 LinkList 类型的指针变量。至于函数中的其他形参的个数与类型,视操作而定。

1. 初始化操作

建立一个空链表,见图 2-9。

(a) 初始化前　　　　　　　(b) 初始化后

图 2-9　带头结点的单向链表的初始化操作示意图

【分析】　由于初始化操作要申请头结点空间,并且将头结点的地址赋给头指针,而头指针是一个 LinkList 类型的变量,为了将头指针的变化传出去,对应的形参应该是 LinkList 类型的指针变量,函数体内对头指针的操作应该为(* 指针变量名),算法如下。

【算法 2.9】

```
int initLinkList(LinkList * L)
{   //L是指向头指针的指针变量,(* L)是头指针,申请头结点空间,将头结点地址赋给头指针
    * L=(LinkList)malloc(sizeof(LNode));
    if(* L==NULL)return 0;                          //申请不成功
    (* L)->next=NULL;
    return 1;
}
```

例如:

```
LinkList L;
if(initLinkList(&L))printf("创建成功!\n");
else{printf("创建不成功!\n");exit(0);}
```

2. 插入操作

将学生数据插入到单向链表的指定位置 i,见示意图 2-10。

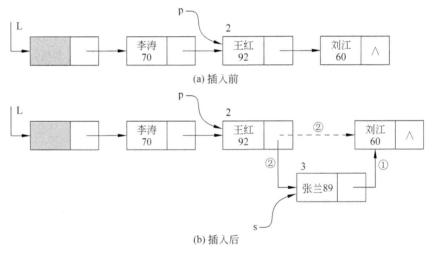

图 2-10　带头结点的单向链表的插入结点示意图

从图 2-10 中可见,要想使插进来的新结点成为第 i 个结点,应该用指针变量 p 记住第 i−1 个结点。p 不能为空,p−>next 可以为空(空链表或要插入的结点是尾结点)。主要代码为:

① s->next=p->next;
② p->next=s;

【分析】　因为插入的结点总是在头结点之后,所以插入操作不会引起头指针的改变;由于插入必须知道插入的位置和插入的数据元素,所以对应的插入函数应该有 3 个形参,算法如下。

【算法 2.10】

```
int insertLinkList(LinkList L,int i,STD x)
{
    LinkList p=L,s;                          //p 指向头结点
    int pos=0;                               //记住 p 指向头结点的位置
    //让 p 记住第 i-1 个结点,pos 记住 p 指向结点的位置
    while(p!=NULL && pos<i-1){p=p->next; pos=pos+1;}
    /* 如果 i 过大,会出现 p==NULL;如果 i 过小,会出现 pos>i-1 */
    if(p==NULL||pos>i-1){printf("插入位置不合理\n"); return 0;}
    s=(LinkList)malloc(sizeof(LNode));       //生成新结点
    s->data=x;
    s->next=p->next; p->next=s;              //将 s 指向的新结点在指定位置插入
    return 1;
}
```

例如:

```
STD x;
strcpy(x.name,"张兰");x.score=89;
if(insertLinkList(L,3,x))printf("插入成功!\n");
else printf("插入失败!\n");
```

【复杂性分析】 寻找插入位置,将数据插进来,需要从第一个结点开始比较,最好的情况是 O(1);最坏的情况是 O(n);等概率加权平均是 O(n)。

3. 删除操作

将指定位置的学生数据删除。示意图见图 2-11。

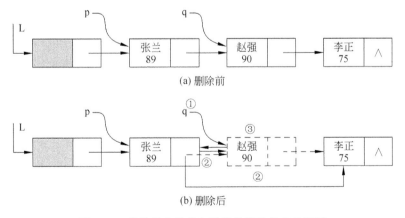

(a) 删除前

(b) 删除后

图 2-11 带头结点的单向链表的删除结点示意图

从图 2-11 中可见,要想删除第 i 个结点,应该用指针变量 p 记住第 i-1 个结点,用 q 记住要删除的第 i 个结点,即 p->next 指向的结点,所以 p->next 不能为空。主要代码为:

① q=p-> next;

② p->next=q->next;

③ free(q);

【分析】　因为要删除的结点总是在头结点之后,所以删除操作不会引起头指针的改变;删除必须知道删除数据元素的位置;如果需要得到删除数据元素,还必须返回删除的数据元素,所以对应的删除函数应该有 3 个形参,算法如下。

【算法 2.11】

```
int deleteLinkList(LinkList L,int i,STD * x)
{
    LinkList q,p=L;                        //p 记住头结点
    int pos=0;                             //记住 p 指向的头结点的位置
    //让 p 记住第 i-1 个结点,pos 记住 p 指向结点的位置
    while(p->next!=NULL && pos<i-1){p=p->next;pos=pos+1;}
    /* 如果 i 过大或链表为空,出现 p->next==NULL;如果 i 过小,出现 pos>i-1 */
    if(p->next==NULL‖pos>i-1){printf("链表为空或删除位置不合理\n");return 0;}
    q=p->next;p->next=q->next;**= q->data;free(q);
    return 1;
}
```

例如:

```
STD x;
if(deleteLinkList(L,2,&x))
printf("删除的数据是: %s %7.2f\n",x.name,x.score);
else printf("删除失败!\n");
```

【复杂性分析】　寻找删除位置,将数据删除,需要从第一个结点开始比较,最好的情况是 O(1);最坏的情况是 O(n);等概率加权平均是 O(n)。

4. 更新操作

用新数据元素将指定位置 i 的数据元素更新。见图 2-12。

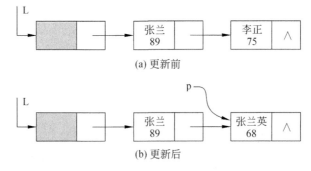

(a) 更新前

(b) 更新后

图 2-12　带头结点的单向链表的更新结点示意图

【分析】　更新操作不会引起头指针的改变;更新必须提供需要更新数据的位置和新的值,所以对应的更新函数应该有 3 个形参,算法如下。

【算法 2.12】

```
int updateLinkList(LinkList L,int i,STD x)
{
    LinkList p=L->next;                //p指向第一个结点
    int n=1;
    while(p && n<i){p=p->next;n++;}
    if(p==NULL||n>i){printf("位置不合理,不能更新!\n");return 0;}
        p->data=x;
        return 1;
}
```

例如:

```
STD x={"张兰英",68};
if(updateLinkList(L,2,x))printf("更新成功\n");
else printf("更新失败!\n");
```

【复杂性分析】　寻找更新数据的位置,需要从第一个结点开始比较,最好的情况是 $O(1)$;最坏的情况是 $O(n)$;等概率加权平均是 $O(n)$。

5. 获取操作

得到指定位置 i 的数据元素。

【分析】　获取操作不会引起头指针的变化,但必须知道获取的位置和返回获取的数据元素,所以对应的获取函数应该有 3 个形参,算法如下。

【算法 2.13】

```
int getLinkList(LinkList L,int i,STD * x)
{
    LinkList p=L->next;
    int n=1;
    while(p&&n<i){p=p->next;n++;}
    if(p==NULL||n>i){printf("位置不合理,不能获取!\n");return 0;}
        * x=p->data;
    return 1;
}
```

例如:

```
STD x;
getLinkList (L,2,&x);
```

【算法分析】 根据获取数据元素的位置,得到数据元素的值,需要从第一个结点开始比较,最好的情况是 O(1);最坏的情况是 O(n);等概率加权平均是 O(n)。

6. 定位操作

根据条件,得到某个数据元素的位置。定位操作又称查找操作。

【分析】 定位操作不会引起头指针的变化,但是必须提供查找的条件,所以定位函数应该有 2 个形参。如果查找成功,返回结点所在位置;否则返回 0。算法如下。

【算法 2.14】

```
int locationLinkList(LinkList L,char * name)
{
    LinkList p=L->next;
    int j=1;
    while(p)
        if (strcmp(p->data.name,name)){p=p->next;j++;}
        else return j;
    if(p==NULL)return 0;
}
```

例如:

```
STD x={"王红",99};LinkList p
locationLinkList(L,x.name,&p);
if(p)printf("找到的是%10s%7.2f\n",p->name,p->score);
else printf("找不到!\n");
```

7. 求长度操作

计算单向链表中的数据元素个数。

【分析】 求长度的操作不会引起头指针的变化,求长度的函数只需一个形参,算法如下。

【算法 2.15】

```
int linkListLength(LinkList L)
{
    LinkList p=L->next;int n=0;
    while(p){n++;p=p->next;}
    return n;
}
```

例如:

```
printf("共有%d个学生\n",linkListLength(L));
```

8. 遍历操作

显示所有数据。

【分析】 遍历操作不会引起头指针的变化,遍历函数只需一个形参,算法如下。

【算法 2.16】

```
int displLinkList(LinkList L)
{
    LinkList p=L->next;
    if(p==NULL){printf("没有数据!\n");return 0;}
    while(p)
    {
        printf("%10s%7.2f\n",p->data.name,p->data.score);
        p=p->next;
    }
    return 1;
}
```

例如:

```
displLinkList(L);
```

9. 创建链表

创建一个空链表,依序插入新结点。

常见的创建单向链表的算法有 3 种。

(1) 用初始化函数和插入函数组合得到。算法如下:

```
void createLinkList(LinkList * L)
{
    int n=1;STD x;LinkList p;char yn;
    initLinkList(L);                          //创建空表
    do
    {
        printf("请输入第%d个学生的姓名和分数,用空格隔开: ",n);
        scanf("%s%f",x.name,&x.score);
        getchar();                            //空读回车
        insertLinkList(* L,n,x);              //插入
        printf("继续输入吗?Y/N: ");
        yn=getchar();
    }while(yn=='Y'||yn=='y');
}
```

例如:

```
LinkList L;
createLinkList(&L,10);                            //输入10个学生的数据
```

（2）头插法：将新结点插入到头结点之后，原来的第一个结点之前。

为了使新结点是第一个结点，必须用新结点的指针域记原来的第1个结点，头结点的指针域记新结点。插入过程的示意图见图2-13。

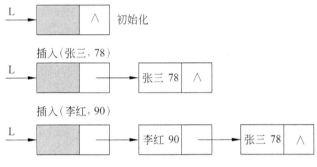

图 2-13　头插法示意图

算法如下：

```
void frontcreateLinkList (LinkList * L)
{
    int n=0;STD x;LinkList p;char yn;
    initLinkList(L);                          //创建空表
    do
    {
        printf("请输入第%d个学生的姓名和分数,用空格隔开: ",++n);
        scanf("%s%f",x.name,&x.score);
        getchar();                            //空读回车
        p=(LinkList)malloc(sizeof(LNode));
        p->data=x;
        //将新结点p插入到头结点之后,原来的第一个结点之前
        p->next=(* L)->next;
        (* L)->next=p;
        printf("继续输入吗?Y/N: ");
        yn=getchar();
    }while(yn=='Y'||yn=='y');
}
```

（3）尾插法：将新结点插入到原来的尾结点之后。

原来的单向链表只有头指针，现在进行尾插，必须已知尾结点。因此尾插算法需要一个工作指针记住当前的尾结点（称尾指针）。用原尾结点的指针域记新结点，让尾指针记新结点，使新结点成为新的尾结点。尾插法的示意图见图2-14。

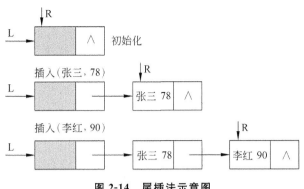

图 2-14　尾插法示意图

算法如下：

```
void rearcreateLinkList (LinkList * L)
{
    int n=0;STD x;LinkList p,R;char yn;
    initLinkList(L);                          //创建空表
    R= * L;
    do
    {
        printf("请输入第%d个学生的姓名和分数,用空格隔开: ",++n);
        scanf("%s%f",x.name,&x.score);
        getchar();                            //空读回车
        p=(LinkList)malloc(sizeof(LNode));
        p->data=x;
        p->next=NULL;
        //将新结点 p 插入到原来的尾结点之后,R 记住新的尾结点 p
        R->next=p; R=p;
        printf("继续输入吗?Y/N: ");
        yn=getchar();
    }while(yn=='Y'||yn=='y');
}
```

3 种创建链表算法的比较：由于调用函数需要花费系统开销,因此多次调用插入函数 insertLinkList()创建链表的效率较低;头插法创建链表的数据元素顺序与输入数据元素的顺序相反;尾插法创建链表与输入数据元素的顺序相同。

2.2.2.5　静态链表

对于某些程序设计语言,不支持指针变量,可以用数组模拟单向链表,称为静态链表。其基本思想是：开辟一个较大容量的一维结构体数组,每个数组元素是一个结点,包含一个数据域和一个指针域,指针域的类型为 int 型,存放下一个结点的下标。为了便于插入和删除,将一维结构体数组的数组元素分为两组,已经存放数据的数据元素组成一个链表,未存放数据的结点组成另一个备用链表,用于提供插入时的新结点,回收删除时的结点,见图 2-15。结构数组 sd[MAXSIZE] 中有两个链表:其中链表 SL 是一个带头结点的单链表,存放了线性表(a_1,a_2,a_3,a_4,a_5),而另一个不带头结点的单链表 AV 是将当前 sd 中的空结点组成的备用链表。

静态链表的定义如下:

```
#define MAXSIZE 1000              /*足够大的数*/
typedef struct
{
    ElemType data;
    int next;
}SNode;                           /*结点类型*/
typedef struct
{
    SNode sd[MAXSIZE];
    int SL,AV;                    /*两个头指针*/
    int SLinksize;               /*总容量*/
}StaticLink;
```

下面讨论静态链表的基本操作。

1. 初始化操作

【分析】 初始化使得 SL 链表有一个头结点,next 域值为−1;使得 AV 链表的所有结点的 next 域值为下一个结点的下标,最后一个结点的 next 域值为−1,该操作会引起静态链表的变化。初始化的结果见图 2-16。

		data	Next
SL=0	0		4
	1	a4	5
	2	a2	3
	3	a3	1
	4	a1	2
	5	a5	−1
AV=6	6		7
	7		8
	8		9
	9		10
	10		11
	11		−1

图 2-15　静态链表

		data	Next
SL=0	0		−1
AV=1	1		2
	2		3
	3		4
	4		5
	5		6
	6		7
	7		8
	8		9
	9		10
	10		11
	11		−1

图 2-16　静态链表的初始化

【算法 2.17】

```
int initSLink(StaticLink * L)
```

```
{
    L->SL=0;L->SLinksize=MAXSIZE;
    L->sd[0].next=-1;
    L->AV=1;
    for(int i=1;i<L->SLinksize-1;i++) L->sd[i].next=i+1;
    L->sd[i].next=-1;
    return 1;
}
```

2. 插入操作

【分析】 将数据元素 x 插入静态链表 L 的第 i 个结点之前,会使静态链表 L 发生变化。形参有三个,一个是指向静态链表 L 的指针变量,一个是插入位置,以及待插入的数据元素 x。插入结点的空间需从备用链表 AV 中获取。插入操作的示意图见图 2-17。

		data	Next
SL=0	0		1
	1	50	2
	2	−10	3
	3	70	4
	4	80	5
	5	30	6
	6	5	−1
AV=7	7		8
	8		9
	9		10
	10		11
	11		−1

(a) 插入前

		data	Next
SL=0	0		1
	1	50	2
	2	−10	7
	3	70	4
	4	80	5
	5	30	6
	6	5	−1
	7	200	3
AV=8	8		9
	9		10
	10		11
	11		−1

(b) 在第3个结点前插入数据元素200

图 2-17 在第 3 个结点前插入数据元素 200 的示意图

【算法 2.18】

```
int InsertSList(StaticLink * L,int i,ElemType x)
{
    int p,t,j;
    p=L->SL;j=0;
    while(L->sd[p].next!=-1 && j<i-1)          /* 找第 i-1 个结点 */
    {
        p=L->sd[p].next;j++;
    }
    if(j==i-1)
        if(L->AV!=-1)                          /* 若 AV 表还有结点可用 */
```

```
        {
            t=L->AV;
            L->AV=L->sd[t].next;                /* 申请、填装新结点 */
            L->sd[t].data=x;
            L->sd[t].next=L->sd[p].next;        /* 插入 */
            L->sd[p].next=t;
            return 1;                           /* 插入成功返回 */
        }
        else                                    /* 未申请到结点,插入失败 */
        {
            printf("存储池无结点\n");
            return 0;
        }
        else                                    /* 插入位置不正确,插入失败 */
        {
            printf("插入的位置错误\n");
            return -1;
        }
    }
}
```

3. 删除操作

【分析】 将静态链表的第 i 个结点删除,会使静态链表发生变化。形参有三个,一个是指向静态链表的指针变量,一个是存放删除位置的整型变量 i,以及将被删除的数据元素传出去的指针变量 x。删除结点的空间需放回备用链表 AV 中。删除结点的示意图见图 2-18。

【算法 2.19】

```
int deleteSList(StaticLink * L,int i,ElemType * x)
{
    int p,t,s,j;
    p=L->SL;j=0;
    while(L->sd[p].next!=-1 && j<i-1)
    {
        p=L->sd[p].next;
        printf("p=%d\n",p);
        j++;
    }                                    /* 找第 i-1 个结点 */
    if(j==i-1)
    {
        t=L->sd[p].next;    //t 是要删除的结点下标
        if(t==-1)
        {
            printf("删除的结点不存在!\n");
```

		data	Next
SL=0	0		1
	1	50	2
	2	-10	7
	3	70	4
	4	80	6
AV=5	5	30	8
	6	5	-1
	7	200	3
	8		9
	9		10
	10		11
	11		-1

图 2-18　删除图 2-17(b)中的第 5 个结点的示意图

```
            return 0;
        }
        else
        {
            L->sd[p].next=L->sd[t].next;          //删除
             * x=L->sd[t].data;
        }
        //将删除的结点放入 AV 中
        p=L->AV;
        if(t<p)
        {
            L->sd[t].next=L->AV;
            L->AV=t;
        }
        else
        {
            while(L->sd[p].next!=-1 && L->sd[p].next <t)
                p=L->sd[p].next;                  //找 t 结点的前一点
            s=L->sd[p].next;
            L->sd[p].next=t;
            L->sd[t].next=s;
            return 1;                             //删除成功返回
        }
    }
    else                                          //删除位置不正确,删除失败
    {
        printf("删除的位置错误\n");
        return 0;
    }
    return 1;
}
```

有关基于静态链表上的其他操作基本与动态链表相同,这里不再赘述。

2.2.3 线性表的两种存储结构的区别

顺序存储的特点:数据元素的存储空间是连续的,只要知道首地址,任意一个数据元素的地址都可以根据下标直接计算,即顺序存储,随机存取。

$$存储密度=\frac{按数据元素类型分配空间大小}{数据元素所在结点分配空间大小}$$

链式存储的特点:数据元素所在的结点是动态申请的,任意一个数据元素都要通过头指针开始查找,即随机存储,顺序存取。

我们通常用存储密度衡量存储结构占用空间的情况。

链式存储中的结点除了存放数据元素的空间以外,还有一个指针变量;顺序存储中的

每个数据元素的空间是按实际类型分配的,没有额外的空间,即:

顺序存储密度=1,链式存储密度<1。

在实际应用中,应根据具体问题的要求和性质来选择合理的存储结构。一般情况下,从以下两个方面来考虑:

(1) 基于空间的考虑:如果线性表的长度事先可以确定,宜采用顺序表;如果线性表的长度变化较大,宜采用链表。

(2) 基于时间的考虑:如果经常对线性表做插入和删除操作,宜采用链表;反之采用顺序表。

2.3 案 例 实 现

2.3.1 基于顺序表的新生成绩管理系统

对于本章提出的新生成绩管理系统,采用顺序表存放学生数据。顺序表的类型描述如下:

```
typedef struct
{
    char xh[15]:              //存放学生学号
    char xm[20];              //存放学生姓名
    char bj[20];              //存放班级
    float score1;             //存放英语分数
    float score2;             //存放数学分数
    float score3;             //存放总分
}STD;
typedef struct
{
    STD * data;               //dada 是一个指向 STD 类型的指针变量
    int listSize;
    int length;
}SqList;
```

各个功能对应以下函数;

(1) 创建新生数据——createSqList();

(2) 插入新生数据——insertSqList();

(3) 删除新生数据——deleteSqList();

(4) 修改新生数据——updateSqList();

(5) 根据学号查询——locationSqList();

(6) 查询英语成绩——findEnglishSqList();

(7) 查询数学成绩——findMathSqList();

(8) 查询总成绩——findTotalSqList();

(9) 显示新生数据——dispSqList()。

这里除了查询函数需要在定位函数的基础上做一定的改动之外，其余函数稍加修改即可。以查询英语成绩高于某分数的学生为例。

```
void findEnglishSqList(SqList L,float x)
{
    for(i=0;i<L.length;i++)
    if(L.data[i].score1>=x)
        printf("%s %s %s %7,2f\n",L.data[i].xh,L.data[i].xm,L.data[i].bj,
                L.data[i].score1);
}
```

其余函数的修改，请读者自行完成。

为了使上述各个功能能够多次调用，还应该编写一个菜单函数 menu()。代码如下：

```
int menu()
{
    int n;
    while(1)
    {
        system("cls");                                //清屏
        printf("****欢迎使用新生成绩管理系统****\n");
        printf("1.创建新生数据表    2.插入新生数据\n");
        printf("3.删除新生数据表    4.修改新生数据\n");
        printf("5.根据学号查询      6.查询英语成绩\n");
        printf("7.查询数学成绩      8.查询总成绩\n");
        printf("9.显示新生数据      0.退出\n");
        printf("********************************\n");
        printf("请选择功能编号(0-9): ");
        scanf("%d",&n);
        getchar();                                    //吃输入整数后的回车
        if(n<0||n>9)
        {
            printf("输入有误,重新选择,按任意键继续!\n");getch();
        }
        else return n;
    }
}
```

为了使程序结构清晰，建议按照如下顺序书写：

（1）编译预处理命令。

（2）自定义数据类型（typedef）。

（3）函数声明。

（4）主函数。

（5）各个函数的定义。

源程序如下：

```c
#include <stdio.h>
#include <stdlib.h>
#include <string.h>
#include <conio.h>
//自定义数据类型
typedef struct
{
    char xh[15]:              //存放学生学号
    char xm[20];              //存放学生姓名
    char bj[20];              //存放班级
    float score1;             //存放英语分数
    float score2;             //存放数学分数
    float score3;             //存放总分
}STD;
typedef struct
{
    STD * data;               //dada 是一个指向 STD 类型的指针变量
    int listSize;
    int length;
}SqList;
//各个函数的声明
int createSqList(SqList * L,int maxSize);
int insertSqList(SqList * L,int i,STD x);
int deleteSqList(SqList * L,int i,STD * x);
int updateSqList(SqList L,int i,STD x);
int locationSqList(SqList L,char * xh);
void findEnglishSqList(SqList L,float x);
void findMathSqList(SqList L,float x);
void findTotalSqList(SqList L,float x);
void dispSqList(SqList L);
int menu();
//主函数
void main()
{
    int n,maxSize;float fs;char xh;
    SqList L;STD s;
    while(1)
    {
        n=menu();                 //显示主菜单
        switch(n)
        {                         //创建新生成绩表
            case 1: printf("请输入需要创建的新生人数：");
```

```
        scanf("%d",&maxSize);
        createSqList(&L,maxSize);
        printf("按任意键继续!\n");
        getch();
        break;
    //插入新生数据
    case 2: printf("请输入需要插入的新生学号、姓名、班级、英语、数学、总成绩,用空格隔
                开:\n");
        scanf("%s%s%s%f%f%f",s.xh,s.xm,s.bj,&s.score1,&s.score2,&s.
        score3);
        insertSqList(&L,L.length+1,s);
        printf("按任意键继续!\n");
        getch();
        break;
    //删除新生数据
    case 3: printf("请输入需要删除新生的学号:");
        scanf("%s,s.xh);
        n=locationSqList(L,s.xh);
        deleteSqList(&L,n,&s);
        printf("删除的学生数据为:%s %s %s %7.2f%7.2f%7.2f\n",
        s.xh,s.xm,s.bj,s.score1,s.score2,s.score3);
        printf("按任意键继续!\n");
        getch();
        break;
    //修改新生数据
    case 4: printf("请输入需要修改的新生学号、姓名、班级、英语、数学、总成绩,用空格隔
                开:\n");
        scanf("%s%s%s%f%f%f",s.xh,s.xm,s.bj,&s.score1,&s.score2,&s.
        score3);
        n=locationSqList(L,s.xh);
        updateSqList(L,n,s);
        printf("按任意键继续!\n");
        getch();
        break;
    //根据学号查询
    case 5: printf("请输入需要查询的新生学号:");
        scanf("%s",xh);
        n=locationSqList(L,xh);
        if(n)printf("%s %s %s %7.2f%7.2f%7.2f\n",L.data[n-1].xh,
                L.data[n-1].xm,L.data[n-1].bj,L.data[n-1].score1,
                L.data[n-1].score2,L.data[n-1].score3);
        else printf("数据不存在!\n");
        printf("按任意键继续!\n");
        getch();
```

```
        break;
    //查询英语成绩
    case 6: printf("请输入需要查询的英语成绩的下限: ");
        scanf("%f",&fs);
        printf("满足英语分数≥%7.2f 的新生如下: \n",fs);
        findEnglishSqList(L,fs);
        printf("按任意键继续!\n");
        getch();
        break;
    //查询数学成绩
    case 7: printf("请输入需要查询的数学成绩的下限: ");
        scanf("%f",&fs);
        printf("满足数学分数≥%7.2f 的新生如下: \n",fs);
        findMathSqList(L,fs);
        printf("按任意键继续!\n");
        getch();
        break;
    //查询总成绩
    case 8: printf("请输入需要查询的总成绩的下限: ");
        scanf("%f",&fs);
        printf("满足总成绩≥%7.2f 的新生如下: \n",fs);
        findTotalSqList(L,fs);
        printf("按任意键继续!\n");
        getch();
        break;
    //显示新生数据
    case 9: printf("新生成绩如下: \n");
        dispSqList(L);
        printf("按任意键继续!\n");
        getch();
        break;
    //退出
    case 0: exit(0);
    }                                       //switch
  }                                         //while
}
```

各个函数的定义省略。

【说明】 本程序用到了函数 getch(),用于实现等待,便于用户观察在它之前的运行结果。该函数不从键盘缓冲区取数据,直接从键盘读取任意一个字符,这个字符不显示在屏幕上。该函数在头文件"conio.h"中。

2.3.2 基于单向链表的新生成绩管理系统

对于本章提出的新生成绩管理系统,采用带头结点的单向链表存放学生数据。单向链表的类型描述如下：

```
typedef struct
{
    char xh[15];                    //存放学生学号
    char xm[20];                    //存放学生姓名
    char bj[20];                    //存放班级
    float score1;                   //存放英语分数
    float score2;                   //存放数学分数
    float score3;                   //存放总分
}STD;
typedef struct LNode
{
    STD data;
    struct LNode * next
} LNode, * LinkList;
```

各个功能对应以下函数；

(1) 创建新生数据——createLinkList();

(2) 插入新生数据——insertLinkList();

(3) 删除新生数据——deleteLinkList();

(4) 修改新生数据——updateLinkList();

(5) 根据学号查询——locationLinkList();

(6) 查询英语成绩——findEnglishLinkList();

(7) 查询数学成绩——findMathLinkList();

(8) 查询总成绩——findTotalLinkList();

(9) 显示新生数据——dispLinkList()。

这里除了查询函数需要在定位函数的基础上做一定的改动之外，其余函数稍加修改即可。以查询英语成绩为例。

```
void findEnglishLinkList(LinkList L,float x)
{
    LinkList p=L->next;
    while(p)
    {
        if(p->data.score1>=x)
            printf("%s %s %s %7.2f\n",p->data.xh,p->data.xm,p->data.bj,
                    p->data.score1);
        p=p->next;
    }
}
```

其余函数，请读者自行完成。

2.4 其他形式的链表

2.4.1 单向循环链表

前面单向链表中的最后一个结点的指针域为空,如要回到链表头,必须将当前指针指向头结点。如果用最后一个结点的指针域记住头结点,则链表上的结点可以循环使用,这种链表称为单向循环链表。

常用的单向循环链表有两种。一种是带头指针的单向循环链表,见图 2-19;另一种是带尾指针的单向循环链表,见图 2-20。

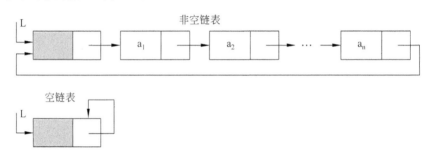

图 2-19　带头指针的单向循环链表示意图

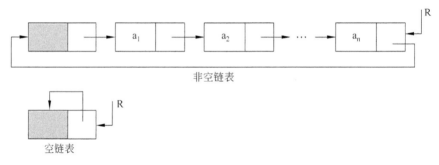

图 2-20　带尾指针的单向循环链表示意图

带头指针的单向循环链表中的 L 只记住了头结点,尾结点还必须通过循环才能找到。

带头指针的单向循环链表的判断是否为空的条件:L—>next==L。

带尾指针的单向循环链表中没有头指针,是用尾指针 R 记尾结点,R—>next 记头结点。

带尾指针的单向循环链表的判断是否为空的条件:R—>next==R。

如果有两个带尾指针的单向循环链表需要进行连接,则只需做 4 步运算即可。

① p=R1—>next;q=R2—>next;

② R1—>next=R2—>next—>next;

③ R2—>next=p;

④ free(q)；

连接的示意图见图 2-21。

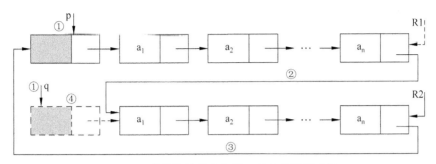

图 2-21　带尾指针的单向循环链表连接示意图

其中 R1 是第 1 个链表的尾指针，R2 是第 2 个链表的尾指针。

基于单向循环链表的基本操作与一般单向链表的操作基本相同，唯一区别在于判断链表是否为空的条件。下面介绍带头指针的单向循环链表的初始化、插入和删除操作的实现：

1．初始化

创建带有头结点的单向循环空链表。见图 2-18。

【分析】　让头结点的指针域记住自己。

【算法 2.20】

```
int initCirLink(LinkList * L)
{
    * L=(LinkList)malloc(sizeof(Node));
    if(* L==NULL)exit(0);
    (* L)->next= * L;
    return 1;
}
```

2．插入

根据插入位置 i，将数据元素插入到第 i−1 个结点和第 i 个结点之间，见图 2-22。

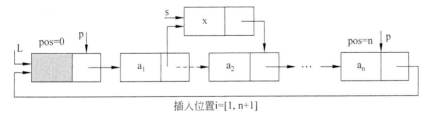

插入位置 i=[1, n+1]

图 2-22　单向循环链表插入第 2 个结点的示意图

【分析】 让工作指针 p 记第 i—1 个结点,整型变量 pos 记 p 的位置,即 pos=i−1。移动工作指针 p 的条件是:p—>next!=L && pos<i−1 为真。当 i 过大,出现(p—>next==L&&pos<i−1)为真;当 i 过小,出现 pos>i−1 为真。插入算法如下:

【算法 2.21】

```
int insertCirLink (LinkList L,int i,ElemType x)
{
    /* 让 p 指向第 i-1 个结点 */
    p=L; pos=0;
    while(p->next!=L && pos<i-1)
    {
        p=p->next;pos++;
    }
    if(p->next==L && pos<i-1|| pos>i-1)
    {
        printf("位置异常!\n");return 0;
    }
    s= (LinkList)malloc(Lnode);
    s->data=x;
    s->next=p->next;
    p->next=s;
    return 1;
}
```

3. 删除

根据删除位置 i,将第 i−1 个结点的后继结点置为第 i+1 个结点,并释放第 i 个结点的空间,见图 2-23。

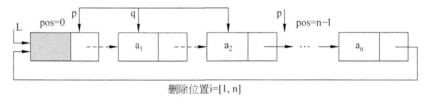

删除位置i=[1, n]

图 2-23 单向循环链表删除第 1 个结点的示意图

【分析】 让工作指针 p 记第 i−1 个结点,整型变量 pos 记 p 的位置,即 pos=i−1。移动工作指针 p 的条件是:p—>next!=L && pos<i−1 为真。当 i 过大,条件 p—>next==L 为真;当 i 过小,条件 pos>i−1 为真;当链表为空,条件 p—>next==L 为真。删除算法如下:

【算法 2.22】

```
int delCirLink (LinkList L,int i,ElemType * x)
```

```
{
    / * 让 p 指向第 i - 1 个结点 * /
    p=L;pos=0;
    while(p->next!=L && pos<i-1)
    {
        p=p->next;pos++;
    }
    if(p->next==L||pos>i-1)
    {
        printf("位置异常或链表为空!\n");return 0;
    }
    q=p->next;
    * x=q->data;
    p->next=q->next;
    delete q;
    return 1;
}
```

2.4.2 双向循环链表

单向链表便于查询后继结点,不便于查询前驱结点。为了方便两个方向的查询,可以在结点设两个指针域,一个存放直接前驱结点的地址,另一个存放直接后继结点的地址。存储结构示意图见图 2-24。

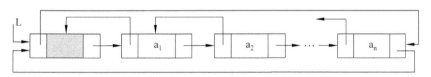

图 2-24 双向循环链表示意图

双向循环链表的数据类型描述:

```
typedef struct Dnode
{
    ElemType data;
    struct Dnode * pre;              //存放前驱结点地址
    struct Dnode * next;            //存放后继结点地址
}Dnode, * DLinkList;
```

下面给出几个有关双向循环链表的操作实现。

1. 初始化操作

创建一个带有头结点的空链表。示意图见 2-25。

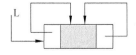

图 2-25 初始化操作示意图

【分析】 初始化操作需要将申请的头结点地址分别赋给头指针以及头结点的两个指针域,算法如下。

【算法 2. 23】

```
int initDLinkList(DLinkList * L)
{
    * L=(DLinkList)malloc(sizeof(Dnode));
    if(* L==NULL)return 0;
    (* L)->pre=(* L)->next= * L;
    return 1;
}
```

例如：

```
DLinkList L;
if(initDLinkList(&L))printf("创建成功!\n");
else printf("创建失败!\n");
```

2. 插入操作

按后继方向根据指定位置插入结点。插入操作的示意图见图 2-26。

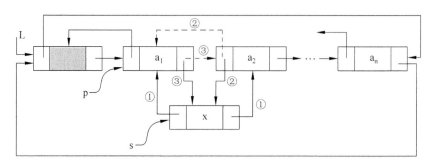

图 2-26 双向循环链表插入操作示意图

> **【分析】** 插入新结点必须考虑前驱和后继方向的连接,插入位置按后继方向查找。
> 由于新结点的两个指针域是无确定指向的,所以先确定新结点的直接前驱和直接后继:
> ① s—>pre=p; s—>next=p—>next; 接着确定 p—>next 的直接前驱:
> ② p—>next—>pre=s;最后确定 p 的后继:
> ③ p—>next=s;

算法如下。

【算法 2. 24】

```
int insertDLinkList(DLinkList L,int i,ElemType x)
{
    DLinkList p=L,s;
    int j;
    /* 让 p 指向第 i-1 个结点,j 记结点的位置 */
    p=L;j=0;
    while(p->next!=L && j<i-1)
```

```
    {
        p=p->next;j++;
    }
    if(p->next==L&&j<i-1||j>i-1)
    {
        printf("插入位置不合理!\n");return 0;
    }
    s=(DLinkList)malloc(sizeof(Dnode));
    s->data=x;
    s->pre=p;s->next=p->next;
    p->next->pre=s;p->next=s;
    return 1;
}
```

3. 删除操作

按后继方向根据指定位置删除结点。删除操作的示意图见图 2-27。

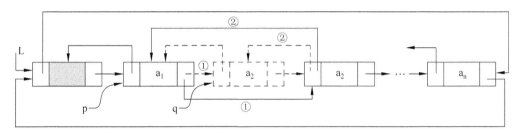

图 2-27 双向循环链表的删除操作示意图

> 【分析】 被删除结点必须从前驱和后继两个方向断链。即：
> ① q=p−>next;p−>next=q−>next;
> ② q−>next−>pre=p;free(q);

算法如下。
【算法 2.25】

```
int deleteDLinkList(DLinkList L,int i,ElemType * x)
{
    DLinkList p,q;
    int j;
    /*让 p 指向第 i-1 个结点,j 即结点的位置 */
    p=L;j=0;
    while(p->next!=L&&j<i-1)
    {
        p=p->next;j++;
    }
    if(p->next==L||j>i-1)
    {
```

```
            printf("删除位置不合理或链表为空!\n");
            return 0;
        }
        q=p->next;
         *x=q->data;
        p->next=q->next;
        q->next->pre=p;
        free q;
        return 1;
    }
```

4. 遍历

指定遍历方向,显示所有数据。算法如下。

【算法 2.26】

```
void dispDLinkList(DLinkList L,int n)
{   //n=1,按后继方向;n=2,按前驱方向
    DLinkList p;
    if(n==1)
    {
        p=L->next;
        while(p!=L)
        {
            printf(p->data);p=p->next;
        }
        printf("\n");
    }
    if(n==2)
    {
        p=L->pre;
        while(p!=L)
        {
            printf(p->data);p=p->pre;
        }
        printf("\n");
    }
}
```

2.5 线性表的应用

2.5.1 两个线性表的合并

假设每个线性表的存储结构为带头结点的单向链表,存放的数据是递增的,现在需要将这两个链表合并成一个链表,并且依然保持递增。

　　方法一　假设合并的链表上的结点空间是原来的空间,其算法设计的主要思想是将其中一个链表上的结点逐个插入到另一个链表中。合并前的示意图见图 2-28,合并过程的示意图见 2-29。

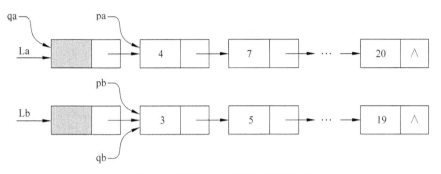

图 2-28　两个有序链表存储示意图

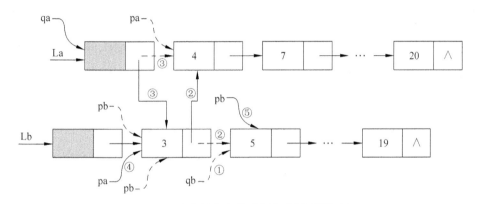

图 2-29　有序链表合并过程示意图(原结点)

　　【分析】　将 Lb 的所有结点按递增的顺序插入到 La 中。当 La 和 Lb 均不为空时,Lb 中每个结点的插入位置需要与 La 中的结点比较大小,方可确定。为了在 La 中寻找插入位置,需设两个工作指针 pa 和 qa,它们指向的结点关系满足<$*$qa,$*$pa>,将需插进来的结点 $*$pb 与 $*$pa 进行比较,如果满足 pb->data<=pa->data,则将 $*$pb 插入到 $*$qa 与 $*$pa 之间;否则,移动 qa 和 pa 再进行 $*$pb 与 $*$pa 的比较,直至 $*$pb 插进来。对于链表 Lb,为了防止断链,用 pb 记要插入的结点,qb 记 pb 的后继。当 pa 为空,pb 不为空时,表示 pb 之后的所有结点不再需要比较,可一次链接,即 qa->next=pb,算法如下。

【算法 2.27】

```
void twoLinkList1(LinkList La,LinkList Lb)
{
    LinkList pa,pb,qa,qb;
    qa=La;pa=La->next; pb=qb=Lb->next;
    while(pb && pa)
```

```
{
    if(pb->data<=pa->data)
    {
        qb=qb->next;              //①
        pb->next=pa;              //②
        qa->next=pb;              //③
        pa=qa->next;              //④
        pb=qb;                    //⑤
    }
    else
    {
        qa=pa;
        pa=pa->next;
    }
}
if(pb) qa->next=pb;               /*将 Lb 中剩余结点插入*/
delete Lb;
}
```

　　方法二　假设合并的链表上的结点空间是重新申请的空间,其算法设计的主要思想是将原来的两个链表上的结点依次比较逐个插入到新链表中。合并过程的示意图见图 2-30。

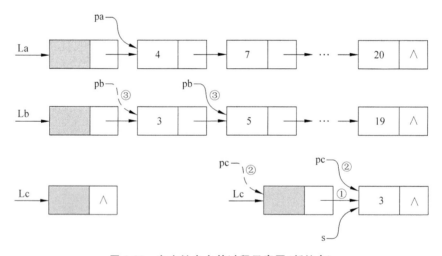

图 2-30　有序链表合并过程示意图(新结点)

　　【分析】　当 pa 和 pb 均不为空,比较两个 pa—>data 与 pb—>data 结点值的大小,如果 pa—>data<=pb—>data,生成新结点,存放 pa—>data,在 Lc 中进行尾插,pa=pa—>next。如果 pa—>data>pb—>data,生成新结点,存放 pb—>data,在 Lc 中进行尾插,pb=pb—>next。当 pa 为空,表示 Lb 有剩余结点,可依序在 Lc 中进行尾插;当 pb 为空,表示 La 有剩余结点,可依序在 Lc 中进行尾插。算法如下。

【算法 2.28】

```
void twoLinkList2(LinkList La,LinkList Lb,LinkList *Lc)
{
    LinkList pa,pb,pc,s;
    pa=La->next;pb=Lb->next;
    initLinkList(Lc);                          //生成空链表 *Lc
    pc=*Lc;
    while(pa && pb)
    {
        if(pb->data<=pa->data)
        {
            s=(LinkList)malloc(sizeof(LNode));//申请新结点
            s->data=pb->data;                 //将 pb 指向的结点数据存放到新结点
            s->next=NULL;pc->next=s;pc=s;     //将新结点插入到 Lc 的尾部
            pb=pb->next;
        }
        else
        {
            s=(LinkList)malloc(sizeof(LNode));
            s->data=pa->data;
            s->next=NULL;pc->next=s;pc=s;
            pa=pa->next;
        }
    }
    while(pb)
    {
        s=(LinkList)malloc(sizeof(LNode));
        s->data=pb->data;
        s->next=NULL;pc->next=s;pc=s;
        pb=pb->next;
    }
    while(pa)
    {
        s=(LinkList)malloc(sizeof(LNode));
        s->data=pa->data;
        s->next=NULL;pc->next=s;pc=s;
        pa=pa->next;
    }
}
```

2.5.2　一元多项式的应用

数学上的一元多项式为：$p(x)=p_0+p_1x^1+p_2x^2+\cdots+p_nx^n$。其中每一项对应一

个数据对(系数,指数),所有的数据对组成一个线性表。实际中的一元多项式,并不是每个指数对应的项都存在,为了减少存储空间,对系数不为 0 的项,按指数递增排列数据对。

例如,$p(x)=2.1-4.3x^5+7x^{10}$,对应的线性表为$(2.1,0),(-4.3,5)(7,10)$。

用带头结点的按指数递增的单向链表存放,为了方便进行指数大小的比较,在头结点的数据域的指数空间中存放-1。其示意图见图 2-31。

图 2-31　一元多项式链式存储示意图

一元多项式对应的单向递增链表的数据类型描述如下:

```
typedef struct
{
    float coef;                       //存放系数
    int exp;                          //存放指数
}Term;
typedef struct node
{
    Term data;
    struct node * next;
}Pnode, * Plink;
```

一元多项式的常用运算是两个一元多项式的和、两个一元多项式的积。完成这两种运算涉及的主要操作有:

1. 插入

指数不同的项按指数的递增顺序插入,指数相同的项进行合并,如果系数为零删除对应的项。算法如下。

【算法 2.29】

```
void insertPolyn(Plink L,Term x)
{
    Plink p=L,q=L->next,s;            //p 和 q 记住相邻的两个结点
    while(p)
    {
        if(q!=NULL && x.exp>p->data.exp && x.exp<q->data.exp)
        {                             //生成新结点,插在 p 和 q 之间
            s=(Plink)malloc(sizeof(Pnode));
            s->data=x;s->next=q;p->next=s;
            return;
        }
        else if(q!=NULL && x.exp==q->data.exp)  //合并同类项
```

```
    {
        if(fabs(q->data.coef+x.coef)<1.0E6)  //指数相等,系数符号相反,绝对值相等
        {
            p->next=q->next; delete q;         //删除 q 指向的结点
            return;
        }
        else                                  //指数相等,系数不同,合并
        {
            q->data.coef=x.coef+q->data.coef;
            return;
        }
    }                                          //结束合并同类项
    else if(q==NULL && x.exp>p->data.exp)      //插在最后
    {
        s=(Plink)malloc(sizeof(Pnode));
        s->data=x;s->next=p->next;p->next=s;
        return;
    }
    else {p=q;q=q->next;}                       //寻找插入位置
    }
}
```

2. 创建一元多项式

调用插入函数,按插入的指数大小有序插入,算法如下。

【算法 2.30】

```
void createPolyn(Plink * L)
{
    Term x;
    * L=(Plink)malloc(sizeof(Pnode));
    (* L)->data.exp=-1;
    (* L)->next=NULL;
    do
    {
        printf("请输入系数和指数,用空格隔开,系数为 0,表示结束: ");
        scanf("%f%d",&x.coef,&x.exp);
        if(fabs(x.coef)<=1.0e-6)break;
        insertPolyn(* L,x);                    //调用插入函数
    } while(1);
}
```

3. 两个一元多项式的加法

将两个一元多项式对应的单向有序链表进行合并,求和过程见示意图 2-32。

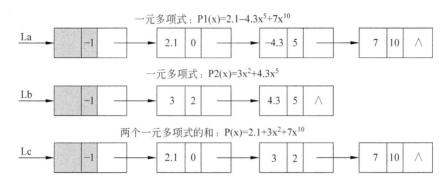

图 2-32 两个一元多项式的求和示意图

算法如下。

【算法 2.31】

```
void addPolyn(Plink La,Plink Lb,Plink * Lc)
{
    Plink s,pa,pb,pc;
    * Lc=(Plink)malloc(sizeof(Pnode));
    (* Lc)->data.exp=-1; (* Lc)->next=NULL;
    pa=La->next;pb=Lb->next;pc= * Lc;
    while(pa&&pb)                              //当 La 和 Lb 同时不为空
    {
        if(pa->data.exp<pb->data.exp)
        {
            s=(Plink)malloc(sizeof(Pnode));    //申请新结点
            s->data=pa->data;                  //将 pa 指向的结点数据存放到新结点
            s->next=NULL;
            pc->next=s;pc=s;                   //将新结点插入到 Lc 的尾部
            pa=pa->next;
        }
        else if(pa->data.exp==pb->data.exp)    //合并同类项
        {
            if(fabs(pa->data.coef-pb->data.coef)>1.0E-6)
            {
                s=(Plink)malloc(sizeof(Pnode));//申请新结点
                s->data.coef=pa->data.coef +pb->data.coef;
                s->data.exp=pa->data.exp;
                s->next=NULL;
                pc->next=s;
                pc=s;                          //将新结点插入到 Lc 的尾部
            }
            pa=pa->next;pb=pb->next;
        }
        else
```

```
    {
        s=(Plink)malloc(sizeof(Pnode));         //申请新结点
        s->data=pb->data;                       //将 pb 指向的结点数据存放到新结点
        s->next=NULL;
        pc->next=s;pc=s;                        //将新结点插入到 Lc 的尾部
        pb=pb->next;
    }
}
while(pa)                                        //将 La 的剩余结点依次放入 Lc 中
{
    s=(Plink)malloc(sizeof(Pnode));             //申请新结点
    s->data=pa->data;
    s->next=NULL;
    pc->next=s;pc=s;
    pa=pa->next;
}
while(pb)                                        //将 Lb 的剩余结点依次放入 Lc 中
{
    s=(Plink)malloc(sizeof(Pnode));             //申请新结点
    s->data=pb->data;
    s->next=NULL;
    pc->next=s;pc=s;
    pb=pb->next;
}
}
```

4. 两个一元多项式的乘法

将第 1 个一元多项式的每一项与第 2 个一元多项式的各项相乘,再插入到新的一元多项式中。两个一元多项式的求积过程见图 2-33。

算法如下。

【算法 2.32】

```
void mulPolyn(Plink La,Plink Lb,Plink * Lc)
{
    Plink pa,pb;Term x;
    * Lc=(Plink)malloc(sizeof(Pnode));
    (* Lc)->data.exp=-1;(* Lc)->next=NULL;
    pa=La->next;
    while(pa)
    {
        pb=Lb->next;
        while(pb)
        {
            x.coef=pa->data.coef * pb->data.coef;
```

```
                x.exp=pa->data.exp+pb->data.exp;
                insertPolyn(* Lc,x);pb=pb->next;
            }
            pa=pa->next;
        }
    }
```

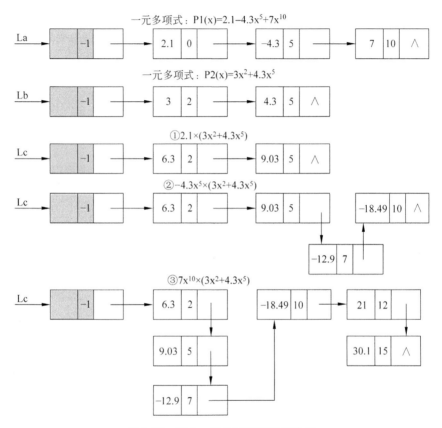

图 2-33　两个一元多项式求积示意图

5．一元多项式的显示

算法如下。

【算法 2.33】

```
void dispPolyn(Plink L)
{
    Plink p=L->next;
    while(p)
    {
        if(p->data.coef<0)printf("%0.2fX^%d",p->data.coef,p->data.exp);
        else printf("+%0.2fX^%d",p->data.coef,p->data.exp);
        p=p->next;
```

```
    }
    printf("\n");
}
```

请读者在此基础上自行完成两个一元多项式的求和与求积运算的应用程序。

2.6　本　章　小　结

线性表是线性结构的基本形式,用于描述一组同类型,而且具有 1∶1 的线性关系的数据对象。此类数据对象存放在计算机的内存时,必须考虑数据元素的存放和数据元素之间关系的存放。常用的存储结构有顺序存储和链式存储。

顺序表存储的特点是用一维数组存放线性表中的数据元素,用下标的相邻关系表示数据元素的直接前驱和直接后继的关系。为了方便使用,经常需要用到表中数据元素的个数以及是否存在剩余空间,能够满足上述要求的变量类型是结构体类型。由于 C 语言没有给出此种结构体类型的定义,因此,我们必须自定义此种类型,即顺序表类型。本书给出了两种顺序表类型的定义,并进行了对比分析。第一种容易掌握,但是由于在类型中直接给出了数组的大小,通用性、灵活性较差;第二种在类型中给出的是存放一维数组首地址的指针成员,数组的大小由初始化操作完成,大大提高了该类型的实用性。

如果数据元素的类型是简单类型,顺序表类型的自定义只需一步,直接定义顺序表结构体类型即可。如果数据元素的类型是结构体类型,顺序表类型的自定义分两步完成:

(1) 先定义数据元素对应的结构体类型;

(2) 再定义顺序表结构体类型。

链式存储的特点是用一个带头结点的单向链表存放线性表的数据元素。其存储空间遵循"按需分配",根据需要动态申请结点空间,不需要时释放结点的存储空间。线性表中数据元素的关系用结点中存放后继结点地址的指针变量表示。链表对内存空间的连续性要求较低,每个数据元素占用的存储空间比在顺序表中占用的空间要大。

如果数据元素的类型是简单类型,链表类型的自定义只需一步,直接定义结点类型和指向结点的指针类型即可;如果数据元素的类型是结构体类型,链表类型的自定义分两步完成:

(1) 先定义数据元素对应的结构体类型;

(2) 再定义链表的结点类型和指向结点的指针类型。

链表有多种形式,除了单向链表之外,还有单向循环链表和双向链表。

基于这两种存储结构的基本操作的实现,需根据每个基本操作是否改变了存储结构中的成员值,以及需要的其他条件,正确定义函数的形参。熟练掌握基本操作之后,对于其他复杂的操作只需对基本操作组合或修改某些基本操作即可。

在涉及线性表的实际应用中,到底用哪一种存储结构,需根据这两种结构的特点进行正确选择。

本章给出了基于顺序表存储和单向链表存储的学生成绩管理系统的设计与实现。

2.7 习题与实验

一、判断题

1. 线性表的逻辑顺序与存储顺序总是一致的。

2. 顺序存储的线性表可以按序号随机存取。

3. 顺序表的插入和删除操作不需要付出很大的时间代价,因为每次操作平均只有近一半的元素需要移动。

4. 线性表中的元素可以是各种各样的,但同一线性表中的数据元素具有相同的特性,因此是属于同一数据对象。

5. 在线性表的顺序存储结构中,逻辑上相邻的两个元素在物理位置上并不一定紧邻。

6. 在线性表的链式存储结构中,逻辑上相邻的元素在物理位置上不一定相邻。

7. 线性表的链式存储结构优于顺序存储结构。

8. 在线性表的顺序存储结构中,插入和删除时,移动元素的个数与该元素的位置有关。

9. 线性表的链式存储结构是用一组任意的存储单元来存储线性表中数据元素的。

10. 在单链表中,要取得某个元素,只要知道该元素的指针即可,因此,单链表是随机存取的存储结构。

二、单选题

1. 线性表是( )。

    (A) 一个有限序列,可以为空;   (B) 一个有限序列,不能为空;

    (C) 一个无限序列,可以为空;   (D) 一个无序序列,不能为空。

2. 对顺序存储的线性表,设其长度为 n,在任何位置上插入或删除操作都是等概率的。插入一个元素时平均要移动表中的( )个元素。

    (A) n/2   (B) (n+1)/2   (C) (n−1)/2   (D) n

3. 线性表采用链式存储时,其地址( )。

    (A) 必须是连续的   (B) 部分地址必须是连续的

    (C) 一定是不连续的   (D) 连续与否均可以

4. 用链表表示线性表的优点是( )。

    (A) 便于随机存取

    (B) 花费的存储空间较顺序存储少

    (C) 便于插入和删除

    (D) 数据元素的物理顺序与逻辑顺序相同

5. 某链表中最常用的操作是在最后一个元素之后插入一个元素和删除最后一个元

素,则采用(   )存储方式最节省运算时间。

　　(A) 单链表　　　　　　　　　　　(B) 双链表

　　(C) 单循环链表　　　　　　　　　(D) 带头结点的双循环链表

　　6. 循环链表的主要优点是(   )。

　　(A) 不再需要头指针

　　(B) 已知某个结点的位置后,能够容易找到它的直接前趋

　　(C) 在进行插入、删除运算时,能更好地保证链表不断开

　　(D) 从表中的任意结点出发都能扫描到整个链表

　　7. 下面关于线性表的叙述错误的是(   )。

　　(A) 线性表采用顺序存储,必须占用一片地址连续的单元

　　(B) 线性表采用顺序存储,便于进行插入和删除操作

　　(C) 线性表采用链式存储,不必占用一片地址连续的单元

　　(D) 线性表采用链式存储,便于进行插入和删除操作

　　8. 单链表中,增加一个头结点的目的是为了(   )。

　　(A) 使单链表至少有一个结点

　　(B) 标识表结点中首结点的位置

　　(C) 方便运算的实现

　　(D) 说明单链表是线性表的链式存储

　　9. 若某线性表中最常用的操作是在最后一个元素之后插入一个元素和删除第一个元素,则采用(   )存储方式最节省运算时间。

　　(A) 单链表　　　　　　　　　　　(B) 仅有头指针的单循环链表

　　(C) 双链表　　　　　　　　　　　(D) 仅有尾指针的单循环链表

　　10. 若某线性表中最常用的操作是取第 i 个元素和找第 i 个元素的前驱元素,则采用(   )存储方式最节省运算时间。

　　(A) 单链表　　　(B) 顺序表　　　(C) 双链表　　　(D) 单循环链表

三、填空题

　　1. 带头结点的单链表 H 为空的条件是＿＿＿＿＿＿＿＿＿。

　　2. 非空单循环链表 L 中 *p 是尾结点的条件是＿＿＿＿＿＿＿＿＿。

　　3. 在一个单链表中 p 所指结点之后插入一个由指针 s 所指结点,应执行 s－＞next＝＿＿＿＿＿＿＿＿;和 p－＞next＝＿＿＿＿＿＿＿＿的操作。

　　4. 在一个单链表中 p 所指结点之前插入一个由指针 s 所指结点,可执行以下操作:

　　s->next=＿＿＿＿＿;

　　p->next=s;

　　t=p->data;

　　p->data=＿＿＿＿＿;

　　s->data=＿＿＿＿＿;

　　5. 在顺序表中做插入操作时首先检查＿＿＿＿＿＿＿＿＿。

四、算法设计题

1. 已知一顺序表 A,其元素值非递减有序排列,编写一个函数删除顺序表中多余的值相同的元素。

2. 编写一个函数,从一给定的顺序表 A 中删除值在 x～y(x<=y)之间的所有元素,要求以较高的效率来实现。

提示:可以先将顺序表中所有值在 x～y 之间的元素置成一个特殊的值,并不立即删除它们,然后从最后向前依次扫描,发现具有特殊值的元素后,移动其后面的元素将其删除。

3. 线性表中有 n 个元素,每个元素是一个字符,现存于数组 R[n]中,试写一算法,使 R 中的字符按字母字符、数字字符和其他字符的顺序排列。要求利用原来的存储空间,元素移动次数最小。

4. 线性表用顺序存储,设计一个算法,用尽可能少的辅助存储空间将顺序表中前 m 个元素和后 n 个元素进行整体互换。即将线性表

(a1,a2,…,am,b1,b2,…,bn)改变为:(b1,b2,…,bn,a1,a2,…,am)。

5. 写出将线性表就地逆转算法,即在原表的存储空间将线性表(an,a2,…,an)逆转为(an,an−1,…,a1)。要求:分别用顺序表和带头结点的单链表来实现。

6. 已知带头结点的单链表 L 中的结点是按整数值递增排列的,试写一算法,将值为 x 的结点插入到表 L 中,使得 L 仍然有序,并且分析算法的时间复杂度。

7. 假设有两个已排序的单链表 A 和 B,编写一个函数将它们合并成一个链表 C 而不改变其排序性。

8. 假设有两个已排序的顺序表 A 和 B,编写一个函数将他们合并成一顺序表 C 而不改变其排序性。

9. 假设长度大于1的循环单链表中,既无头结点也无头指针,p 为指向该链表中某一结点的指针,编写一个函数删除该结点的前趋结点。

10. 已知两个单链表 A 和 B 分别表示两个集合,其元素递增排列,编写一个函数求出 A 和 B 的交集 C,要求 C 同样以元素递增的单链表形式存储。

11. 试编写一个算法,将一个用带头结点的单向链表表示的多项式分解成两个多项式,使这两个多项式分别仅含奇次指数项或偶次指数项。要求利用原链表的结点存储空间。

12. 已知 p 指向双向循环链表中的一个结点,其结点结构为 data、llink、rlink 三个域,写出算法 change(p),交换 p 所指向的结点和它的前驱结点的顺序。

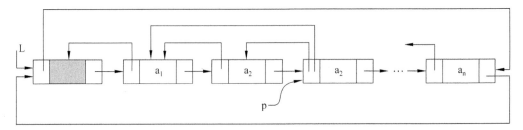

13. 已知不带头结点的线性链表 list,链表中结点构造为(data、link),其中 data 为数据域,link 为指针域。请写一算法,将该链表按结点数据域的值的大小从小到大重新链接。要求链接过程中不得使用除该链表以外的任何链结点空间。

14. 设键盘输入 n 个英语单词,输入格式为 n,w1,w2,…,wn,其中 n 表示随后输入英语单词个数,试编一程序,建立一个单向链表,实现:

(1) 如果单词重复出现,则只在链表上保留一个。

(2) 除满足(1)的要求外。链表结点还应有一个计数域,记录该单词重复出现的次数,然后输出出现次数最多的前 k(k<=n)个单词。

提示:在结点上增加一个存放个数的整型成员。

五、上机实习题目

1. Josephu 问题为:设编号为 1,2,…,n 的 n 个人围坐一圈,约定编号为 k(1<=k<=n) 的人从 1 开始报数,数到 m 的那个人出列,它的下一位又从 1 开始报数,数到 m 的那个人又出列,依次类推,直到所有人出列为止,由此产生一个出队编号的序列。

提示:用一个不带头结点的循环链表来处理 Josephu 问题:先构成一个有 n 个结点的单循环链表,然后由 k 结点起从 1 开始计数,计到 m 时,对应结点从链表中删除,然后再从被删除结点的下一个结点又从 1 开始计数,直到最后一个结点从链表中删除算法结束。

2. 一元多项式的相加和相乘

提示:

(1) 一元多项式的表示问题:对于任意一元多项式:$P_n(x) = P_0 + P_1 X^1 + P_2 X^2 + \cdots + P_i X^i + \cdots + P_n X^n$ 可以抽象为一个由"系数-指数"对构成的线性表,且线性表中各元素的指数项是递增的:

$$P = ((P_0, 0), (P_1, 1), (P_2, 2), \cdots, (P_n, n))$$

(2) 用一个单链表表示上述线性表,结点结构为:

```
typedef sturct node
{   float coef;              /* 系数域 */
    int exp;                 /* 指数域 */
    struct node * next;      /* 指针域 */
} Ploy Node;
```

3. 分别用顺序表和单向链表完成通讯录管理系统。系统具有如下功能:创建、插入、删除、查询、分组、显示。

其中:查询分为按姓名查询、按分组查询。分组的类型有亲人、大学同学、中学同学、其他通讯录中的每个记录包括(姓名、性别、邮箱、手机号、联系地址、分组类型)。

第3章

栈 与 队 列

实际中,我们经常会遇到一些数据对象,它们本身具备线性表的逻辑特征,但是对于一些基本操作,如插入和删除,不允许像线性表那样,只要位置合法就允许操作,而是对插入和删除的位置施加一定的限制。本章详细阐述操作受限的线性表一栈和队列的逻辑结构、存储结构和基本操作的实现,并分别讨论如何用栈和队列解决实际问题。

3.1 问题的提出

问题1:所有的高级程序设计语言中,都有表达式计算。为了改变表达式中的运算顺序,往往需要添加括号。高级语言的编译器在对表达式进行编译时,一项重要的工作就是检查表达式中的括号是否匹配。

尽管C程序的表达式中只允许出现小括号,为了更清楚地了解括号的匹配过程,不妨假设表达式中既有小括号又有中括号。

如([]())或[([][])]等为正确的格式,[()]或(()()均为不正确的格式。编译器是如何完成这项工作的呢?

问题2:现在各个医院为了更好地满足病人的就医服务,对医院的挂号、分诊、看病、交钱和取药等各个环节实行计算机管理。病人挂完号之后,到对应的科室分诊受理大厅等候,在滚动的显示屏上即可看到各个诊室正在看病的是几号。医院的管理系统是如何完成这个工作的呢?

3.1.1 问题中的数据分析

在括号匹配问题中,表达式中的每个括号是一个字符型数据元素,括号与括号之间的关系是1:1的线性关系,这些括号组成了一个线性表。

在病人排队看病过程中,每个病人的挂号数据包括病人的就诊卡号、病人的姓名、专家的姓名和顺序号等,是一个结构体类型的数据元素,病人与病人之间的关系是1:1的线性关系,所有病人的挂号数据组成了一个线性表。

3.1.2 问题中的功能分析

1. 如何判断括号是否匹配

从左向右对表达式逐个扫描,对每一个位置上的括号进行如下判断。

(1) 如果是左括号直接保存到左括号序列中;

（2）如果是右括号，则与左括号序列中最后一个左括号进行比较。即：

① 如果出现当前括号是右括号，而左括号序列中的最后一个左括号是与它不同类型的左括号，匹配失败；如[（。

② 如果出现当前括号是右括号，而左括号序列中的最后一个左括号是与它同类型的左括号，则这一对括号匹配成功。将左括号序列中的最后一个左括号删除。

（3）如果最后一个括号匹配成功，左括号序列中没有剩余的左括号，即括号匹配成功。如：[（[][]）]。

（4）如果最后一个括号匹配成功，但左括号序列中还有剩余的左括号，匹配失败。如（（）（）。

从上述的括号匹配过程中，不难看出，需要做如下操作：

（1）凡是左括号则插入到左括号序列的最后一个左括号之后，简称"进"。

（2）凡是右括号则查看左括号序列的最后一个左括号，简称"取"。

（3）凡是右括号与左括号序列的最后一个左括号类型相同则删除，简称"出"。

上述的左括号序列组成一个线性表，这三个操作都是在左括号序列的最后一个左括号之后进行。

2. 如何让已经挂号的病人及时了解所挂的号在哪个诊室，目前已经看到了第几号。

（1）将已经挂号的病人按选择的专家分别排队；

（2）正在看病的病人是每个队的队头，简称"取"；

（3）病人看完病之后，走出诊室，简称"出"；

（4）新挂号的病人，排在对应的队尾，简称"进"。

上述排队挂号的病人组成了线性表，"取"和"出"的操作只能在队列的首部进行，"进"的操作只能在队列的尾部进行。

3.1.3　问题中的数据结构

上述问题中的左括号组成的序列和排队就诊的病人同属线性结构，都是线性表。与第 2 章的线性表进行对比，区别在于：括号匹配中对线性表的插入（进），对线性表的删除（出）以及查看线性表的最后一个元素（取），都限定在线性表的同一端进行。医院的挂号分诊处理对线性表的插入（进），限定在线性表的一端进行；对线性表的删除（出）以及查看线性表的第一个元素（取），限定在线性表的另一端进行。我们称插入与删除操作只能在一端进行的线性表为栈，插入操作在一端进行，删除操作在另一端进行的线性表为队列，它们与第 2 章阐述的线性表的插入与删除操作对比见表 3-1。

表 3-1　插入与删除的对比

线　性　表	栈	队　列
插入：Insert(L,i,x) $1 \leqslant i \leqslant n+1$	插入：Insert(S,n+1,x)	插入：Insert(Q,n+1,x)
删除：Delete(L,i) $1 \leqslant i \leqslant n$	删除：Delete(S,n)	删除：Delete(Q,1)

其中 n 为线性表的长度。栈和队列是最常用的两种线性结构。它们都是操作受限的线性表。

3.2　栈

3.2.1　栈的定义

栈是一种特殊的线性表，限定插入和删除操作只能在一端进行。具有后进先出(Last In First Out,LIFO)的特点。

栈顶(TOP)：允许插入和删除的一端。

栈底(BOTTOM)：不允许插入和删除的一端。

栈结构的示意图见图 3-1。

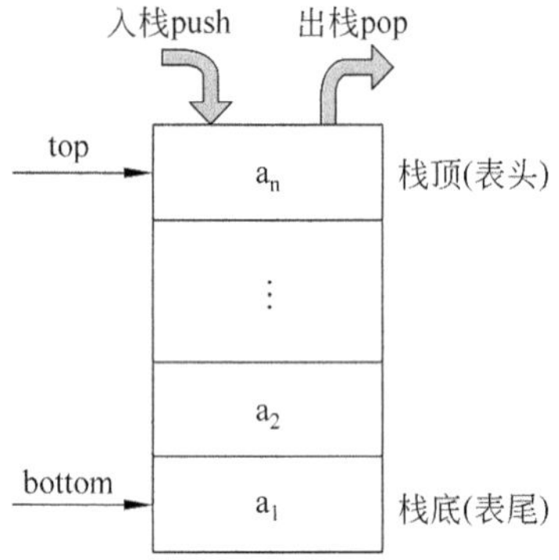

栈的抽象数据类型描述：

```
ADT Stack
{
    数据对象：D={aᵢ|aᵢ∈ElemSet,i=1,2,…,n,n≥0}
    数据关系：R={<aᵢ₋₁,aᵢ>|aᵢ₋₁,aᵢ∈D,i=2,…,n}
            约定 aₙ 端为栈顶,a₁ 端为栈底。
    基本操作：
      InitStack(&S);
      DestroyStack(&S);
      StackEmpty(S);
      GetTop(S,&e);
      ClearStack(&S);
      StackLength(S);
      Push(&S,e);
      Pop(&S,e);
      StackTravers(S,visit());
}ADT Stack
```

图 3-1　栈结构的示意图

(1) 初始化操作：InitStack(&S)；

操作结果：构造一个空栈 S。

(2) 销毁栈结构：DestroyStack(&S)；

已知条件：栈存在。

操作结果：栈 S 被销毁。

(3) 判断栈空：StackEmpty(S)；

已知条件：栈存在。

操作结果：若栈 S 为空栈,则返回 TRUE,否则 FALSE。

(4) 得到栈顶：GetTop(S,&e)；

已知条件：栈存在并且非空。

操作结果：用 e 返回 S 的栈顶元素。

（5）清空栈：ClearStack(&S)；

已知条件：栈存在。

操作结果：将 S 清为空栈。

（6）求栈的长度：StackLength(S)；

已知条件：栈存在。

操作结果：返回 S 的元素个数，即栈的长度。

（7）进栈：Push(&S，e)；

初始条件：栈 S 已存在。

操作结果：插入元素 e 为新的栈顶元素。

（8）出栈：Pop(&S，&e)；

初始条件：栈存在并且非空。

操作结果：用 e 返回删除的栈顶元素。

（9）遍历：StackTravers(S)；

初始条件：栈存在。

操作结果：访问栈中的全部元素。

3.2.2　栈的存储结构和基本操作的实现

栈是一种操作只能在一端进行的线性表，它的存储结构主要有顺序栈和链栈。

3.2.2.1　顺序栈

顺序栈：用一片连续的空间存放栈的数据元素。

由于对栈的操作限制在栈顶，因此必须已知栈顶的位置，为了防止溢出，还需已知栈的容量。因此顺序栈是一个结构体类型，它的 C 语言描述有两种。

第一种如下所示：

```
#define MAX 100
typedef struct stack
{
    SElemType data[MAX];    //data 是一维数组
    int top;                //指示栈顶的位置
    int stackSize;          //栈的容量
}SqStack;
```

例如：

```
SqStack S;
```

S 的内存分配示意图见图 3-2。

其中 SqStack 是一个顺序栈类型，用它可以定义顺序栈类型的变量，用于存放栈中的数据元素、栈顶的位置和栈的容量。为了区分栈空，约定栈空

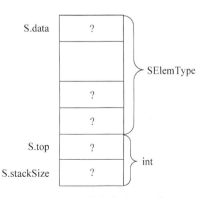

图 3-2　顺序栈内存分配示意图

时 S. top＝－1。

第二种如下所示：

```
typedef struct stack
{
    SElemType * data;         //data 是一个指针变量,存放一片连续空间的首地址
    int top;
    int stackSize;
}SqStack;
```

例如：

```
SqStack S;
```

S 的内存分配示意图见图 3-3。

这两种数据类型的区别在于前者本身包含一个

数据成员是数组；后者包含的是指向一维数组的指针变量,指向的数组和大小由初始化操作完成。

下面以顺序栈的第二种说明为例,简述主要基本操作的实现。为了清楚起见,不妨设栈中的数据元素为整型数据。

（1）初始化操作：InitStack(&S);

【分析】 初始化操作是给顺序表 S 的三个数据成员赋初值。第一个数据成员的值是动态申请得到的一片连续空间的首地址；第二个数据成员的值为－1（表示栈空）；第三个数据成员的值是申请空间的容量。见示意图 3-4。

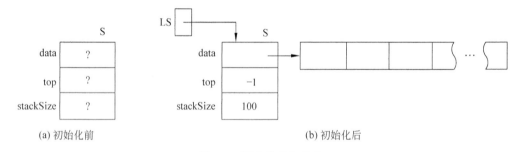

(a) 初始化前   (b) 初始化后

图 3-4　顺序栈的初始化

初始化操作使得 S 的数据成员值改变了；申请一片连续的空间,需要知道空间的大小。对应的函数应该有两个形参,算法如下：

【算法 3.1】

```
int initSqStack(SqStack * LS,int max)
{
    LS->data= (SElemType * )malloc(max * sizeof(SElemType));
    if(LS->data==NULL){printf("空间申请失败!\n");exit(0);}
```

```
    LS->top=-1;
    LS->stackSize=max;
    return 1;
}
```

例如：

```
SqStack S;
if(initSqStack(&S,100))printf("初始化成功!\n");
```

（2）判断栈空：StackEmpty(S);

【分析】　栈是否为空只要判断 S.top 是否为−1 即可。对应的算法为：

【算法 3.2】

```
int SqStackEmpty(SqStack S)
{
    if(S.top==-1)return 1;              //栈空
    else return 0;
}
```

例如：

```
if(SqStackEmpty(S))printf("栈空!\n");
```

等价于：

```
if(S.top==-1)printf("栈空!\n");
```

（3）得到栈顶：GetTop(S,&e);

【分析】　如果栈为空，不存在栈顶元素，否则栈顶元素的位置是 S.top，栈顶元素是 S.data[S.top]。对应的算法为：

【算法 3.3】

```
int SqStackGetTop(SqStack S,int * e)
{
    if(SqStackEmpty(S)==1) return 0;     //栈空
    * e=S.data[S.top];
    return 1;
}
```

例如：

```
int x;
if(SqStackGetTop(S,&x))printf("当前的栈顶是%d\n",x);
else printf("栈空 \n");
```

（4）求栈的长度：StackLength(S)；

【分析】　如果栈为空，不存在栈顶元素，否则当前的栈顶元素位置是 S.top，S.top ＋1 即是栈的长度。对应的算法为：

【算法 3.4】

```
int SqStackLength(SqStack S)
{
    return S.top+1;
}
```

例如：

```
printf("栈的长度为%d\n",SqStackLength(S));
```

等价于：

```
printf("栈的长度为%d\n",S.top+1);
```

（5）进栈：Push(&S, e)；

【分析】　进栈需要考虑栈满的情况。如果栈不满，进栈的元素 e 存放到 S.data ［＋＋S.top］中，进栈操作使 S.top 的值加 1，栈 S 发生了变化（见图 3-5）。对应的算 法为：

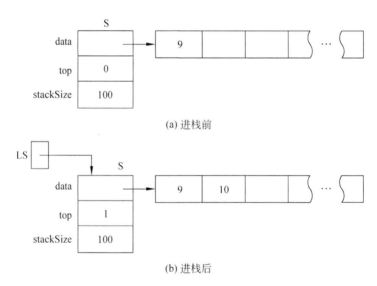

(a) 进栈前

(b) 进栈后

图 3-5　顺序栈的进栈示意图

【算法 3.5】

```
int SqStackPush(SqStack * LS,int e)
{
```

```
    if(LS->stackSize==LS->top+1)return 0;
    LS->top++;
    LS->data[LS->top]=e;
    return 1;
}
```

例如：

```
int x=10;
if(SqStackPush(&S,x)==0)printf("栈满!\n");
```

（6）出栈：Pop(&S, &e)；

【分析】　出栈需要考虑栈为空的情况。如果栈不空,将栈顶元素删除并返回。出栈操作使 S. top 的值减 1(见图 3-6),栈 S 发生了变化,对应的算法为:

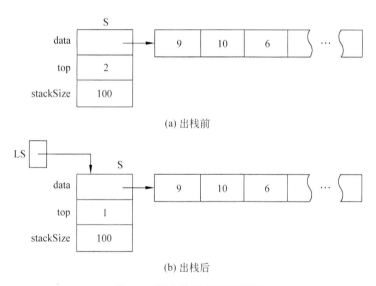

(a) 出栈前

(b) 出栈后

图 3-6　顺序栈的出栈示意图

【算法 3.6】

```
int SqStackPop(SqStack * LS,int * e)
{
    if(LS->top==-1)return 0;        //栈空
    * e=LS->data[LS->top];
    LS->top--;
    return 1;
}
```

例如：

```
int x;
if(SqStackPop(&S,&x)==0)printf("栈空!\n");
```

else printf("删除的栈顶元素是%d\n",x);

（7）遍历：StackTravers(S);

> **【分析】**　遍历需要考虑栈是否为空。如果不为空,依次从栈顶到栈底访问每个元素即可。对应的算法为:

【算法 3.7】

```
int SqStackTravers(SqStack S)
{
    int k;
    if(S.top==-1){printf("栈空!\n");return 0;}
    for(k=S.top;k>=0;k--)printf("%d,",S.data[k]);
    printf("\n");
    return 1;
}
```

例如:

```
SqStackTravers(S);
```

有了上述的基本操作,很容易得到其他的操作,如创建顺序栈,可通过调用初始化操作和进栈操作实现。对应的算法如下:

【算法 3.8】

```
void createSqStack(SqStack  * LS,int max)
{
    int x,yn;
    initSqStack(LS,max);
    do
    {
        printf("请输入进栈的数据: "); scanf("%d",&x);
        SqStackPush(LS,x);
        printf("继续吗?yes=1,no=0: ");
        scanf("%d",&yn);
    } while(yn);
}
```

例如:

```
SqStack S;
createSqStack(&S,50);
```

3.2.2.2　链栈

栈的链式存储:用单向链表存放栈中的数据元素。由于栈的操作限定在栈顶,通常采用不带头结点的单向链表。链栈的存储结构示意图见图 3-7。

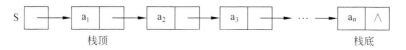

栈顶　　　　　　　　　　　　　　　　　　　　栈底

图 3-7　链栈的示意图

链栈的数据类型 C 语言描述与线性链表的描述相同。即：

```
typedef strcut snode
{
    SElemType data;
    strcut snode * next;
}Snode, * LinkStack;
```

假定 SElemType 表示整型。有关链栈的基本操作实现如下。

（1）初始化操作：InitStack(&S)；

【分析】　初始化操作是创建一个不带头结点的空链栈(见图 3-8)。对应的算法为：

【算法 3.9】

```
void initLinkStack(LinkStack * LS)
{
    * LS=NULL;
}
```

例如：

```
LinkStack S;
initLinkStack(&S);
```

LS

S　？　　　　　　　S　∧

(a) 初始化前　　　　(b) 初始化后

图 3-8　初始化链栈的示意图

（2）判断栈空：StackEmpty(S)；

【分析】　栈是否为空,只要判断 S 是否为 NULL 即可。对应的算法为：

【算法 3.10】

```
int LinkStackEmpty(LinkStack S)
{
    if(S==NULL)return 1;
    else return 0;
}
```

例如：

```
if(LinkStackEmpty(S))printf("栈空!\n");
```

等价于：

```
if(S==NULL)printf("栈空!\n");
```

（3）得到栈顶：GetTop(S,&e)；

【分析】 因为链表的头指针指向栈顶,所以栈顶元素是 S->data。如果栈为空,不存在栈顶元素。对应的算法为:

【算法 3.11】

```
int LinkStackGetTop(LinkStack S,int * e)
{
    if(S==NULL)return 0;                  //栈空
    * e=S->data; return 1;
}
```

例如:

```
int x;
if(LinkStackGetTop(S,&x)==0)printf("栈空!\n");
else printf("当前的栈顶是%d\n",x);
```

（4）求栈的长度：StackLength(S)；

【分析】 当栈不为空时,依次寻找后继结点,并用累加器求和,即是栈的长度。对应的算法为:

【算法 3.12】

```
int LinkStackLength(LinkStack S)
{
    LinkStack p=S;int n=0;
    while(p){n++;p=p->next;}
    return n;
}
```

例如:

```
printf("栈的长度为%d\n",LinkStackLength(S));
```

（5）进栈：Push(&S, e)；

【分析】 进栈的元素成为新的栈顶元素,因此头指针必须记住进栈的元素,所以头指针的值发生了改变(见图 3-9),对应的算法为:

【算法 3.13】

```
void LinkStackPush(LinkStack * LS,int e)
```

```
{
    LinkStack p=(LinkStack)malloc(sizeof(Snode));
    p->data=e;p->next= * LS; * LS=p;          //将 p 插入到原来的第 1 个结点之前
}
```

例如：

```
int x=10;LinkStackPush(&S,x);
```

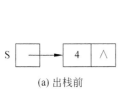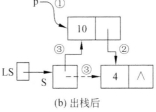

(a) 出栈前　　　　　　　　　　　　　(b) 出栈后

图 3-9　链栈的进栈示意图

（6）出栈：Pop(&S，&e)；

【分析】　出栈需要考虑栈为空的情况。如果栈不空，将栈顶元素删除并返回，头指针指向原来的第二个结点，头指针的值发生了改变（见图 3-10），对应的算法为：

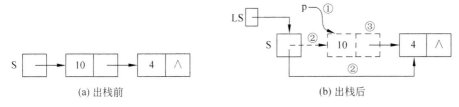

(a) 出栈前　　　　　　　　　　　　　(b) 出栈后

图 3-10　链栈的出栈示意图

【算法 3.14】

```
int LinkStackPop(LinkStack * LS,int * e)
{
    LinkStack p= * LS;                //p 记住栈顶元素
    if( * LS==NULL)return 0;          //栈空
    * LS= ( * LS)->next;              //头指针指向原来的第 2 个结点
    * e=p->data;
    free(p);
    return 1;
}
```

例如：

```
int x;
if(LinkStackPop(&S,&x)==0)printf("栈空！\n");
```

```
else printf("删除的栈顶元素是%d\n",x);
```

（7）遍历：StackTravers(S)；

> **【分析】** 遍历需要考虑栈是否为空。如果不为空,依次从栈顶到栈底访问每个元素。对应的算法为:

【算法 3.15】

```
int LinkStackTravers(LinkStack S)
{
    LinkStack p=S;
    if(S ==NULL){printf("栈空!\n");return 0;}
    while(p){printf("%d ",p->data);p=p->next;}
    printf("\n");
    return 1;
}
```

例如：

```
LinkStackTravers(S);
```

有了上述的基本操作,很容易得到其他的操作,如创建链栈,可通过调用初始化操作和进栈操作完成。对应的算法如下:

【算法 3.16】

```
void createLinkStack(LinkStack * LS)
{
    int x,yn;
    initLinkStack(LS);
    do
    {
        printf("请输入进栈的数据：");
        scanf("%d",&x);
        LinkStackPush(LS,x);
        printf("继续吗?yes=1,no=0: ");
        scanf("%d",&yn);
    }while(yn);
}
```

例如：

```
LinkStack S;createLinkStack(&S);
```

有时为了快速得到链栈中的元素个数,可以用图 3-11 所示的链栈表示。

对应图 3-11 链栈的数据类型为：

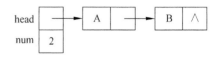

图 3-11　带数据个数的链栈示意图

```
typedef struct node
{
    SElemType data;
    struct node * next;
}Lnode, * LinkPtr;
typedef struct
{
    LinkPtr head;                        //链栈的头指针,存放栈顶元素结点的地址
    int num;                             //存放数据元素个数
} LinkStack;
```

例如:

```
LinkStack L;
```

L 中的成员 L. head 指向链栈的栈顶,L. num 存放的是链栈中的数据元素个数。请读者自行完成对应上述链栈的初始化、插入和删除操作的实现。

3.2.3　栈的两种存储结构的区别

顺序栈使用一组连续的空间依序存储各个数据元素,用一个栈顶指针记住当前栈顶元素的位置,通过栈顶指针判断栈空和栈满以及进栈元素的位置和出栈元素的位置。

链栈是一个不带头结点的单向链表,头指针指向栈顶元素结点,进栈和出栈只需改变头指针即可。

3.2.4　案例实现:基于栈的括号匹配

括号匹配中对括号的处理符合栈的特点。下面我们用链栈来解决问题 1 中的括号存储以及其上所需的操作实现。针对实际问题,对上述要用到的函数做适当的修改。

由于 C 语言中的表达式只有圆括号,匹配算法相对简单。为了更好地掌握用栈来判断表达式中括号的匹配问题,不妨假设表达式中允许有圆括号、方括号和花括号。

源程序为:

```
# include <stdio.h>
# include <stdlib.h>
//链栈的数据类型描述
typedef struct snode{
    char data;
    struct snode * next;
}Snode, * LinkStack;
//函数的声明
void initLinkStack(LinkStack *);                //初始化栈
void LinkStackPush(LinkStack *,char);           //进栈
int LinkStackPop(LinkStack *);                  //出栈
int LinkStackGetTop(LinkStack ,char *);         //得到栈顶
```

```
void matching(char str[]);                          //括号匹配
//主函数
void main()
{
    char str[80];
    printf("请输入表达式: \n");
    gets(str);                                      //读表达式,允许出现圆括号,方括号和花括号
    matching(str);
}
//函数的定义
void LinkStackPush(LinkStack * LS,char e)           //进栈
{
    LinkStack p=(LinkStack)malloc(sizeof(Snode));
    p->data=e;p->next= * LS; * LS=p;
}
int LinkStackPop(LinkStack * LS)                    //出栈
{
    LinkStack p= * LS;
    if(* LS==NULL)return 0;
    (* LS)=(* LS)->next;
    free(p);
    return 1;
}
int LinkStackGetTop(LinkStack LS,char * e)          //取栈顶
{
    if(LS==NULL)return 0;
    * e=LS->data;return 1;
}
void initLinkStack(LinkStack * LS)                  //初始化栈
{
    * LS=NULL;
}
void matching(char str[])                           //括号匹配
{
    LinkStack S;int k,flag=1;char e;
    initLinkStack(&S);                              //创建空栈
    for(k=0;str[k]!='\0'&&flag;k++)
    {
        if(str[k]!='('&& str[k]!=')'&& str[k]!='['&& str[k]!=']'&&
            str[k]!='{'&&str[k]!='}')
            continue;                               //非括号的处理
        switch(str[k])                              //对括号进行配对处理
        {
        case '(': case '[': case '{':               //遇左括号进栈
```

```
            LinkStackPush(&S,str[k]);
            break;
        case ')':                               //遇右圆括号
            if(S!=NULL)
            {
                LinkStackGetTop(S,&e);          //得到栈顶
                if(e=='(') LinkStackPop(&S);    //栈顶是左圆括号,匹配成功,出栈
                else flag=0;                    //栈顶不是左圆括号,匹配失败
            }
            else flag=0;                        //栈空,匹配失败
            break;
        case ']':                               //遇右方括号
            if(S!=NULL)
            {
                LinkStackGetTop(S,&e);          //得到栈顶
                if(e=='[')LinkStackPop(&S);     //栈顶是左方括号,匹配成功,出栈
                else flag=0;                    //栈顶不是左方括号,匹配失败
            }
            else flag=0;                        //栈空,匹配失败
            break;
        case '}':                               //遇右花括号
            if(S!=NULL)
            {
                LinkStackGetTop(S,&e);          //得到栈顶
                if(e=='{')LinkStackPop(&S);     //栈顶是左花括号,匹配成功,出栈
                else flag=0;                    //栈顶不是左花括号,匹配失败
            }
            else flag=0;                        //栈空,匹配失败
            break;
        }                                       //switch
    }                                           //for
    if(flag==1 && S==NULL) printf("括号匹配!\n");
    else printf("括号不匹配!\n");
}
```

3.3　栈 的 应 用

3.3.1　表达式求值

　　C 语言有着丰富的表达式,C 的编译器是如何处理表达式的呢。本节主要讨论 C 的算术表达式求值。

1. 表达式的形式

算术表达式中包括:

（1）操作数：简单变量或表达式，用 s1，s2 表示；

（2）运算符：＋、－、＊、/、(,)；用 op 表示。

在算术表达式中，由于运算符的优先级不同，求值不能做到从左到右顺序执行。如：算术表达式：3＊(5－2)＋7，应先做减法，接着做乘法，最后做加法。因此可以将算术表达式转换成易于从左到右顺序执行的形式，这样才便于计算机执行。

算术表达式的 3 种形式：

（1）中缀表达式（运算符位于两个操作数之间）：s1 op s2；

原表达式：3＊(5－2)＋7，它的中缀表达式（依次处理级别较低的运算符）为：

①处理'＋'：{3＊(5－2)}＋7；②处理'＊'：3＊{5－2}＋7；③处理'－'：3＊5－2＋7

（2）前缀表达式（运算符位于两个操作数之前）：op s1 s2；

原表达式：3＊(5－2)＋7，它的前缀表达式（依次处理级别较低的运算符）为：

①处理'＋'：＋{3＊(5－2)}7；②处理'＊'：＋＊3{(5－2)}7；③处理'－'：＋＊3－527

（3）后缀表达式（运算符位于两个操作数之后）：s1 s2 op；

原表达式：3＊(5－2)＋7，它的后缀表达式（依次处理级别较低的运算符）为：

①处理'＋'：{3＊(5－2)}7＋；②处理'＊'：3{(5－2)}＊7＋；③处理'－'：352－＊7＋

不难看出：中缀表达式失去了原表达式中的括号信息，计算会出现二义性；前缀表达式中的运算符顺序与计算顺序不一致，不便于从左向右依序处理；后缀表达式中的运算符顺序就是计算顺序。

C 的编译器对算术表达式的处理是将算术表达式转换成后缀表达式。

2. 后缀表达式求值

有了后缀表达式，如何求值呢？

> 【分析】 后缀表达式是一个字符串，为了方便处理，以'＃'结束。用一个栈（假定数据元素类型为整型）来存放操作数和中间的计算结果。对后缀表达式从左向右依次扫描，若是操作数，则将字符转换成整数进栈；若是运算符，则连续出栈两次，第一次出栈的元素是第二个操作数，第二次出栈的元素是第一个操作数，根据当前的运算符做相应的运算，并将计算结果进栈，直到遇到'＃'为止。此时栈中只剩下一个元素，即最后的运算结果，出栈即可。

以后缀表达式"3 5 2 － ＊ 7 ＋＃"为例，求值过程见图 3-12。

对应的算法为：

【算法 3.17】

```
void suffix_value(char a[])                    //a指向后缀表达式
{
    int i=0,x1,x2;init_stack(s);               //初始化一个空栈
    while(a[i]!='#')
    {
        switch(a[i])
        {
```

```
case '+': x2=pop(s);x1=pop(s);push(s,x1+x2);break;
case '-': x2=pop(s);x1=pop(s);push(s,x1-x2);break;
case '*': x2=pop(s);x1=pop(s);push(s,x1*x2);break;
case '/': x2=pop(s);x1=pop(s);
         if(x2!=0) push(s,x1/x2);
         else {printf("分母为 0!\n");return;}
             break;
default: puch(s,a[i]-48);                 //将字符转换成整数
    }                                     //switch
    i++;
}                                         //处理下一个 a[i]
printf("结果=%d\n",pop(s));
}                                         //suffix_value
```

后缀表达式：3 5 2 - * 7 + # 依次从左向右处理							
遇到3进栈	遇到5进栈	遇到2进栈	遇到-连续出栈两次,计算5-2,将3进栈	遇到*连续出栈两次,计算3*3,将9进栈	遇到7进栈	遇到+连续出栈两次,计算9+7,将16进栈	遇到#出栈栈为空
操作数和中间结果栈的变化							
		2					
	5	5	3		7		
3	3	3	3	9	9	16	

图 3-12 后缀表达式的求值过程

3. 如何将算术表达式转换成后缀表达式

为了便于将算术表达式转换成后缀表达式的算法实现,不妨在原表达式的末尾增加一个字符'#',在算术运算符中增加一个'#'运算符。

设运算符的优先级顺序为:

①#,②(,③+或-,④*或/,从左到右由低到高。

用一个字符栈来存放运算符。先用'#'初始化字符栈,再对表达式字符串中的每一个字符从左到右依次做如下处理:

(1)是操作数存放到后缀表达式数组;

(2)是运算符考虑它是否进栈?

原则:保持栈顶元素的运算符优先级最高。

设当前运算符为 op,

① op=='('时:入栈;

② op==')'时:栈顶运算符依次出栈,存放到后缀表达式数组,直到遇到'('为止,注意'('只出栈,不存放到后缀表达式数组;

③ 其他情况:若 op 优先级高于栈顶的运算符,将 op 入栈,否则,栈顶的运算符依次出栈,存放到后缀表达式数组,直到栈顶运算符的优先级低于 op,此时 op 入栈;

④ 当 op=='#':栈顶运算符依次出栈,存放到后缀表达式数组。

（3）直至遇到表达式字符串中的最后一个字符'#'为止。

原表达式转换成后缀表达式的过程如图 3-13 所示。

原表达式：3*(5-2)+7# 依次从左向右处理										
操作符栈和后缀表达式的变化										
操作符栈初始化	遇到3存入数组	遇到*进栈	遇到(进栈	遇到5存入数组	遇到-进栈	遇到2存入数组	遇到)－出栈，存入数组，(出栈，不存入数组	遇到+*出栈存入数组，+进栈	遇到7存入数组	遇到#
#	#	* #	(* #	(* #	－ (* #	－ (* #	* #	+ #	+ #	#
后缀式	3	3	3	35	35	352	352－	352－*	352－*7	352－*7+

图 3-13　原表达式转换成后缀表达式的示意图

判断运算符优先级的函数如下：

```
int prior(char a)                              //返回运算符 a 的优先级
{
    if(a=='*'||a=='/') return 4;
    else if(a=='+'||a=='-') return 3;
    else if(a=='(') return 2;
    else if(a=='#') return 1;
    else return 0;
}
```

算术表达式转换为后缀表达式的算法如下：

【算法 3.18】

```
void Transformation(char a[],char suff[])
{
    //a 指向算术表达式,以"#"结束,栈用于存放运算符
    //将 a 指向的算术原表达式转换为由 suff 指向的后缀表达式
    int i=0,k=0,n;char ch;
    LinkStack s;
    init_stack(s); push(s,'#');
    n=strlen(a);a[n]='#';a[n+1]='\0';            //在表达式的末尾添加一个#
    while (a[i]!='\0')
    {
        if (a[i]>='0' && a[i]<='9')suff[k++]=a[i];    //是操作数,直接存入后缀表达式
        else                                          //是运算符
        switch (a[i])
```

```
    {
        case '(': push(s,a[i]);break;                //进栈
        case ')':        //将左圆括号以上的运算符出栈并发送到后缀式,左圆括号只出栈
            ch =pop(s);
            while (ch!='(')
            {
                suff[k++]=ch;
                ch =pop(s);
            }
            break;
        default: //比较表达式当前的运算符 a[i]和栈顶运算符 ch 的优先级,如果
                 //a[i]高于 ch,a[i]进栈;反之,栈内高于 a[i]的运算符依次出栈
                 //发往后缀式,直到栈顶运算符优先级低,再将 a[i]进栈
            ch=gettop(s);
            while(prior(ch)>=prior(a[i]))
            {
                suff[k++]=ch;
                ch=pop(s);
                ch=gettop(s);
            }
            if(a[i]!='#')push(s,a[i]);
        }                                            //end_swicth
    i++;}                                            //end_while
    suff[k]='\0';                                    //保证 suff 存放的是字符串
}                                                    //Transformation
```

以上算法仅适用于操作数是个位数。如果对任意的实数都能计算,需要解决如下问题:

（1）后缀表达式中的操作数与操作数之间用空格隔开;

（2）操作数栈的元素类型为实数;

（3）将一个数字串转换为一个实数的算法;

（4）操作数为负数的情况。

例如,原表达式为:$-3+(-15.7+9)*4.25+7/8.2$

（1）处理负数的情况

原则:第 1 个字符为'$-$',前面加 0;'('之后是'$-$',在'('之后加 0。

原表达式变为:$0-3+(0-15.7+9)*4.25+7/8.2$

（2）在操作数与操作数之间加空格

后缀表达式为:$0\ 3\ -\ 0\ 15.7\ -9\ +\ 4.25\ *\ +7\ 8.2/+$

请读者将上述的有关算法进行修改,使其可以计算任意实数的算术表达式。

4. 原表达式直接求值

前面介绍的是先将原表达式转换成后缀表达式,再根据后缀表达式求值。也可由原

表达式直接求值。

算法的主要步骤：

(1) 创建两个栈，一个是运算符栈(初始化时，将'♯'进栈)，另一个是操作数和中间结果栈。

(2) 对原表达式从左向右依次扫描。如果是操作数进操作数栈；

(3) 如果是运算符，则与运算符栈的栈顶比较：

① 如果栈顶的运算符级别高，栈顶的运算符出栈，同时从操作数栈连续弹出两个操作数做相应的操作，计算结果进栈，直至栈顶的运算符级别低为止；

② 如果栈顶的运算符级别低，则进运算符栈。

(4) 如果遇到'♯'，依次弹出运算符栈的运算符，同时从操作数栈连续弹出两个操作数做相应的操作，计算结果进栈，直至栈顶的运算符为'♯'。

例如，$3*(5-2)+7$ 的求值过程，如图 3-14 所示。

原表达式：3*(5-2)+7#		
初始化	运算符栈：#	操作数栈：
遇到 3：进操作数栈	运算符栈：#	操作数栈：3
遇到 *：进运算符栈	运算符栈：# *	操作数栈：3
遇到 (：进运算符栈	运算符栈：# * (	操作数栈：3
遇到 5：进操作数栈	运算符栈：# * (	操作数栈：3 5
遇到 -：进运算符栈	运算符栈：# * (-	操作数栈：3 5
遇到 2：进操作数栈	运算符栈：# * (-	操作数栈：3 5 2
遇到)： ① - 出栈，从操作数栈连续弹出两个数进行减法运算，将差进操作数栈； ② * 出栈，从操作数栈连续弹出两个数进行乘法运算，将积进操作数栈 ③) 出栈，不做任何处理	运算符栈：# *	操作数栈：3 3
遇到 +：进运算符栈	运算符栈：# +	操作数栈：9
遇到 7：进操作数栈	运算符栈：# +	操作数栈：9 7
遇到 #：+ 出栈，从操作数栈连续弹出两个数进行加法运算，将和进操作数栈；	运算符栈：#	操作数栈：16

图 3-14　原表达式的求值过程

直接由原表达式求值的算法可将求后缀式的算法 3.18 和由后缀式求值的算法 3.17 进行适当的修改和合并即可，请读者自行完成，并编程上机调试，对比两种方法的运行结果。

3.3.2　栈与递归

3.3.2.1　递归算法

递推是计算机数值计算中的一个重要算法，它可以将复杂的运算化为若干重复的简单运算，充分发挥计算机擅长重复处理的特点。把递推算法推广为调用自身的方法称为递归方法。

递归实质上是将一个不好或不能直接求解的"大问题"转化为一个小问题来解决或将其转化为几个"小问题"来解决,这些小问题可以继续分解成更小的问题,直至小问题可以直接求解。下面分别介绍这两种常用的递归设计。

1. 通过将问题简化为比自身更小的形式来得到问题的解的方法称为递归算法。递归算法必须包含一个或多个基本公式。

递归算法的应用条件:

(1)要解决的问题可以被转化成另一个新问题,而解决这个新问题的方法与原问题的解决方法相同,并且被处理的对象某些参数是有规律的递增或递减的。其中转化的过程被称为一般公式。

(2)必须有终止递归的条件(基本公式)——递归出口。

写递归算法必须做到以下几点:

(1)确定限制条件或问题的规模;

(2)确定基本公式,即递归出口;

(3)确定一般公式,并为每一个一般公式提供比其本身更为简单的解。

例 3-1:求 Fibnacci 数列的递归算法。定义如公式 3-1 所示。

$$
\begin{aligned}
F_1 &= 1 && (n = 1) \\
F_2 &= 1 && (n = 2) \\
F_n &= F_{n-1} + F_{n-2} && (n \geqslant 3)
\end{aligned}
\tag{3-1}
$$

【分析】

(1)问题的规模:整数 n。

函数头:int fibnacci(int n)

(2)基本公式(递归出口):$F_1 = 1$;$F_2 = 1$。

(3)一般公式:F_n 分为两个部分:$F_n = F_{n-1} + F_{n-2}$($n \geqslant 3$)。

对应的递归函数为:

```
int fibnacci(int n)
{
    if(n==1||n==2) return 1;
    else return (fibnacci(n-1)+fibnacci(n-2));
}
```

例 3-2:逆序输出不带头结点的单链表的递归算法(图 3-15)。

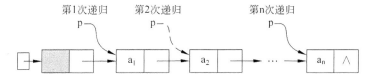

图 3-15 不带头结点的单链表的示意图

【分析】

(1) 无限制条件。

函数头为：void reverseprint(LinkList La)；

(2) 基本公式(递归出口)：

La==NULL 时，停止。

(3) 一般公式，问题分为两个部分：

单链表非空时：①reverseprint(p->next)；②printf(p->data)；

```
void reverseprint(LinkList La)
{
    LinkList p=La->next;
    if(p!=NULL)
    {
        reverseprint(p);
        printf(p->data);
    }
}
```

2. 对于一个输入规模为 n 的函数或问题，用某种方法把输入分割成 k(1<k≤n)个子集，从而产生 k 个子问题，分别求解这 k 个问题，得出 k 个问题的子解，每个子问题有些可以直接解决，有些子问题的解决方法与原问题相同。再用某种方法把它们组合成原来问题的解。

通常，递归方法中总结一般公式时采用分治法。

例 3-3：Hanoi 塔问题。将 A 塔上的 n 个盘子通过 B 塔移到 C 塔上，如图 3-16 所示。

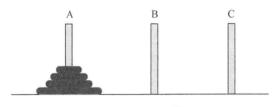

图 3-16　Hanoi 塔

规则：

(1) 每次只能移动一个；

(2) 盘子只许在三座塔上存放；

(3) 不许大盘压小盘。

【分析】

(1) 限制条件：n 个盘子，从 A 塔通过 B 塔移到 C 塔。

函数头：void hanoi(int n,char a,char b,char c)

形参 n 表示需要移动的盘子是编号为 1 到 n 的 n 个盘子。

（2）基本公式（递归出口）：move(a,1,c);表示将编号为 1 的盘子从 A 塔移到 C 塔。

（3）一般公式(n＞1 时)分治：将 n 个盘分成两个子集(1 至 n－1 和 n)，从而产生下列 3 个子问题：

① 将 1 至 n－1 号盘从 A 塔借助 C 塔移到 B 塔；递归方法：hanoi(n－1,a,c,b);

② 将 n 号盘从 A 塔移动至 C 塔；move(a,n,c);

③ 将 1 至 n－1 号盘从 B 塔借助 A 塔移到 C 塔；递归方法：hanoi(n－1,b,a,c)。

对应的递归函数为：

```
void hanoi(int n,char a,char b,char c)
{
    if(n==1) move(a,1,c);           //递归出口,A 塔上的 1 号盘移到 C 塔
    else
    {
        hanoi(n-1,a,c,b);           //对应第①个子问题
        move(a,n,c);                //对应第②个子问题,A 塔上的 n 号盘移到 C 塔
        hanoi(n-1,b,a,c) ;          //对应第③个子问题
    }
}                                   //hanoi
```

3.3.2.2　栈与递归函数

1. 函数的（嵌套）调用

函数的（嵌套）调用，如示意图 3-17。

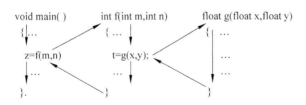

图 3-17　函数嵌套调用的示意图

从图 3-17 可以看出：主函数 main()调用函数 f，函数 f 调用函数 g。问题 1 是：每个函数调用完成后，执行流程转向何处；问题 2 是：执行流程转向被调函数后，继续向下执行，被调函数的参数和内部变量在哪保存。

2. 如何实现函数调用

在高级语言编制的程序中，主调函数与被调用函数之间的信息交换必须通过栈来进行。

当一个函数在运行期间调用另一个函数时，在运行该被调用函数之前，需先完成三件事：

（1）将所有的实参、返回地址等信息传递给被调用函数保存；

（2）为被调用函数的局部变量分配存储区；

（3）将控制转移到被调用函数的入口。

从被调用函数返回调用函数之前，也应该完成三件事：

（1）保存被调函数的计算结果；

（2）释放被调函数中形参和局部变量的存储区；

（3）依照被调函数保存的返回地址将控制转移到调用函数。

多个函数嵌套调用的规则是：后调用的函数先返回。此时的内存管理实行"栈式管理"。

3. 栈与递归函数

递归函数是指在定义一个函数的过程中直接或间接地调用该函数本身。

例如：

```
int fact(int n)
{
    if(n<=1)return(1);
    else return n * fact(n-1);
}                //fact(n)调用 fact(n-1)
```

函数 fact 是递归函数。系统对函数 fact 的调用采用系统工作栈来管理。

递归工作栈的记录是一个结构体类型的数据，包括：

（1）上一层函数调用的返回地址；

（2）局部变量（包括参数）值。

系统工作栈的栈顶工作记录对应的是当前正在调用的函数。每调用一次函数，将函数的返回地址和局部变量（包括参数）表形成一个递归工作记录压入系统工作栈；每调用完一次函数，将系统工作栈的栈顶工作记录弹出，直至系统工作栈为空。栈空表明递归函数调用结束。

例 3-4：分析求 n 的阶乘的递归函数 fact 的系统工作栈的变化。

调用时系统栈中的变化情况如图 3-18 所示。（语句前的整数表示地址）

```
int fact(int n)
1:{
2:if(n<=1)
3:    retrun(1);
4:else
5:    return n * fact(n-1);
6:} //fact
void main()
{
    0:printf("%d\n",fact(5));
}
```

系统工作栈	返回地址	形参n(对应实参的值)	各次调用的结果
第一次调用fact(5)，工作记录（0,5）进栈	栈顶　0	5	
第二次调用fact(4)，工作记录（5,4）进栈	栈顶　5 0	4 5	
第三次调用fact(3)，工作记录（5,3）进栈	栈顶　5 5 0	3 4 5	
第四次调用fact(2)，工作记录（5,2）进栈	栈顶　5 5 5 0	2 3 4 5	
第五次调用fact(1)，工作记录（5,1）进栈	栈顶　5 5 5 5 0	1 2 3 4 5	
fact(1)调用结束，出栈	栈顶　5 5 5 0	2 3 4 5	fact(1)=1
fact(2)调用结束，出栈	栈顶　5 5 0	3 4 5	fact(2)=2*fact(1)=2
fact(3)调用结束，出栈	栈顶　5 0	4 5	fact(3)=3*fact(2)=6
fact(4)调用结束，出栈	栈顶　0	5	fact(4)=4*fact(3)=24
fact(5)调用结束，出栈	栈空		fact(5)=5*fact(4)=120

图 3-18　调用 fact(5)时系统工作栈的变化

例 3-5：分析调用汉诺塔函数时的系统工作栈的变化。

```
void hanoi(int n,char X,char Y,char Z){
1: if(n==1)
2:     move(X,1,Z);                //X塔上的 1 号盘移到 Z 塔
3: else
4:   {hanoi(n-1,X,Z,Y);
5:     move(X,n,Z);               //X塔上的 n 号盘移到 Z 塔
6:     hanoi(n-1,Y,X,Z);
7:   }
8:}  // hanoi
9: void main(){
10:   hanoi(3,'A','B','C');
11:}
```

下面分析 A 柱上有 3 只盘子 hanoi(3，A，B，C)的情况(见图 3-19)：

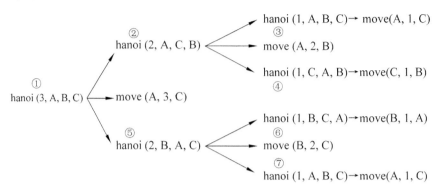

图 3-19　递归函数 hanoi 的调用示意图

系统工作栈的变化见图 3-20。

系统工作栈	返回地址与形参	出栈的分析
第一次调用hanoi(3,A,B,C)，工作记录（10,3,A,B,C）进栈	栈顶 10 3 A B C	A　B　C
第二次调用hanoi(2,A,C,B)，工作记录（4,2,A,C,B）进栈	栈顶 4 2 A C B 10 3 A B C	
第三次调用hanoi(1,A,B,C)，工作记录(4,1,A,B,C)进栈	栈顶 4 1 A B C 4 2 A C B 10 3 A B C	
hanoi(1,A,B,C)调用结束，出栈	栈顶 4 2 A C B 10 3 A B C	A　B　C 调用move (A, 1, C)，把1号盘从A盘移到C盘 A　B　C 调用move (A, 2, B)，把2号盘从A盘移到B盘
第四次调用hanoi (1,C,A,B)，工作记录(6,1,C,A,B)进栈	栈顶 6 1 C A B 4 2 A C B 10 3 A B C	
Hanoi(1,C,A,B)调用结束，出栈	栈顶 4 2 A C B 10 3 A B C	A　B　C 调用move (C, 1, B)，把1号盘从C盘移到B盘
Hanoi(2,A,C,B)调用结束，出栈	栈顶 10 3 A B C	A　B　C 调用move (A, 3, C)，把3号盘从A盘移到C盘
第五次调用hanoi (2,B,A,C)，工作记录(6,2,B,A,C)进栈	栈顶 6 2 B A C 10 3 A B C	

图 3-20　调用 hanoi(3，'A'，'B'，'C')时系统工作栈的变化

第六次调用hanoi(1,B,C,A), 工作记录(4,1,B,C,A)进栈	栈顶 4 1 B C A 6 2 B A C 10 3 A B C	
Hanoi(1,B,C,A)调用结束，出栈	栈顶 6 2 B A C 10 3 A B C	 调用move(B,1,A),把1号盘从B盘移到A盘 调用move(B,2,C),把2号盘从B盘移到C盘
第七次调用hanoi(1,A,B,C), 工作记录(6,1,A,B,C)进栈	栈顶 6 1 A B C 6 2 B A C 10 3 A B C	
Hanoi(1,A,B,C)调用结束，出栈	栈顶 6 2 B A C 10 3 A B C	 调用move(A,1,C),把1号盘从A盘移到C盘
Hanoi(2,B,A,C)调用结束，出栈	栈顶 10 3 A B C	
Hanoi(3,A,B,C)调用结束，出栈	栈空	

图 3-20 　（续）

递归算法的特点：

优点：程序易于设计,程序结构简单精练。

缺点：

（1）有些递归算法较难理解,可读性差。

（2）程序运行速度慢,占较多的系统(栈)存储空间。

3.3.2.3　递归到非递归的转换

从前面介绍的递归可知,递归调用不仅需要程序设计语言的支持,还要占用相当的系统资源,运行速度较慢。为此,我们必须学会递归到非递归的转换。常用的转换方法有两种:直接转换和间接转换。下面分别介绍。

1. 直接转换法

当递归算法是直接求值,不需要回溯,这时只需用变量保存中间的结果,将递归结构改为循环结构。

（1）尾递归:尾递归指的是,在递归算法中,递归调用语句只有一个,而且在递归算法的最后。例如求 n!的递归算法如下:

```
int fact(int n)
{
    if(n==0||n==1)return 1;
```

```
        else return n * fact(n-1);
    }
```

用变量 s 存放中间结果 fact(n－1)，求 n!的非递归算法如下：

```
int fact(int n)
{
    int s=1,i;
    for(i=1;i<=n;i++)
        s=s * i;
    return s;
}
```

（2）单向递归：单向递归指的是，在递归算法中可有多处递归调用，但这些递归调用的参数之间没有关系，并且每个递归调用都在递归算法的最后。例如斐波那契数列的递归算法如下：

```
int fibnacci(int n)
{
    if(n==1||n==2) return 1;
    else return(fibnacci(n-1)+fibnacci(n-2));
}
```

用变量 f1 保存中间结果 fibnacci(n－2)，变量 f2 保存中间结果 fibnacci(n－1)，变量 f 保存新的计算结果，计算公式为：f＝f1＋f2。

斐波那契数列的非递归函数如下：

```
int fibnacci(int n)
{
    int f,f1=1,f2=1,i;
    if(n==1||n==2) return 1;
    for(i=3;i<=n;i++)
    {
        f=f1+f2;f1=f2;f2=f;
    }
    return f;
}
```

2. 间接转换法

按照递归的执行规律进行转换，将递归调用语句改为进栈操作，将每次递归返回调用处的后续执行语句改为出栈操作。例如任意一个整数按数字字符显示的递归函数如下：

```
void change(int x)
{
    int n;
    if(n=x/10)change(n);                        //进栈
```

```
        putchar(x%10+48);                              //出栈
}
```

转换后的非递归函数如下：

```
void change(int x)
{
    int n;
    STACK s;initStack(s);
    if(x==0){putchar(x+48);return ;}
    while(x)
    {
        push(s,x%10);                              //进栈
        x=x/10;
    }
    while(!empty(s))
    {
        pop(s,n);                                  //出栈
        putchar(n+48);
    }
    putchar('\n');
}
```

3.4　队　　列

3.4.1　队列的定义

队列也是一种特殊的线性表，限定插入操作在线性表的一端，删除操作在线性表的另一端。具有先进先出（First In First Out，FIFO）的特点。

队头（FRONT）：允许删除的一端。

队尾（REAR）：允许插入的一端。

队结构的示意图见图 3-21。

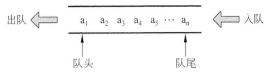

图 3-21　队列示意图

队列在实际应用中非常广泛，如：

（1）解决由多用户（多终端）引起的资源竞争问题。

在分时操作系统中，多个用户程序排成队列，分时地循环使用 CPU 和主机。当队头的用户在给定的时间片内未完成工作，它就要放弃使用 CPU，从队列中撤出，重新排到队

尾,等待下一轮的分配,如图 3-22 所示。

(2) 解决主机与外部设备之间的速度不匹配问题。

当计算机对外设进行输出时,会遇到高速主机和低速外设的矛盾。解决的办法是,在内存中开辟一个缓冲区,主机每处理完一个数据,就送到缓冲区,而不需要等待外设。送到缓冲区的数据按时间顺序形成循环队列,打印机只需从缓冲区中依次取出数据打印,如图 3-22 所示。

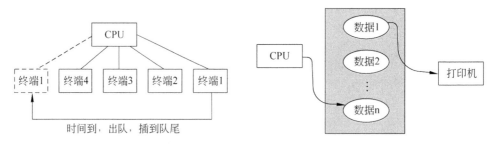

图 3-22　队列的应用示意图

队列的抽象数据类型描述:

```
ADT Queue
{
    数据对象:D={aᵢ|aᵢ∈ElemSet,i=1,2,…,n,n≥0}
    数据关系:R={<aᵢ₋₁,aᵢ>|aᵢ₋₁,aᵢ∈D,i=2,…,n}
            约定其中 a₁端为队列头,aₙ端为队列尾
    基本操作:
        InitQueue(&Q);
        DestroyQueue(&Q);
        QueueEmpty(Q);
        QueueLength(Q);
        GetHead(Q,&e);
        ClearQueue(&Q);
        EnQueue(&Q,e);
        DeQueue(&Q,&e);
        QueueTravers(Q);
} ADT Queue
```

(1) 初始化操作:InitQueue(&Q);

操作结果:构造一个空队列 Q。

(2) 销毁队列:DestroyQueue(&Q);

初始条件:队列 Q 已存在。

操作结果:队列 Q 被销毁,不再存在。

(3) 判断队空:QueueEmpty(Q);

初始条件:队列 Q 已存在。

操作结果:队列 Q 为空,返回 TRUE,否则返回 FALSE。

（4）求队列长度：QueueLength(Q)；

初始条件：队列 Q 已存在。

操作结果：返回队列 Q 中的元素个数。

（5）得到队头：GetHead(Q, &e)；

初始条件：队列 Q 已存在。

操作结果：队列 Q 不为空，用 e 返回队头元素。

（6）清空队列：ClearQueue(&Q)；

初始条件：队列 Q 已存在。

操作结果：队列 Q 不为空，删除队列 Q 中的全部元素。

（7）进队列：EnQueue(&Q, e)；

初始条件：队列 Q 已存在。

操作结果：将 e 插入到队头。

（8）出队列：DeQueue(&Q, &e)；

初始条件：队列 Q 已存在。

操作结果：队列 Q 不为空，删除队头，并用 e 返回。

（9）遍历队列：QueueTravers(Q)；

初始条件：队列 Q 已存在。

操作结果：队列 Q 不为空，从队头到队尾依次访问每个元素。

3.4.2　队列的存储结构和基本操作的实现

队列是一种操作受限的线性表，它的存储结构主要有顺序队列和链队列。

3.4.2.1　顺序队列

队列的顺序存储：用一组连续的存储空间存储队列中的数据元素。

由于队列的插入操作限制在队尾，删除操作限制在队头。因此必须已知队头和队尾的位置。如果约定队头指针指向队头，队尾指针指向队尾，会引起进队、出队以及队空操作的二义性，所以通常规定队头指针指向队头，队尾指针指向当前队尾的下一个元素，见示意图 3-23。

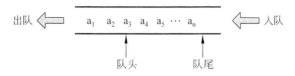

图 3-23　顺序队列示意图

从图 3-23 中可以看出，当队尾指针指向数组的最后一个元素时，空间"溢出"，不能再进队列了，但是此前有若干元素出队列，一部分空间是"闲置"的，称这种现象为"假溢出"。如何解决"假溢出"，常用的方法有两种。

（1）用一个变量记当前队列的长度；

（2）通过对队头、队尾指针的运算，使存储空间能够循环使用。我们称这种顺序队列为循环队列。循环队列的进队与出队操作的示意图见图 3-24。

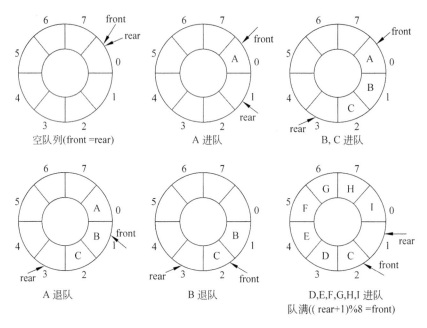

图 3-24   循环队列的进队与出队操作的示意图

假设队头指针为 front，队尾指针为 rear，由图 3-24 可见：

- 队头 front 和队尾 rear 的初始值都为 0；
- 空队列：front＝＝rear 为真；
- 进队列：rear＝(rear＋1)％循环队列的容量；
- 出队列：front＝(front＋1)％循环队列的容量；
- 队满：(rear＋1)％ 循环队列的容量＝＝front 为真；
- 队列长度：(rear－front＋循环队列的容量)％循环队列的容量，队列长度比循环队列的容量少 1。

图 3-24 所示循环队列包含一片连续的存储空间和队头、队尾指针以及队列的容量，是一个结构体类型，它的 C 语言描述为：

```
#define MAXLEN 100
typedef struct
{
    int front;                    //指向队头的位置
    int rear;                     //指向队尾的下一个元素的位置
    int queueSize;                //队列的容量
    QElemType data[MAXLEN];       //存放队列数据元素的数组
}SqQueue;
```

假设队列的数据元素类型为字符型,主要操作实现如下:

(1) 初始化操作: InitQueue(&Q);

【分析】　建立一个空的循环队列,给队头、队尾、队列容量赋初值,这些操作会引起循环队列变量 Q 的改变(见图 3-25)。对应的算法为:

【算法 3.19】

```
int initSqQueue(SqQueue * LQ)
{
    LQ->front=LQ->rear=0; LQ ->queueSize=MAXLEN;return 1;
}
```

例如:

```
SqQueue Q; initSqQueue(&Q);
```

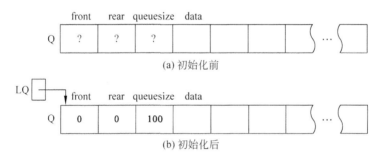

图 3-25　循环队列的初始化操作示意图

(2) 判断队空: QueueEmpty(Q);

【分析】　如果队头与队尾相等,则队空。对应的算法为:

【算法 3.20】

```
int SqQueueEmpty(SqQueue Q)
{
    if(Q.front==Q.rear)return 1;
    else return 0;
}
```

(3) 求队列长度: QueueLength(Q);

【分析】　根据队头、队尾以及队列的容量,由表达式 (Q. rear－Q. front＋Q. queueSize)% Q. queueSize 计算队列的长度。对应的算法为:

【算法 3.21】

```
int SqQueueLength(SqQueue Q)
{
    return (Q.rear-Q.front+Q.queueSize)%Q.queueSize;
}
```

例如：

```
printf("队列的长度为%d\n",SqQueueLength(Q));
```

（4）得到队头：GetHead(Q，&e)；

【分析】 队列不为空时,根据队头指针即可得到队头。对应的算法为：

【算法 3.22】

```
int SqGetHead(SqQueue Q,char * e)
{
    if(Q.rear==Q.front) return 0;
    * e=Q.data[Q.front];
    return 1;
}
```

例如：

```
char s;
if(SqGetHead(Q,&s)) printf("队头是%c",s);
else printf("队空\n");
```

（5）进队列：EnQueue(&Q，e)；

【分析】 如果队列未满,将数据元素 e 放入 Q.data[Q.rear],再改变 Q.rear,队列 Q 发生了变化(见图 3-26)。对应的算法为：

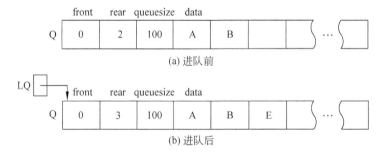

图 3-26　循环队列的进队列示意图

【算法 3.23】

```
int SqEnQueue(SqQueue * LQ,char e)
```

```
{
    if((LQ->rear+1)%LQ->queueSize ==LQ->front) return 0;
    LQ->data[LQ->rear]=e;
    LQ->rear= (LQ->rear+1)%LQ->queueSize;
    return 1;
}
```

例如：

```
if(EnQueue(&Q,'E')==0)printf("队满\n");          //大写字母 E 进队
```

（6）出队列：DeQueue(&Q，&e)；

【分析】　如果队列不空，用 e 返回队头元素 Q.data[Q.front]，再改变 Q.front，队列 Q 发生了变化（见图 3-27）。对应的算法为：

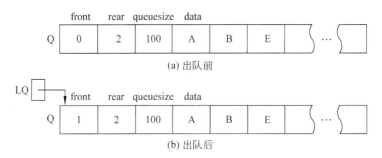

图 3-27　循环队列的出队列示意图

【算法 3.24】

```
int SqDeQueue (SqQueue * LQ,char * e)
{
    if(LQ->rear==LQ->front)return 0;
    * e =LQ->data[Q->front];
    Q->front= (LQ->front+1)%LQ->queueSize;
    return 1;
}
```

例如：

```
char e;
if(SqDeQueue (&Q,&e)) printf("出队列的是%c",e);
else printf("队空\n");
```

（7）遍历队列：QueueTravers(Q)；

【分析】　如果队列不空，从队头到队尾依次访问每个元素。对应的算法为：

【算法 3.25】

```
void SqQueueTravers(SqQueue Q)
{
    int p=Q.front;
    while(p!=(Q.rear+1)%Q.queueSize)
    {
        printf("%c ",Q.data[p]);
        p=(p+1)%Q.queueSize;
    }
    printf("\n");
}
```

例如：

```
printf("队列中的元素为:\n"); SqQueueTravers(Q);
```

由于循环队列的实质是使得存放队列的数据元素的空间可以循环使用，所以循环队列还可以用图 3-28 所示的存储结构表示。

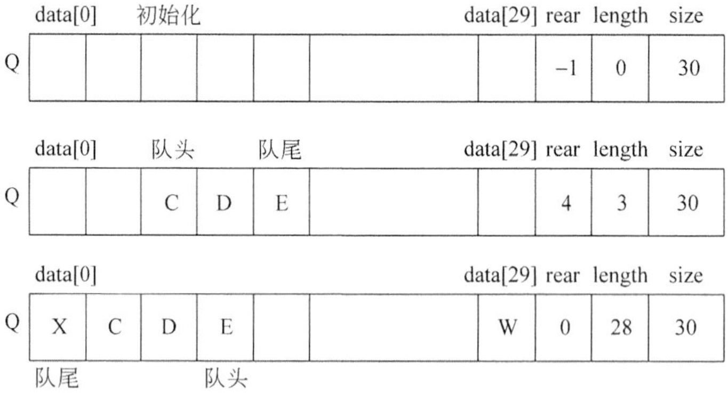

	data[0]	初始化				data[29]	rear	length	size
Q							−1	0	30

	data[0]	队头		队尾		data[29]	rear	length	size
Q		C	D	E			4	3	30

	data[0]					data[29]	rear	length	size
Q	X	C	D	E		W	0	28	30

队尾   队头

图 3-28　循环队列示意图

其中，Q. data 是长度为 30 的数组，Q. rear 存放队尾元素的下标，Q. length 存放队列长度，Q. size 存放容量。

从存储空间上看，没有队头指针，但是可以通过 Q. rear、Q. length 和 Q. size 计算出来，即队头元素下标＝(Q. rear－Q. length＋Q. size＋1)％Q. size。

图 3-28 对应的循环队列的数据类型为：

```
#define MAX 30;
typedef struct {
    char data[MAX];
    int rear;
    int length;
    int size;
```

```
}Quenue;
```

进队列时队尾指针：Q. rear＝(Q. rear＋1) ％ Q. size

队空的条件：Q. length＝＝0

队满的条件：Q. length＝＝Q. size

3.4.2.2　链队列

队列的链式存储：用带头结点的单向链表存放队列中的数据元素。

为了方便队列的进队与出队操作，用一个头指针记住链表的头结点(头结点的直接后继结点是队头)，用一个尾指针记住链表的尾结点(队尾)，示意图见图 3-29。

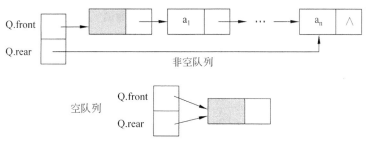

图 3-29　链队列的示意图

链队列 Q 中包含两个指向结点的指针变量，是一个结构体类型。链队列的数据类型描述分两步完成。

(1) 链队列的结点和指向结点的指针数据类型描述：

```
typedef struct qnode{
    QElemType data;                     //QElemTyp 表示队列中的元素类型
    struct qnode * next;
}Qnode, * QueueLink;
```

(2) 链队列的数据类型描述：

```
typedef struct
{
    QueueLink front;
    QueueLink rear;
}QLink;
```

假设队列的数据元素类型为字符串，上述 QElemTyp 为字符串类型，可在上面的两个类型描述之前，再加一个类型描述：

```
typedef char QElemTyp[10];
```

QelemTyp 是一个长度为 10 的字符串类型，作函数形参时等价于指针变量。

链队列的主要操作实现如下：

（1）初始化操作：InitQueue(&Q)；

> 【分析】 建立一个空的链队列,使队头、队尾指针指向头结点(见图 3-30)。初始
> 化改变了链队列变量 **Q**,对应的算法为:

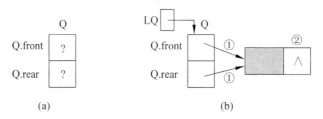

$$(a) \qquad\qquad (b)$$

图 3-30 链队列初始化示意图

【算法 3.26】

```
int initLinkQueue(QLink * LQ)
{
    LQ->front=LQ->rear=(QueueLink)malloc(sizeof(Qnode));
    if(LQ->front==NULL) return 0;
    LQ->front->next=NULL;
    return 1;
}
```

例如：

```
QLink Q;
initLinkQueue (&Q);
```

（2）判断队空：QueueEmpty(Q)；

> 【分析】 如果队头与队尾指针相等,则队空。对应的算法为:

【算法 3.27】

```
int LinkQueueEmpty(QLink Q)
{
    if(Q.front==Q.rear) return 1;
    else return 0;
}
```

（3）求队列长度：QueueLength(Q)；

> 【分析】 如果队列不为空,根据队头指针,依序寻找后继结点,直至到达队尾。找
> 到一个,累加器加 1。对应的算法为:

【算法 3. 28】

```
int LinkQueueLength(QLink Q)
{
    QueueLink p;int n=0;
    if(Q.front==Q.rear) return 0;
    p=Q.front->next;
    while(p)
    {
        n++;
        p=p->next;
    }
    return n;
}
```

例如：

```
printf("队列的长度为%d\n",LinkQueueLength(Q));
```

（4）得到队头：GetHead(**Q**，&e)；

【分析】　队列不为空时,根据队头指针即可得到队头。对应的算法为：

【算法 3. 29】

```
int LinkQueueGetHead(QLink Q,QelemType e)
{
    if(Q.rear==Q.front) return 0;
    strcpy(e,Q.front->next->data);
    return 1;
}
```

例如：

```
QelemType s;
if(LinkQueueGetHead(Q,s)) printf("队头是%s",s);
else printf("队列为空!\n");
```

（5）进队列：EnQueue(&**Q**，e)；

【分析】　将数据元素 e 插入到队尾(见图 3-31),指向队尾的指针发生了变化,即链队列变量 **Q** 发生了变化,对应的算法为：

【算法 3. 30】

```
int LinkEnQueue(QLink * LQ,QelemType e)
{
    LinkQueue p=(QueueLink)malloc(sizeof(Qnode));
```

```
if(p==NULL) return 0;
strcpy(p->data,e);
p->next=NULL;
LQ->rear->next=p;
LQ->rear=p;
return 1;
}
```

例如：

```
LinkEnQueue(&Q,"ABCD");        //字符串进队
```

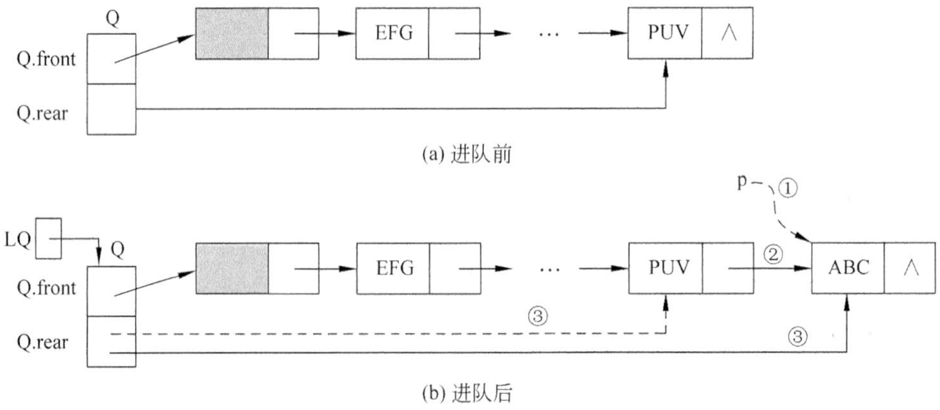

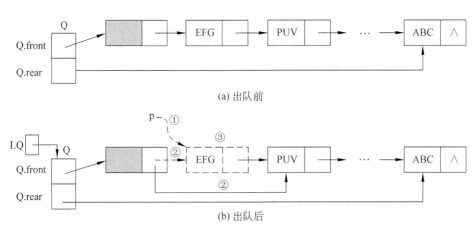

图 3-31　链队列的进队列示意图

（6）出队列：DeQueue(&Q，&e)；

【分析】　如果队列不空，将队头 Q.front—>next—>data 用 e 返回，再将队头删除（见图 3-32），指向队头的指针发生了变化，即链队列变量 Q 发生了变化，对应的算法为：

图 3-32　链队列的出队列示意图

【算法 3.31】

```
int LinkDeQueue (QLink * LQ,QelemType e)
{
    LinkQueue p;
    if(LQ->rear==LQ->front)return 0;
    strcpy(e,LQ->front->next->data);
    p=LQ->front->next;                //p 记住原来的第 1 个结点
    LQ->front->next=p->next;          //头结点的 next 记住原来的第 2 个结点
    if(LQ->rear==p)                   //原队列只有一个元素
        LQ->rear=LQ->front;           //保证空队列时的头、尾指针均指向头结点
    free(p);
    return 1;
}
```

例如：

```
QelemType s;
if(LinkDeQueue (&Q,s)) printf("出队列的是%s",e);
else printf("队列为空!\n");
```

（7）遍历队列：QueueTravers(Q)。

【分析】 如果队列不空,从队头依次访问后继。对应的算法为：

【算法 3.32】

```
void LinkQueueTravers(QLink Q)
{
    LinkQueue p=Q.front->next;
    while(p)
    {
        printf("%s\n",p->data);
        p=p->next;
    }
}
```

例如：

```
printf("队列中的元素为\n"); LinkQueueTravers(Q);
```

上述的链队列用了两个指针变量分别记头结点和尾结点。能否用一个指针既能得到队头，又能得到队尾。请看图 3-33 所示的链队列。

图 3-33 的链队列中只有一个尾指针 R,R 指向的结点是队尾,R->next->next 指向的是队头。请读者自行完成图 3-33 所示链队列的数据类型描述、初始化、进队和出队操作。

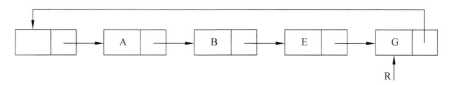

图 3-33　带尾指针的链队列

3.4.3　队列的两种存储结构的区别

循环队列是用一组地址连续的存储空间依次存放队列的元素,为了保证存储空间的循环使用,用两个指针分别记住队头元素的位置和队尾的下一个元素的位置。循环队列有多种实现方法。

链队列通常用一个带有头指针和尾指针的单向链表表示,头指针指向头结点,头结点的指针域指向队头结点,尾指针指向队尾结点;也可以是只带一个尾指针的单向循环链表。

循环队列的进队和出队操作需要判断队满和队空,适用空间确定的场合。链队列的进队不需要判断队满,出队需要判断队空,适合空间不确定的场合。

3.4.4　案例实现：基于队列的医院挂号模拟系统

医院挂号专家分诊模拟系统对病人挂号的处理符合队列的特点。病人初诊时需办理就诊卡。病人在挂号时,需确定科别和专家姓名,系统对所有当天挂专家号的病人进行多个队列(一个专家对应一个队列)的处理,队头表示正在看病的病人,专家看完一个病人,则做出队操作。

为了使问题简单清晰,假设只能挂两个专家号。队列中的数据元素类型是结构体类型,包含科别、专家姓名、病人姓名和流水号,队列采用循环队列。

源程序为：

```c
#include <stdio.h>
#include <stdlib.h>
#include <string.h>
#include <conio.h>
//循环队列的数据类型
#define MAXLEN 50
typedef struct
{
    char dept[20];                          //科别
    char docname[20];                       //医生姓名
    char bname[20];                         //病人姓名
    int bh;                                 //顺序号
}PER;
typedef struct
{
```

```
    PER data[MAXLEN];
    int front;                                  //指向队头
    int rear;                                   //指向队尾的下一个元素
    int queueSize;
}SqQueue;
//函数声明
int initSqQueue(SqQueue *);                     //初始化
int SqQueueEmpty(SqQueue);                      //判队空
int SqDeQueue(SqQueue *);                       //出队列
int SqQueueLength(SqQueue);                      //求队列长度
int SqEnQueue(SqQueue *,PER);                   //进队列
int SqQueueGetHead(SqQueue ,PER *);             //得到队头
void SqQueueTravers(SqQueue);                   //遍历队列
int menu();                                     //菜单函数
//主函数
void main()
{
    int num,n1=0,n2=0;
    PER x;
    SqQueue Q1,Q2;
    initSqQueue(&Q1);                           //对应专家 1
    initSqQueue(&Q2);                           //对应专家 2
    while(1)
    {
        num=menu();
        switch(num)
        {
            case 1: printf("请输入专家 1/专家 2 和病人名,用空格隔开\n");
                scanf("%s%s",x.docname,x.bname);
                if(strcmp(x.docname ,"专家 1")==0)
                {
                    x.bh=++n1;SqEnQueue(&Q1,x);
                }
                if(strcmp(x.docname ,"专家 2")==0)
                {
                    x.bh=++n2;SqEnQueue(&Q2,x);
                }
                printf("按任意键继续\n");
                getch();
                break;
            case 2: SqDeQueue(&Q1);
                SqQueueGetHead(Q1,&x);
                printf("请%d 号病人%s 去诊室 1 就诊\n",x.bh,x.bname);
                printf("按任意键继续\n");
```

```
                    getch();
                    break;
              case 3: SqDeQueue (&Q2);
                    SqQueueGetHead(Q2,&x);
                    printf("请%d号病人%s去诊室2就诊\n",x.bh ,x.bname);
                    printf("按任意键继续\n");
                    getch();
                    break;
              case 4: SqQueueGetHead(Q1,&x);
                    printf("正在诊室1就诊的是%3d号病人%8s ",x.bh,x.bname);
                    printf("目前诊室1还有%d人等候就诊\n",SqQueueLength(Q1)-1);
                    SqQueueGetHead(Q2,&x);
                    printf("正在诊室2就诊的是%3d号病人%8s ",x.bh,x.bname);
                    printf("目前诊室2还有%d人等候就诊\n",SqQueueLength(Q2)-1);
                    printf("按任意键继续\n");
                    getch();break;
              case 0: exit(0);
          }                                              //switch
      }
}
//函数的定义
//队列初始化
int initSqQueue(SqQueue * LQ)
{
    LQ->front=LQ->rear=0;
    LQ->queueSize=MAXLEN;
    return 1;
}
//判队空
int SqQueueEmpty(SqQueue Q)
{
    if(Q.front==Q.rear)return 1;
    else return 0;
}
//队列的长度
int SqQueueLength(SqQueue Q)
{
    return (Q.rear-Q.front+Q.queueSize)%Q.queueSize;
}
//得到队头
int SqQueueGetHead(SqQueue Q,PER * e)
{
    if(Q.rear==Q.front) return 0;                        //队空
    * e=Q.data[Q.front];
```

```
    return 1;
}
//进队列
int SqEnQueue(SqQueue * LQ,PER e)
{
    if((LQ->rear+1)%LQ->queueSize==LQ->front) return 0;         //队满
    LQ->data[LQ->rear]=e;.
    LQ->rear=(LQ->rear +1)%LQ->queueSize;
    return 1;
}
//出队列
int SqDeQueue (SqQueue * LQ)
{
    if(LQ->rear==LQ->front) return 0;                           //队空
    LQ->front= (LQ->front +1)%LQ->queueSize;
    return 1;
}
//遍历队列
void SqQueueTravers(SqQueue Q)
{
    int p=Q.front;
    while(p!=(Q.rear+1)%Q.queueSize)
    {
        printf("%20s%20s%20s%4d\n",Q.data[p].dept,Q.data[p].docname,
                Q.data[p].bname);
        p=(p+1)%Q.queueSize;
    }
    printf("\n");
}
//菜单
int menu()
{
    int n;
    while(1)
    {
        system("cls");
        printf("*******医院挂号模拟系统*******\n");
        printf("1.挂号          2.专家 1 叫号\n");
        printf("3.专家 2 叫号    4.显示\n");
        printf("0.退出\n");
        printf("*****************************\n");
        printf("请选择 1/2/3/4/0\n");scanf("%d",&n);
        if(n>=0&&n<=4) return n;;
        else
```

```
    {
        printf("功能编号输入有误,重新选择!按任意键继续\n");
        getch();
    }
    }
}
```

3.5　队列的应用

某运动会设立 N 个比赛项目,每个运动员可以参加一至三个项目。试问如何安排比赛日程既可以使同一运动员参加的项目不安排在同一时间进行,又可以使总的竞赛日程最短。

若将此问题抽象成数学模型,则归属于"划分子集"问题。N 个比赛项目构成一个大小为 n 的集合,有同一运动员参加的项目则抽象为"冲突"关系。

例如,某运动会设有 9 个项目:A={0,1,2,3,4,5,6,7,8},七名运动员报名参加的项目分别为:(1,4,8)、(1,7)、(8,3)、(1,0,5)、(3,4)、(5,6,2)、(6,4)。

它们之间的冲突关系为:R={(1,4),(4,8),(1,8),(1,7),(8,3),(1,0),(0,5),(1,5),(3,4),(5,6),(5,2),(6,2),(6,4)}。

"划分子集"问题即为:

- 将集合 A 划分成 k 个互不相交的子集:A1,A2,…,Ak(k≤n)。
- 使同一子集中的元素均无冲突关系,并要求划分的子集数目尽可能地少。

对前述例子而言,问题即为:同一子集的项目为可以同时进行的项目,并且希望运动会的日程尽可能短。

可利用"过筛"的方法来解决划分子集问题。从第一个元素考虑起,凡不和第一个元素发生冲突的元素都可以和它分在同一子集中,然后再"过筛"出一批互不冲突的元素为第二个子集,依次类推,直至所有元素都进入某个子集为止。

算法思想:将冲突关系转换成二维数组(见图 3-34),凡是冲突为 1,否则为 0。再将项目编号依次入队列(见图 3-34)。

例如,二维数组的首行表示其他项目与编号为 0 的项目的冲突关系。根据运动员的报名情况,编号为 1 的项目和编号为 5 的项目与编号为 0 的项目有冲突,其他项目与编号为 0 的项目没有冲突,所以二维数组的首行为:(0,1,0,0,0,1,0,0,0)。

划分子集 A1:将队头的项目编号 0 出队,放入子集 A1 中,再考虑队列中的其他编号,有哪些可以放入 A1 中。主要步骤:

① 将冲突数组与项目 0 对应的第 1 行取出放入一维数组 case 中。此时的一维数组 cash 中的每个元素的值表示与项目 0 的冲突情况。如果是 1,则不能加入子集 A1;如果是 0,则加入子集 A1(见图 3-35)。

② 当前队头是项目 1,case[1]是 1,项目 1 不能加入子集 A1,出队后直接入队(见图 3-36)。

③ 当前队头是项目 2,case[2]是 0,项目 2 出队后放入子集 A1。现在 A1 中已经有

冲突关系表									
	0	1	2	3	4	5	6	7	8
0	0	1	0	0	0	1	0	0	0
1	1	0	0	0	1	1	0	1	1
2	0	0	0	0	0	1	1	0	0
3	0	0	0	0	1	0	0	0	1
4	0	1	0	1	0	0	1	0	1
5	1	1	1	1	0	0	0	1	0
6	0	0	1	0	1	1	0	0	0
7	0	1	0	0	0	0	0	0	0
8	0	1	0	1	1	0	0	0	0

项目编号的队列

↓队头							↓队尾		
0	1	2	3	4	5	6	7	8	

图 3-34　项目编号的队列和冲突关系示意图

↓队头							↓队尾	
1	2	3	4	5	6	7	8	

case 数组								
case[0]	case[1]	case[2]	case[3]	case[4]	case[5]	case[6]	case[7]	case[8]
0	**1**	0	0	0	1	0	0	0

子集 A1								
0								

图 3-35　队头 0 出队后项目编号的队列和子集 A1 示意图

↓队头							↓队尾	
2	3	4	5	6	7	8	1	

case 数组								
case[0]	case[1]	case[2]	case[3]	case[4]	case[5]	case[6]	case[7]	case[8]
0	1	**0**	0	0	1	0	0	0

子集A1								
0								

图 3-36　队头 1 出队后 case 数组和子集 A1 示意图

2 个项目,后来入选的项目必须与 A1 中的所有项目没有冲突,为此将冲突表中与项目 2 对应的第 3 行按下标与 case 数组相加(见图 3-37)。

　　④ 当前队头是项目 3,case[3] 是 0,项目 3 出队后加入子集 A1,现在 A1 中已经有 3 个项目,后来入选的项目必须与 A1 中的所有项目没有冲突,为此将冲突表中与项目 3 对

↓队头						↓队尾		
3	4	5	6	7	8	1		

case 数组								
case[0]	case[1]	case[2]	case[3]	case[4]	case[5]	case[6]	case[7]	case[8]
0	1	0	0	0	1	0	0	0

冲突数组对应项目2的第3行								
0	0	0	0	0	1	1	0	0

修改后的case数组								
0	1	0	**0**	0	2	1	0	0

子集A1								
0	2							

图 3-37　队头 2 出队后 case 数组和子集 A1 示意图

应的第 4 行按下标与 case 数组相加(见图 3-38)。

↓队头				↓队尾				
4	5	6	7	8	1			

case 数组								
case[0]	case[1]	case[2]	case[3]	case[4]	case[5]	case[6]	case[7]	case[8]
0	1	0	0	0	2	1	0	0

冲突数组行下标为3的第4行								
0	0	0	0	1	0	0	0	1

修改后的case数组								
0	1	0	0	**1**	2	1	0	1

子集A1								
0	2	3						

图 3-38　队头 3 出队后 case 数组和子集 A1 示意图

⑤ 当前队头是项目 4,case[4]是 1,项目 4 不能加入子集 A1,出队后直接进队(见图 3-39)。

↓队头				↓队尾				
5	6	7	8	1	4			

case 数组								
case[0]	case[1]	case[2]	case[3]	case[4]	case[5]	case[6]	case[7]	case[8]
0	1	0	0	1	**2**	1	0	1

子集A1								
0	2	3						

图 3-39　队头 4 出队后 case 数组和子集 A1 示意图

⑥ 当前队头是项目 5,case[5]是 2,项目 5 不能加入子集 A1,出队后直接入队(见图 3-40)。

	↓队头				↓队尾			
	6	7	8	1	4	5		
case 数组								
case[0]	case[1]	case[2]	case[3]	case[4]	case[5]	case[6]	case[7]	case[8]
0	1	0	0	1	2	**1**	0	1
子集 A1								
0	2	3						

图 3-40　队头 5 出队后 case 数组和子集 A1 示意图

⑦ 当前队头是项目 6，case[6] 是 1，项目 6 不能加入子集 A1，出队后直接入队（见图 3-41）。

	↓队头				↓队尾			
	7	8	1	4	5	6		
case 数组								
case[0]	case[1]	case[2]	case[3]	case[4]	case[5]	case[6]	case[7]	case[8]
0	1	0	0	1	2	1	**0**	1
子集 A1								
0	2	3						

图 3-41　队头 6 出队后 case 数组和子集 A1 示意图

⑧ 当前队头是项目 7，case[7] 是 0，项目 7 出队后放入子集 A1。现在 A1 中已经有 4 个项目，后来入选的项目必须与 A1 中的所有项目没有冲突，为此将冲突表中与项目 7 对应的第 8 行按下标与 case 数组相加（见图 3-42）。

	↓队头			↓队尾				
	8	1	4	5	6			
case 数组								
case[0]	case[1]	case[2]	case[3]	case[4]	case[5]	case[6]	case[7]	case[8]
0	1	0	0	1	2	1	0	1
冲突数组对应项目7的第8行								
0	1	0	0	0	0	0	0	0
修改后的case数组								
0	2	0	0	1	2	1	0	**1**
子集 A1								
0	2	3	7					

图 3-42　队头 7 出队后 case 数组和子集 A1 示意图

⑨当前队头是项目 8，case[8] 是 1，项目 8 不能加入子集 A1，出队后直接入队（见图 3-43）。

至此，队列中的所有项目都被"过筛"一遍，第一个子集 A1 划分完成，A1 包含项目

↓队头				↓队尾				
1	4	5	6	8				
case 数组								
case[0]	case[1]	case[2]	case[3]	case[4]	case[5]	case[6]	case[7]	case[8]
0	2	0	0	0	2	1	0	**1**
子集A1								
0	2	3	7					

图 3-43　队头 8 出队后 case 数组和子集 A1 示意图

(0,2,3,7)。队列中还剩余 5 个项目(1,4,5,6,8)。用同样的方法依次划分其他子集,直到队列为空。

子集 A2:A2={1,6},子集 A3:A3={4,5},子集 A4:A4={8}

划分子集算法的基本思想:

```
pre=n;组号=0;                    //n 为数据元素的个数
全体元素入队列;
while(队列不空)
{队头元素 i 出队列;
    if(i<pre)                    //开辟新的组
    {组号++;
        case 数组初始化;
    }
    if(i 能入组)                 //i 与该组的元素没有冲突
    {i 入组,记下序号为 i 的元素所属组号;
        修改 case 数组;
    }
    else i 重新入队列;
    pre=i;                       //前一个出队列的元素序号
}
```

请读者编程实现上述运动会项目编排。

3.6　共用栈和双队列

3.6.1　共用栈

在实际应用中,有时一个应用程序需要多个栈,但这些栈的数据元素类型相同。假设每个栈采用顺序栈,由于每个栈的使用情况不尽相同,势必会造成存储空间的浪费。若让多个栈共用一个足够大的连续存储空间,则可利用栈的动态特性使它们的存储空间互补,这时的操作必须同时记住多个栈的栈顶(见图 3-44)。

为使操作更加方便,可采用多个单链栈,将多个单链栈的栈顶指针存放到一个指针数

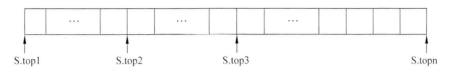

$$S.top1 \qquad S.top2 \qquad S.top3 \qquad S.topn$$

图 3-44　多个共享顺序栈存储示意图

组中。见示意图 3-45。

　　顺序栈的共享最常见的是两栈的共享。假设两个栈共享一维数组 s[MAXNUM]，其中一个栈的栈顶用 top1 指示，另一个栈的栈顶用 top2 指示。见示意图 3-46。

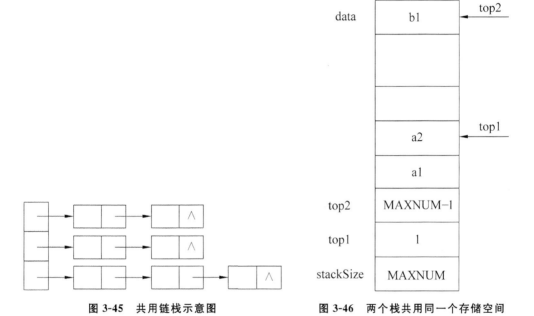

图 3-45　共用链栈示意图　　　　　　**图 3-46　两个栈共用同一个存储空间**

共用栈的数据类型描述：

```
#define MAXNUM 100
typedef struct
{
    SElemType data[MAXNUM];
    int top1,top2;
    int satckSize;
}ShareStack;
```

栈空：栈 1 空 top1＝－1，栈 2 空 top2＝MAXNUM

栈满：top1＋1＝＝top2 为真

1．进栈操作

必须区分是对哪一个栈操作。

对应的算法如下：

【算法 3.33】

```
int EnShareStack(ShareStack * S,SElemType x,int stacknum)
{
    if(S->top1+1==S->top2) return 0;
    if(stacknum==1)S->data[++S->top1]=x;
    else if(stacknum==2)S->data[--S->top2]=x;
        else return 0;
    return 1;
}
```

2. 出栈操作

必须区分是对哪一个栈操作,对应的算法如下:

【算法 3.34】

```
int DeShareStack(ShareStack * S,SElemType * x,int stacknum)
{
    if(stacknum==1)
    {
        if(S->top1==-1)return 0;
        else * x=S->data[S->top1--];
    }
    else if(stacknum==2)
    {
        if(S->top2==S->satckSize) return 0;
        else * x=S->data[S->top2++];
    }
    else return 0;
    return 1;
}
```

3.6.2　双端队列

如果限定插入和删除操作均可以在线性表的两端进行,则称为双端队列。示意图见图 3-47。

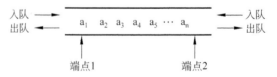

图 3-47　双端队列示意图

这样的结构常用于计算机的 CPU 调度,所谓"CPU 调度"是在多人使用一个 CPU 的情况下,由于 CPU 在同一时间只能执行一项任务,所以将每个人的工作任务事先存在队列中,待 CPU 闲置时,再从队列中取出一项待执行的工作进行处理。双向队列的两端均可输出和输入,正好符合在 CPU 调度处理上的不同请求。

双端队列与共用栈是不相同的。共用栈的每个栈都各自有一个栈顶指针,两个栈顶指针是向中间扩展;而双端队列是在两个端点都分别设队头和队尾两个指针。

在实际应用中,也可对双端队列做如下限制:

(1) 只允许在一端进行插入,两端进行删除;

(2) 只允许在一端进行删除,两端进行插入。

3.7 本章小结

栈和队列同属于线性表,但它们与第二章的线性表是不同的。一般线性表的插入与删除只要位置合理,都可以进行插入与删除操作。栈的插入与删除操作只能在一端进行;队列的插入与删除分别在两端进行。因此我们常常称栈与队列是插入与删除受限的线性表。

栈的常用存储结构有顺序栈和链栈。顺序栈除了要考虑一片连续的存储空间用于存放栈中元素之外,还必须考虑指示栈顶的位置和总容量。所以常用的顺序栈和顺序表一样有两种不同的定义方法。

由于进栈和出栈操作只能在栈顶进行,因此链栈通常是不带头结点的单向链表。

队列的常用存储结构有循环队列和链队列。循环队列一定要保证一片连续存储空间的循环使用。因此循环队列的类型,需考虑给定的数据成员能否正确表达队头、队尾的位置以及队空、队满的条件和队列元素个数的计算。本章给出了循环队列的两种描述方法,特别需要注意的是:第 1 种循环队列的定义,队头指针指向队头,队尾指针指向队尾的下一个元素;第 2 种循环队列的定义,只有队尾指针,队头指针并不在类型中,是计算出来的。

链队列重点在于队头指针和队尾指针的确定。本章给出了两种链队列的类型定义:一种是将队头指针和队尾指针组成一个结构体类型,让队头指针指向头结点,队尾指针指向队尾。另一种是只用一个尾指针指向尾结点,让尾结点的指针域指向头结点。

栈与队列的应用十分广泛,本章重点给出了基于栈的表达式计算、栈与递归的关系;基于队列的医院分诊挂号系统以及运动会项目安排等应用实例。

3.8 习题与实验

一、填空题

1. 线性表、栈和队列都是_____结构,可以在线性表的_____位置插入和删除元素;对于栈只能在_____插入和删除元素;对于队列只能在_____插入和_____删除元素。

2. 栈是一种特殊的线性表,允许插入和删除运算的一端称为_____。不允许插入和删除运算的一端称为_____。

3. _____是被限定为只能在表的一端进行插入运算,在表的另一端进行删除运算的线性表。

4. 在一个循环队列中,队尾指针指向队尾元素的_____位置。

5. 在具有 n 个单元的循环队列中,队满时共有_____个元素。

6. 向顺序栈中压入元素的操作是先_____,后_____。

7. 从循环队列中删除一个元素时,其操作是先_____,后_____。

二、判断正误(判断下列概念的正确性,并作出简要的说明。)

1. 线性表的每个结点只能是一个简单类型,而链表的每个结点可以是一个复杂类型。   (   )

2. 栈是一种对所有插入、删除操作限于在表的一端进行的线性表,是一种后进先出的结构。   (   )

3. 对于不同的使用者,一个表结构既可以是栈,也可以是队列,也可以是线性表。
                                                                        (   )

4. 栈和链表是两种不同的数据结构。   (   )

5. 栈和队列是一种非线性数据结构。   (   )

6. 栈和队列的存储方式既可是顺序方式,也可是链接方式。   (   )

7. 两个栈共享一片连续内存空间时,为提高内存利用率,减少溢出机会,应把两个栈的栈底分别设在这片内存空间的两端。   (   )

8. 队列是一种插入与删除操作分别在表的两端进行的线性表,是一种先进后出的结构。   (   )

9. 一个栈的输入序列是 12345,则栈的输出序列不可能是 12345。   (   )

三、单项选择题

1. 栈中元素的进出原则是(   )。
    (A)先进先出   (B)后进先出   (C)栈空则进   (D)栈满则出

2. 若已知一个栈的入栈序列是 $1,2,3,\cdots,n$,其输出序列为 p1,p2,p3,$\cdots$,pn,若 p1=n,则 pi 为(   )。
    (A)i   (B)n=i   (C)n−i+1   (D)不确定

3. 数组 Q[n]用来表示一个循环队列,f 为当前队列头元素的前一位置,r 为队尾元素的位置,假定队列中元素的个数小于 n,计算队列中元素的公式为(   )。
    (A)r−f;   (B)(n+f−r)%n;
    (C)n+r−f;   (D)(n+r−f)%n

4. 设有 4 个数据元素 a_1、a_2、a_3 和 a_4,对它们分别进行栈操作或队操作。在进栈或进队操作时,按 a_1、a_2、a_3、a_4 次序每次进入一个元素。假设栈或队的初始状态都是空。
    现要进行的栈操作是进栈两次,出栈一次,再进栈两次,出栈一次;这时,第一次出栈得到的元素是___A___,第二次出栈得到的元素是___B___;类似地,考虑对这四个数据元素进行的队操作是进队两次,出队一次,再进队两次,出队一次;这时,第一次出队得到的元素是_____C_____,第二次出队得到的元素是_____D_____。经操作后,最后在栈中或队中的元素还有_____E_____个。

供选择的答案:A～D: ① a1　② a2　③ a3　④ a4　E: ① 1　② 2　③ 3　④ 0

答:A、B、C、D、E 分别为_____、_____、_____、_____、_____。

5. 栈是一种线性表,它的特点是_____A_____。设用一维数组 A[1,…,n]来表示一个栈,A[n]为栈底,用整型变量 T 指示当前栈顶位置,A[T]为栈顶元素。往栈中推入(PUSH)一个新元素时,变量 T 的值_____B_____;从栈中弹出(POP)一个元素时,变量 T 的值_____C_____。设栈空时,有输入序列 a,b,c,经过 PUSH,POP,PUSH,PUSH,POP 操作后,从栈中弹出的元素的序列是_____D_____,变量 T 的值是_____E_____。

供选择的答案:

A:　① 先进先出　② 后进先出　③ 进优于出　④ 出优于进　⑤ 随机进出

B,C:① 加 1　② 减 1　③ 不变　④ 清 0　⑤ 加 2　⑥ 减 2

D:　① a,b　② b,c　③ c,a　④ b,a　⑤ c,b　⑥ a,c

E:　① n+1　② n+2　③ n　④ n−1　⑤ n−2

答:A、B、C、D、E 分别为_____、_____、_____、_____、_____。

6. 在做进栈运算时,应先判别栈是否_____A_____;在做退栈运算时,应先判别栈是否_____B_____。当栈中元素为 n 个,做进栈运算时发生上溢,则说明该栈的最大容量为_____C_____。

为了增加内存空间的利用率和减少溢出的可能性,由两个栈共享一片连续的内存空间时,应将两栈的_____D_____分别设在这片内存空间的两端,这样,只有当_____E_____时,才产生上溢。

供选择的答案:

A,B:① 空　　　② 满　　　③ 上溢　　　④ 下溢

C:　① n−1　　② n　　　③ n+1　　　④ n/2

D:　① 长度　　② 深度　　③ 栈顶　　　④ 栈底

E:　① 两个栈的栈顶同时到达栈空间的中心点

　　② 其中一个栈的栈顶到达栈空间的中心点

　　③ 两个栈的栈顶在达栈空间的某一位置相遇

　　④ 两个栈均不空,且一个栈的栈顶到达另一个栈的栈底

答:A、B、C、D、E 分别为_____、_____、_____、_____、_____。

四、简答题

1. 说明线性表、栈与队的异同点。

2. 设有编号为 1,2,3,4 的四辆列车,顺序进入一个栈式结构的车站,具体写出这四辆列车开出车站的所有可能的顺序。

3. 假设正读和反读都相同的字符序列为"回文",例如,'abba' 和 'abcba' 是回文, 'abcde' 和 'ababab' 则不是回文。假设一字符序列已存入计算机,请分析用线性表、堆栈和队列等方式正确输出其回文的可能性。

4. 顺序队列的"假溢出"是怎样产生的？如何知道循环队列是空还是满？

5. 设循环队列的容量为 40(序号从 0 到 39)，现经过一系列的入队和出队运算后，有

① front＝11, rear＝19

② front＝19, rear＝11

问在这两种情况下，循环队列中各有元素多少个？

五、阅读理解

1. 按照四则运算加、减、乘、除优先关系的惯例，画出对下列算术表达式求值时操作数栈和运算符栈的变化过程：

$$A-B\times C/D+(E+F)\times G$$

2. 写出下列程序段的输出结果(栈的元素类型 SElemType 为 char)。

```
void main()
{
    Stack S;
    char x,y;
    InitStack(S);
    X='c';y='k';
    Push(S,x);Push(S,'a'); Push(S,y);
    Pop(S,x);Push(S,'t');Push(S,x);
    Pop(S,x);Push(S,'s');
    while(!StackEmpty(S))
    {
        Pop(S,y);
        printf(y);
    }
    printf(x);
}
```

3. 写出下列程序段的输出结果(队列中的元素类型 QElemType 为 char)。

```
void main()
{
    Queue Q;
    InitQueue (Q);
    char x='e';y='c';
    EnQueue(Q,'h');EnQueue(Q,'r'); EnQueue(Q,y);
    DeQueue(Q,x);EnQueue(Q,x);
    DeQueue(Q,x);EnQueue(Q,'a');
    while(!QueueEmpty(Q))
    {
        DeQueue (Q,y);printf(y);
    }
    printf(x);
}
```

4. 简述以下算法的功能(栈和队列的元素类型均为 int)。

```
void algo3(Queue &Q)
{
    Stack S,int d;
    InitStack(S);
    while(!QueueEmpty(Q))
    {
        DeQueue (Q,d);
        Push(S,d);
    }
    while(!StackEmpty(S))
    {
        Pop(S,d);
        EnQueue (Q,d);
    }
}
```

六、算法设计

1. 要求循环队列的空间全部都能得到利用,设置标识域 tag,以 tag 为 0 或 1 来区分头尾指针相同时队列状态的空与满,试编写与此结构相适应的入队与出队算法。

2. 正读与反读都相同的字符序列称为"回文"序列。试编写一个算法,判断一次读入以"@"为结束的字母序列,是否为形如"序列 1& 序列 2"模式的字符序列。其中序列 1 和序列 2 中都不含有字符"&",且序列 2 是序列 1 的逆序列。要求用栈和队列来实现。

3. 数值转换。编写程序,将十进制整数 N 转换为 d 进制数,其转换步骤是重复以下两步,直到 N 等于 0。

(1) X＝N mod d(其中 mod 为求余运算)

(2) N＝N div d(其中 div 为整除运算)

4. 商品货架可以看成一个栈,栈顶商品的生产日期最早,栈底商品的生产日期最近。上货时,以保证生产日期较近的商品放在较下的位置,用另一个栈作为周转,模拟实现商品货架管理过程。

5. 试写出求递归函数 F(n)的递归算法,并消除递归:

$$F(n)=\begin{cases}n+1 & n=0 \\ n \cdot F(n/2) & n>0\end{cases}$$

6. 求两个数的最大公约数、最小公倍数,要求用递归算法实现。

7. 请利用两个栈 S1 和 S2 来模拟一个队列。已知栈的三个运算定义如下:PUSH(ST,x):元素 x 入 ST 栈;POP(ST,x):ST 栈顶元素出栈,赋给变量 x;Sempty(ST):判 ST 栈是否为空。那么如何利用栈的运算来实现该队列的三个运算:EnQueue():插入一个元素入队列;DeQueue():删除一个元素出队列;Queue_Empty():判队列为空。

8. 假设循环队列中 front 指向队头元素的前一个位置,rear 指向队尾元素。试编写相应的入队、出队以及判断队空、队满的函数。

9．写一个算法，借助于栈将一个单链表置逆。

10．在行编辑程序中，设用户输入一行的过程中允许用户输入出差错，并在发现有误时通过"♯"（退格符）和"@"（退行符）进行改正，当输入回车时处理所有的输入字符得到最终的输入，试编写算法实现行输入处理过程。

七、上机实习题目

1．完成对任意实数的算术表达式运算。

要求：用顺序栈检查表达式中的括号是否匹配，如果匹配，才计算表达式的值。

（1）用链栈完成先求后缀表达式，再求值。

（2）用链栈完成直接从原表达式求值。

提示：先完成一位整数的运算，再完成多位整数的运算，最后完成任意实数的运算。

2．模拟银行排队等候叫号系统，采用循环队列完成。系统具有如下功能：

（1）拿号等候　（2）窗口 1 叫号　（3）窗口 2 叫号　（4）显示等候的人数

3．用链队列完成运动会项目的安排，实现具有如下功能：

（1）设定项目　（2）报名　（3）项目编排　（4）显示

第4章

数组和特殊矩阵

数组可视为线性表的推广,其特点是数据元素仍然是一个表。本章讨论多维数组的逻辑结构和存储结构、特殊矩阵的压缩存储及应用。

4.1 多 维 数 组

4.1.1 数组的逻辑结构

数组在实际应用中非常广泛,是我们熟悉的一种数据结构。数组作为一种数据结构其特点是结构中的元素本身可以是具有某种结构的数据,但属于同一数据类型,例如:一维数组可以看作一个线性表,二维数组可以看作"数据元素是线性表"的一维数组,三维数组可以看作"数据元素是二维数组"的一维数组,以此类推,因此数组可以看作线性表的扩展。图 4-1 是一个 m 行 n 列的二维数组。

$$A = \begin{bmatrix} a_{00} & a_{01} & \cdots & a_{0n-1} \\ a_{10} & a_{11} & \cdots & a_{1n-1} \\ \vdots & \vdots & \vdots & \vdots \\ a_{m-10} & a_{m-11} & \cdots & a_{m-1n-1} \end{bmatrix}$$

图 4-1 m 行 n 列的二维数组

数组是一个具有固定格式和数量的数据有序集,每一个数据元素有唯一的一组下标来标识,因此,在数组上不能做插入、删除数据元素的操作。通常在各种高级语言中数组一旦被定义,每一维的大小及上下界都不能改变。在数组中通常做下面两种操作:

* 取值操作:给定一组下标,读其对应的数据元素值。
* 赋值操作:给定一组下标,存储或修改与其相对应的数据元素。

下面我们着重研究二维和三维数组。为了使问题阐述方便,以下均采用 C 语言的约定。

4.1.2 数组的内存映像

不同的程序设计语言对数组的存储空间分配的原则是不一样的,有的是"以行为主序",有的是"以列为主序"。

以 C 语言为例,二维数组的内存分配原则是"以行为主序",每一行是一个一维数组,所有行首尾相接是一个一维数组。因为内存的地址空间是一维的,数组的行列固定后,通过一个映像函数,则可根据数组元素的下标得到它的存储地址。

一维数组元素的存储地址:首元素地址+下标×L。

其中 L 为一个数组元素存储空间占用的字节数。

如 int x[10];存储空间示意图见图 4-2。

假设首地址为 0x1000,一个 int 型变量存储单元为 4 个字节,x[5]的存储地址为:
0x1000+5×4=0x1014。

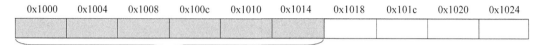

| 0x1000 | 0x1004 | 0x1008 | 0x100c | 0x1010 | 0x1014 | 0x1018 | 0x101c | 0x1020 | 0x1024 |

图 4-2　一维数组的存储空间示意图

以一个 2×3 的 int 型二维数组为例说明二维数组的内存分配,其逻辑结构可以用图 4-3(a)表示。以行为主序的内存映像如图 4-3(b)所示。内存分配顺序为:a_{00},a_{01},a_{02},a_{10},a_{11},a_{12}。

假设首地址为 0x1000,一个 int 型变量存储单元为 4 个字节,x[1][1]的存储地址为:
0x1000+4×4=0x1010。

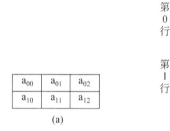

图 4-3　2×3 数组的逻辑结构和内存分配示意图

设有 m×n 二维数组 A_{mn},设数组的基址为 LOC(a_{00}),每个数组元素占用的内存为 L 个字节,数组元素 a_{ij} 的物理地址可用线性寻址函数计算:

$$LOC(a_{ij})=LOC(a_{00})+(i×n+j)×L$$

其中:i=0,1,…,m−1;j=0,1,…,n−1。

这是因为数组元素 a_{ij} 的前面有 i 行,每一行的元素个数为 n,在第 i 行中它的前面还有 j 个数组元素。

例如:$LOC(a_{11})=LOC(a_{00})+(1×n+1)×L$

同理对于三维数组 Amnp,即 m×n×p 数组,对于数组元素 a_{ijk} 其物理地址为:

$$LOC(a_{ijk})=LOC(a_{000})+(i×n×p+j×p+k)×L$$

其中:i=0,1,…,m−1;j=0,1,…,n−1;k=0,1,…,p−1。

例如:$LOC(a_{123})=LOC(a_{000})+(1×n×p+2×p+3)×L$。

三维数组的逻辑结构和以行为主序的分配示意图如图 4-4 所示。

例 4-1:若矩阵 $A_{m×n}$ 中存在某个元素 a_{ij} 满足:a_{ij} 是第 i 行中最小值且是第 j 列中的最大值,则称该元素为矩阵 A 的一个鞍点。试编写一个算法,找出 A 中的所有鞍点。

基本思想:在矩阵 A 中求出每一行的最小值元素,然后判断该元素它是否是它所在列中的最大值,是则打印出,接着处理下一行。矩阵 A 用一个二维数组表示。

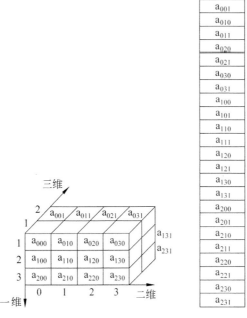

图 4-4　三维数组的逻辑结构和以行为主序的内存分配示意图

根据二维数组的存储结构特点,在函数间传递二维数组,可将二维数组当作一维数组处理,算法如下:

【算法 4.1】

```
void saddle(int A[],int m,int n)
/*m,n 是矩阵 A 的行和列*/
{
    int i,j,k,min,col;
    for(i=0;i<m;i++)                /*按行处理*/
    {
        min=*(A+i*n);col=0;         //每行的第 1 个元素
        for(j=1;j<n;j++)
            if(*(A+i*n+j)<min)      /*找第 i 行最小值*/
            {
                min=*(A+i*n+j);
                col=j;              /*记最小值的列*/
            }
        for(k=0;k<m;k++)            /*检测该行中的最小值是否是所在列中的最大值*/
            if(*(A+k*n+col)>min) break;
        if(k==m) printf("鞍点是:%d,%d,%d\n",i,col,min);
    }                              /*for i*/
}
```

算法的时间复杂度为 $O(m \times (n + m \times n))$。

例 4-2：求 A_{mnp} 的最大值。

基本思想：用矩阵 A 的第 1 个元素作为最大值 max 的初值，遍历矩阵 A 的所有元素，每访问一个元素，与 max 比较，大者存入 max。

根据三维数组的存储结构特点，在函数间传递三维数组，可将三维数组当作一维数组处理，算法如下：

【算法 4.2】

```
int jsmax(int A[],int m,int n,int p)
/*m,n,p是矩阵A的维数*/
{
    int i,j,k,max= *A;
    for(i=0;i<m;i++)                        /*按行处理*/
        for(j=0;j<n;j++)
            for(k=0;j<p;k++)
                if(*(A+i*m+j*n+k)>max) max= *(A+i*m+j*n+k);
    return max;
}
```

算法的时间复杂度为 $O(m \times n \times p)$。

结论：任何一个高维数组，都可按一维数组使用。

4.2   特殊矩阵的压缩存储

矩阵与二维数组具有很好的对应关系，因此数学上的矩阵在科学计算时，常常用二维数组存储。但是在实际问题中，从数学模型中抽象出来的矩阵是一些特殊矩阵，如三角矩阵、对称矩阵、带状矩阵、稀疏矩阵等，如果还是按照常规的二维数组存储，势必造成空间的浪费，本节从节约存储空间的角度考虑，研究这些特殊矩阵的存储方法。

4.2.1   对称矩阵

对称矩阵的特点是：在一个 n 阶方阵中，有 $a_{ij} = a_{ji}$，其中 $0 \leqslant i, j \leqslant n-1$，对称矩阵关于主对角线对称，因此只需存储上三角或下三角部分即可。例如，我们只存储下三角中的元素 a_{ij}，其特点是 $j \leqslant i$ 且 $0 \leqslant i \leqslant n-1$；对于上三角中的元素 a_{ij}，它和对应的 a_{ji} 相等。因此当访问的元素位于上三角时，直接去访问和它对应的下三角元素即可。这样，原来需要 $n \times n$ 个存储单元，现在只需要 $n(n+1)/2$ 个存储单元，节约了 $n(n-1)/2$ 个存储单元。当 n 较大时，节省了相当可观的一部分存储资源。如图 4-5 所示是一个 5 阶对称矩阵以及它的压缩存储示意图。

那么对于任意的 n 阶对称方阵，如何存储下三角部分呢？通常的方法是将下三角部分的所有元素以行为主序顺序存储到一个一维数组中。在下三角中共有 $n \times (n+1)/2$ 个元素，因此，不失一般性，设存储到一维数组 sa[n×(n+1)/2] 中，存储顺序见图 4-6。原矩阵下三角中的任一个元素 A[i][j] 则具体对应一个 sa[k]，问题是一维数组元素的下

$$A = \begin{pmatrix} 3 & 6 & 4 & 7 & 8 \\ 6 & 2 & 8 & 4 & 2 \\ 4 & 8 & 1 & 6 & 9 \\ 7 & 4 & 6 & 0 & 5 \\ 8 & 2 & 9 & 5 & 7 \end{pmatrix}$$

3	6	2	4	8	1	7	4	6	0	8	2	9	5	7

图 4-5　5 阶对称矩阵及它的压缩存储

标 k 与二维数组元素 A[i][j] 的行下标 i 和列下标 j 之间具有怎样的对应关系。

0	1	2	3	4	5	…		n(n+1)/2-1
a_{00}	a_{10}	a_{11}	a_{20}	a_{21}	a_{22}	…	a_{n-10}	a_{n-11}	…	a_{n-1n-1}

图 4-6　一般对称矩阵的压缩存储

对于下三角中的元素 a_{ij},其特点是:$i \geqslant j$ 且 $0 \leqslant i \leqslant n-1$,存储到 sa 中后,根据存储原则,它前面有 i 行,共有 $1+2+\cdots+i = i \times (i+1)/2$ 个元素,而 a_{ij} 又是它所在的行中的第 j 个,所以在上面的排列顺序中,a_{ij} 是第 $i \times (i+1)/2+j$ 个元素,因此它在 sa 中的下标 k 与 i,j 的关系为:

$$k = i \times (i+1)/2+j \quad (0 \leqslant k < n \times (n+1)/2; i \geqslant j \text{ 且 } 0 \leqslant i \leqslant n-1)$$

若 $i < j$,则 a_{ij} 是上三角中的元素,因为 $a_{ij} = a_{ji}$,这样,访问上三角中的元素 a_{ij} 时则去访问和它对应的下三角中的 a_{ji} 即可,因此将上式中的行列下标交换就是上三角中的元素在 sa 中的对应位置。

$$k = j \times (j+1)/2+i \quad (0 \leqslant k < n \times (n+1)/2; i < j \text{ 且 } 0 \leqslant j \leqslant n-1)$$

综上所述,对于对称矩阵中的任意元素 a_{ij},若令 $i = \max(i,j)$,$j = \min(i,j)$,则将上面两个式子综合起来得到:$k = i \times (i-1)/2+j$。

例 4-3：编写创建 n 阶整型对称矩阵 A 和输出 n 阶整型对称矩阵的算法。

算法思想：只存储下三角部分的元素即可。

```
/* 创建对称矩阵 */
void duicheng(int A[],int n)
{
    int i,j;
    for(i=0,i<n;i++)
    {
        printf("请输入第%d行的%d个元素\n",i+1,i+1);
        for(j=0;j<i+1;j++)
            scanf("%d",&A[i*(i+1)/2+j]);
    }
}
/* 显示对称矩阵 */
void disp(int A[],int n)
```

```
{
    int i,j;
    for(i=0,i<n;i++)
    {
        for(j=0;j<n;j++)
            if(i>=j) printf("%5d",A[i*(i+1)/2+j]);
            else printf("%5d",A[j*(j+1)/2+i]);
        printf("\n");
    }
}
```

4.2.2 三角矩阵

三角矩阵的特点是上三角或下三角是同一个常量c,如图4-7所示。其中图4-7(a)为下三角矩阵:主对角线以上均为同一个常数;图4-7(b)为上三角矩阵,主对角线以下均为同一个常数;下面讨论它们的压缩存储方法。

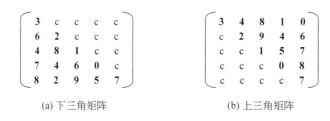

  (a) 下三角矩阵   (b) 上三角矩阵

图 4-7　三角矩阵

1. 下三角矩阵

与对称矩阵类似,不同之处在于存完下三角中的所有元素之后,紧接着存储对角线上方的常量c(见图4-8),因为是同一个常数,所以存一个即可,这样一共需要存储$n\times(n+1)/2+1$个元素。设存入一维数组$sa[n\times(n+1)/2+1]$中,这种存储方式可节约$n\times(n-1)/2-1$个存储单元,$sa[k]$与$A[i][j]$的对应关系为:

$$k=\begin{cases} i\times(i+1)/2+j & \text{当 } i\geqslant j \text{ 且 } 0\leqslant i\leqslant n-1 \\ n\times(n+1)/2 & \text{当 } i<j \end{cases}$$

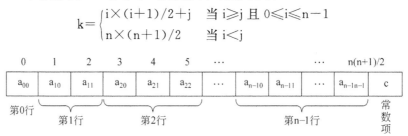

图 4-8　下三角矩阵的压缩存储

2. 上三角矩阵

对于上三角矩阵,以行为主序顺序存储上三角部分,最后存储对角线下方的常量c(见图4-9)。对于第1行,存储n个元素,第2行存储n-1个元素,…,第p行存储(n-p+1)

个元素,A[i][j]的前面有 i 行,共存储 n+(n−1)+…+(n−i+1)=i×(2n−i+1)/2 个元素,而 a_{ij} 是它所在的行中要存储的第(j−i+1)个;所以,它是上三角存储顺序中的第 i×(2n−i+1)/2+(j−i)个,因此它在 sa 中的下标为:k= i×(2n−i+1)/2+(j−i)。

综上所述,sa[k]与 a[j][i]的对应关系为:

$$k=\begin{cases} i\times(2n-i+1)/2+j-i & \text{当} i{\leqslant}j \text{且} 0{\leqslant}j{\leqslant}n-1 \\ n\times(n+1)/2 & \text{当} i>j \end{cases}$$

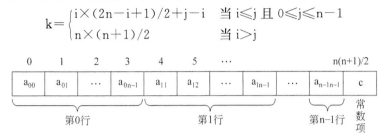

图 4-9　上三角矩阵的压缩存储

4.2.3　带状矩阵

n 阶矩阵 A 称为带状矩阵,如果存在最小正数 m,满足当|i−j|⩾m 时,$a_{ij}=0$,这时称 w=2m−1 为矩阵 A 的带宽。其特点是所有非零元素都集中在以主对角线为中心的带状区域中,除了主对角线和它的上下方若干条对角线的元素外,所有其他元素都为零。

如图 4-10(a)是一个 w=3(m=2)的带状矩阵。带状矩阵也称为对角矩阵。

带状矩阵 A 的压缩存储有两种方法。

方法 1:将 A 压缩存储到一个 n 行 w 列的二维数组 B 中,即带宽为区域内的元素立起来,缺失部分补零,如图 4-10(b)所示,那么 A[i][j]映射为 B[m][n],映射关系为:m=i,n=j−i+1。

方法 2:将带状矩阵 A 压缩到一维数组 C 中,按以行为主序,顺序存储其非零元素,如图 4-10(c)所示,A[i][j]映射为 C[k]。

如当 w=3 时,映像函数为:k=2*i+j。

$$A=\begin{pmatrix} a_{00} & a_{01} & 0 & 0 & 0 \\ a_{10} & a_{11} & a_{12} & 0 & 0 \\ 0 & a_{21} & a_{22} & a_{23} & 0 \\ 0 & 0 & a_{32} & a_{33} & a_{34} \\ 0 & 0 & 0 & a_{43} & a_{44} \end{pmatrix} \qquad B=\begin{pmatrix} 0 & a_{00} & a_{01} \\ a_{10} & a_{11} & a_{12} \\ a_{21} & a_{22} & a_{23} \\ a_{32} & a_{33} & a_{34} \\ a_{43} & a_{44} & 0 \end{pmatrix}$$

(a) w=3的5阶带状矩阵　　　　　　(b) 压缩为5*3的矩阵

0	1	2	3	4	5	6	7	8	9	10	11	12
a_{00}	a_{01}	a_{10}	a_{11}	a_{12}	a_{21}	a_{22}	a_{23}	a_{32}	a_{33}	a_{34}	a_{43}	a_{44}

(c) 压缩为一维数组C

图 4-10　带状矩阵及压缩存储

4.3　稀　疏　矩　阵

设 m * n 矩阵中有 t 个非零元素且 t≪m * n,而且非零元素的分布没有规律,这样的矩阵称为稀疏矩阵。很多科学管理及工程计算中,常会遇到阶数很高的大型稀疏矩阵。如果按一般二维数组的内存分配方法,零元素将占据大量的内存空间,显然是不合理的。为此提出另外一种存储方法,仅仅存放非零元素。问题是如何快速找到需要的非零元素,有效的解决方案是不仅存储非零元素的值,还同步存储它所在的行和列。即将非零元素所在的行、列以及它的值构成一个三元组(i,j,v),然后再按某种规律存储这些三元组,这种方法可以节约存储空间。下面讨论稀疏矩阵的压缩存储方法。

4.3.1　稀疏矩阵的三元组表存储

将稀疏矩阵中的三元组按行优先的顺序,同一行中列号从小到大的规律排列成一个线性表,称为三元组表。如图 4-11 稀疏矩阵对应的三元组表为图 4-12。

$$A=\begin{pmatrix} 15 & 0 & 0 & 22 & 0 & -15 \\ 0 & 11 & 3 & 0 & 0 & 0 \\ 0 & 0 & 0 & 6 & 0 & 0 \\ 0 & 0 & 0 & 0 & 0 & 0 \\ 91 & 0 & 0 & 0 & 0 & 0 \\ 0 & 0 & 0 & 0 & 0 & 0 \end{pmatrix}$$

图 4-11　稀疏矩阵 A

下标	i	j	v
0	0	0	15
1	0	3	22
2	0	5	15
3	1	1	11
4	1	2	3
5	2	3	6
6	4	0	91
剩余空间			
行数	6		
列数	6		
个数	7		

图 4-12　A 的三元组表

显然,要唯一地表示一个稀疏矩阵,在存储三元组表的同时还需要存储该矩阵的行、列,为了运算方便,矩阵的非零元素的个数也同时存储。

三元组表的定义如下:

```
#define SMAX 1024              /*一个足够大的数*/
typedef struct
{
    int i,j;                  /*非零元素的行、列*/
    datatype v;               /*非零元素值*/
}SPNode;                       /*三元组类型*/
typedef struct
{
    SPNode data[SMAX];        /*三元组表*/
```

```
    int mu,nu,tu;                    /* 矩阵的行、列及非零元素的个数 */
} SPMatrix;                          /* 三元组表的存储类型 */
```

这样的存储方法极大地压缩了稀疏矩阵的存储空间,但是会使矩阵的运算变得复杂。下面我们讨论基于三元组存储方式下的稀疏矩阵的两种运算:转置和相乘。

1. 稀疏矩阵的转置

设 SPMatrix TA;表示一个 m×n 的稀疏矩阵,其转置矩阵则是一个 n×m 的稀疏矩阵,表示为 SPMatrix TB;根据转置算法可知,由 TA 求 TB 需要:

(1) 将 TA 的行、列转化成 TB 的列、行;

(2) 将 TA.data 中每一个三元组的行列交换后存到 TB.data 中。

需要注意的是无论是三元组表 TA 还是 TB,必须按行优先的顺序存储到三元组中,如果按 TA 中三元组的顺序依次转换为 TB 中的三元组,则无法确定 TA.data[k]对应三元组 TB 中的哪个元素。为此,可以在三元组表 TA 中按列取出每一个三元组,对应转换成三元组表 TB 中按行存储的三元组。A 的转置矩阵 B 如图 4-13 所示,图 4-14 是 B 对应的三元组存储。

$$B = \begin{bmatrix} 15 & 0 & 0 & 0 & 91 & 0 \\ 0 & 11 & 0 & 0 & 0 & 0 \\ 0 & 3 & 0 & 0 & 0 & 0 \\ 22 & 0 & 6 & 0 & 0 & 0 \\ 0 & 0 & 0 & 0 & 0 & 0 \\ 15 & 0 & 0 & 0 & 0 & 0 \end{bmatrix}$$

图 4-13 A 的转置 B

下标	i	j	v
0	0	0	15
1	0	4	91
2	1	1	11
3	2	1	3
4	3	0	22
5	3	2	6
6	5	0	15
剩余空间			
行数	6		
列数	6		
个数	7		

图 4-14 B 的三元组表

算法思路:

① TA 的行、列转化成 TB 的列、行;

② 在 TA.data 中依次找第 0 列、第 1 列,直到最后一列,并将找到的每个三元组的行、列交换后顺序存储到 TB.data 中即可。

【算法 4.3】 基于三元组表的转置算法。

```
void TransM1(SPMatrix TA,SPMatrix * TB)
{
    int p,q,col;
    /* 稀疏矩阵的行、列、元素个数 */
    TB->mu=TA.nu;
    TB->nu=TA.mu;
    TB->tu=TA.tu;
```

```
            if(TB->tu>0)                              /*有非零元素则转换*/
            {
                q=0;
                for(col=0;col<(TA.nu);col++)          /*按A的列序转换*/
                    for(p=0;p<(TA.tu);p++)            /*扫描整个三元组表*/
                        if (TA.data[p].j==col)
                        {
                            TB->data[q].i=T A.data[p].j;
                            TB->data[q].j=TA.data[p].i;
                            TB->data[q].v=TA.data[p].v;
                            q++;.
                        }                             /*if*/
            }                                         /*if(TB->tu>0)*/
}                                                     /*TransM1*/
```

【算法分析】　其时间主要耗费在 col 和 p 的二重循环上,所以时间复杂性为 $O(n \times t)$,(设 m、n 是原矩阵的行、列,t 是稀疏矩阵的非零元素个数),显然当非零元素的个数 t 和 $m \times n$ 同数量级时,算法的时间复杂度为 $O(m \times n^2)$,和通常存储方式下矩阵转置算法相比,可能节约了一定量的存储空间,但算法的时间性能更差一些。

　　算法 4.3 效率低的原因是要从 TA 的三元组表中寻找第 0 列、第 1 列、…,需反复搜索 TA 表,若能直接确定 TA 中每一个三元组在 TB 中的位置,则对 TA 的三元组表扫描一次即可。因为 TA 中第 0 列的第一个非零元素一定存储在 TB.data[0],如果还知道第 0 列的非零元素的个数,那么第 1 列的第一个非零元素在 TB.data 中的位置便等于第 0 列的第一个非零元素在 TB.data 中的位置加上第 0 列的非零元素的个数,如此类推,因为 TA 中三元组的存放顺序是先行后列,对同一行来说,必定先遇到列号小的元素,这样只需扫描一遍 TA.data 即可。

　　关键算法,需引入两个一维数组 num[n] 和 cpot[n],num[col] 表示矩阵 A 中第 col 列的非零元素的个数,cpot[col] 初始值表示矩阵 A 中的第 col 列的第一个非零元素在 TB.data 中的位置。于是 cpot 的初始值为:

```
cpot[0]=0;
cpot[col]=cpot[col-1]+num[col-1];1≤col≤n-1
```

　　例如对于矩阵图 4-12 矩阵 A 的 num 和 cpot 的值如下(图 4-15):

col	0	1	2	3	4	5
num[col]	2	1	1	2	0	1
cpot[col]	0	3	4	5	7	7

图 4-15　矩阵 A 的 num 与 cpot 值

　　依次扫描 TA.data,当扫描到一个 col 列元素时,直接将其存放在 TB.data 的 cpot[col] 位置上,cpot[col] 加 1,cpot[col] 中的值始终是下一个 col 列元素在 TB.data 中的位置。改进的转置算法如下:

【算法 4.4】

```
void TransM2(SPMatrix TA,SPMatrix * TB)
```

```
{
    int i,j,k;
    int num[SMAX],cpot[SMAX];
    /* 稀疏矩阵的行、列、元素个数 */
    TB->mu=TA.nu;
    TB->nu=TA.mu;
    TB->tu=TA.tu;
    if(TB->tu>0)                              /* 有非零元素则转换 */
    {
        for(i=0;i<TA.nu;i++) num[i]=0;
        for(i=0;i<TA.tu;i++)                  /* 求矩阵 A 中每一列非零元素的个数 */
        {
            j=TA.data[i].j;
            num[j]++;
        }
        /* 求矩阵 A 中每一列第一个非零元素在 B.data 中的位置 */
        cpot[0]=0;
        for(i=1;i<TA.nu;i++)
            cpot[i]=cpot[i-1]+num[i-1];
        for(i=0;i<TA.tu;i++)                  /* 扫描三元组表 */
        {
            j=TA.data[i].j;                   /* 当前三元组的列号 */
            k=cpot[j];                        /* 当前三元组在 B.data 中的位置 */
            TB->data[k].i=TA.data[i].j;
            TB->data[k].j=TA.data[i].i;
            TB->data[k].v=TA.data[i].v;
            cpot[j]++;
        }                                     /* for i */
    }                                         /* if(TB->tu>0) */
}                                             /* TransM2 */
```

【算法分析】 算法 4.4 中有四个循环,分别执行 n,t,n−1,t 次,在每个循环中,每次迭代的时间是一常量,因此总的计算量是 O(n+t)。它所需要的存储空间比前一个算法 4.3 多了两个一维数组。

2. 稀疏矩阵的乘积

已知稀疏矩阵 A(m×n)和 B(n×p),求乘积 C(m×p)。

稀疏矩阵 A、B、C 及它们对应的三元组表 TA. data、TB. data、TC. data 如图 4-16 所示。

由矩阵乘法规则:

$$C(i,j) = A(i,0) \times B(0,j) + A(i,1) \times B(1,j) + \cdots + A(i,n-1) \times B(n-1,j)$$
$$= \sum_{k=0}^{n-1} A(i,k) * B(k,j)$$

$$A = \begin{pmatrix} 3 & 0 & 0 & 7 \\ 0 & 0 & 0 & -1 \\ 0 & 2 & 0 & 0 \end{pmatrix} \qquad B = \begin{pmatrix} 4 & 1 \\ 0 & 0 \\ 1 & -1 \\ 0 & 2 \end{pmatrix} \qquad C = \begin{pmatrix} 12 & 15 \\ 0 & -2 \\ 0 & 0 \end{pmatrix}$$

下标	i	j	v
0	0	0	3
1	0	3	7
2	1	3	-1
3	2	1	2
剩余空间			
行数	3		
列数	4		
个数	4		

三元组 TA

下标	i	j	v
0	0	0	4
1	0	1	1
2	2	0	1
3	2	1	-1
4	3	1	2
剩余空间			
行数	4		
列数	2		
个数	5		

三元组 TB

下标	i	j	v
0	0	0	12
1	0	1	15
2	1	1	-2
剩余空间			
行数	3		
列数	2		
个数	3		

三元组 TC

图 4-16 三元组 TA、TB、TC

这就是说,只有 $A(i, k)$ 与 $B(k, p)$(即 A 元素的列与 B 元素的行相等的两项)才有相乘的机会,且当两项都不为零时,乘积中的这一项才不为零。

当矩阵用二维数组表示时,传统的矩阵乘法是:A 的第 0 行与 B 的第 0 列对应相乘累加后得到 c_{00},A 的第 0 行与 B 的第 1 列对应相乘累加后得到 c_{01},…,现在按三元组表存储,三元组表是按行为主序存储的,在 B.data 中,同一行的非零元素其三元组是相邻存放的,同一列的非零元素其三元组并未相邻存放,因此在 B.data 中反复搜索某一列的元素是很费时的,因此改变一下求值的顺序,以求 c_{00} 和 c_{01} 为例,见表 4-1。

表 4-1 矩阵相乘算法示例

$C_{00} =$	$C_{01} =$	意　义
$a_{00} * b_{00} +$	$a_{00} * b_{01} +$	a_{00} 只与 B 中第 0 行元素相乘
$a_{01} * b_{10} +$	$a_{01} * b_{11} +$	a_{01} 只与 B 中第 1 行元素相乘
$a_{02} * b_{20} +$	$a_{02} * b_{21} +$	a_{02} 只与 B 中第 2 行元素相乘
$a_{03} * b_{30}$	$a_{03} * b_{31}$	a_{03} 只与 B 中第 3 行元素相乘

即 a_{00} 只有可能和 B 中第 0 行的非零元素相乘,a_{01} 只有可能和 B 中第 1 行的非零元素相乘,…,而同一行的非零元是相邻存放的,所以求 c_{00} 和 c_{01} 可以同时进行:求 $a_{00} * b_{00}$ 累加到 c_{00},求 $a_{00} * b_{01}$ 累加到 c_{01},求 $a_{01} * b_{10}$ 累加到 c_{00},求 $a_{01} * b_{11}$ 累加到 c_{01},…,只有 a_{ik} 和 b_{kj}(列号与行号相等)且均不为零(三元组存在)时才相乘,并且累加到 c_{ij} 中。

为了运算方便,设一个累加器:dataType temp[n];用来存放当前行中 c_{ij} 的值,当前行中所有元素全部算出之后,再存放到 TC.data 中。

为了便于在 TB.data 中寻找 B 中的第 k 行第一个非零元素,与前面的类似,在此需引入 num 和 rpot 两个一维数组。num[k]表示矩阵 B 中第 k 行的非零元素的个数;rpot

[k]表示第 k 行的第一个非零元素在 TB. data 中的位置。于是有：

$$rpot[0]=0$$

$$rpot[k]=rpot[k-1]+num[k-1] \quad 1 \leqslant k \leqslant n-1$$

例如，对于矩阵 B 的 num 和 rpot 如图 4-17 所示。

根据以上分析，稀疏矩阵的乘法运算主要步骤如下：

（1）初始化。清理一些单元，准备按行顺序存放乘积矩阵；

k	0	1	2	3
num[k]	2	0	2	1
rpot[k]	0	2	2	4

图 4-17 矩阵 B 的 num 与 rpot 值

（2）求 B 的 num,rpot；

（3）做矩阵乘法。将 TA. data 中三元组的列值与 TB. data 中三元组的行值相等的非零元素相乘，并将具有相同下标的乘积元素相加。

【算法 4.5】

```
void MulSMatrix(SPMatrix TA,SPMatrix TB,SPMatrix * TC)
/*稀疏矩阵 A(m×n)和 B(n×p)用三元组表存储,求 A×B */
{
    int p,q,i,j,k,r,t;
    dataType temp[SMAX]={0};
    int num[SMAX],rpot[SMAX];
    if(TA.nu!=TB.mu) return;              /*A 的列与 B 的行不相等*/
    TC->mu=TA.mu;TC->nu=TB.nu;
    if(TA.tu * TB.tu==0){TC->tu=0;return;}
    /*求矩阵 B 中每一行非零元素的个数*/
    for(i=0;i<TB.mu;i++)num[i]=0;
    for(k=0;k<TB.tu;k++) {i=TB.data[k].i;num[i]++;}
    /*求矩阵 B 中每一行第一个非零元素在 TB.data 中的位置*/
    rpot[0]=0;
    for(i=1;i<TB.mu;i++) rpot[i]=rpot[i-1]+num[i-1];
    r=0;                                 /*当前 C 中非零元素的个数*/
    p=0;                                 /*指示 TA.data 中当前非零元素的位置*/
    for(i=0;i<TA.mu;i++)
    {
        for(j=0;j<TB.nu;j++)temp[j]=0;   /*cij 的累加器初始化*/
        while(TA.data[p].i==i)           /*求第 i 行的*/
        {
            k=TA.data[p].j;              /*A 中当前非零元的列号*/
            if(k<TB.mu-1)t=rpot[k+1];
            /*确定 B 中第 k 行的非零元素在 TB.data 中的下限位置*/
            else t=TB.tu;
            for(q=rpot[k];q<t;q++)       /*B 中第 k 行的每一个非零元素*/
            {
                j=TB.data[q].j;
                temp[j]+=TA.data[p].v * TB.data[q].v;
            }
        }
```

```
            p++;
        }                                      /* while */
    for(j=0;j<TB.nu;j++)
        if(temp[j])
        {
            TC->data[r].i=i;TC->data[r].j=j;TC->data[r].v=temp[j];
            r++;
        }
    }                                          /* for i */
    TC->tu=r;
}                                              /* MulSMatrix */
```

【算法分析】　上述算法的时间性能如下：(1)求 num 的时间复杂度为 O(TB.nu＋
TB.tu)；(2)求 rpot 时间复杂度为 O(TB.mu)；(3)求 temp 时间复杂度为 O(TA.mu×
TB.nu)；(4)求 C 的所有非零元素的时间复杂度为 O(TA.tu×TB.tu/TB.mu)；(5)压
缩存储时间复杂度为 O(TA.mu×TB.nu)；所以总的时间复杂度为 O(TA.mu×TB.nu＋
(TA.tu×TB.tu)/TB.nu)。

4.3.2　稀疏矩阵的十字链表存储

　　三元组表可以看作稀疏矩阵顺序存储，但是在做一些操作（如加法、减法）时，非零项
数目及非零元素的位置会发生变化，这时这种表示就十分不便。在这节中，我们介绍稀疏
矩阵的一种链式存储结构——十字链表，它同样具备链式存储的特点，因此，在某些情况
下，采用十字链表表示稀疏矩阵是很方便的。

　　图 4-18 是一个稀疏矩阵 A 的十字链表。

　　用十字链表表示稀疏矩阵的基本思想是：对每个非零元素存储为一个结点，结点由 5
个域组成，其结构如图 4-19 表示，其中：row 域存储非零元素的行号，col 域存储非零元素
的列号，v 域存储本元素的值，right，down 是两个指针域。

　　稀疏矩阵中每一行的非零元素结点按其列号从小到大顺序由 right 域链成一个带表
头结点的循环行链表，同样每一列中的非零元素按其行号从小到大顺序由 down 域链成
一个带表头结点的循环列链表。即每个非零元素 aij 既是第 i 行循环链表中的一个结点，
又是第 j 列循环链表中的一个结点。行链表、列链表的头结点的 row 域和 col 域置 0。每
一列链表的表头结点的 down 域指向该列链表的第一个元素结点，每一行链表的表头结
点的 right 域指向该行表的第一个元素结点。由于各行、列链表头结点的 row 域、col 域
和 v 域均为零，行链表头结点只用 right 指针域，列链表头结点只用 down 指针域，故这两
组表头结点可以合用，也就是说对于第 i 行的链表和第 i 列的链表可以共用同一个头结
点。为了方便地找到每一行或每一列，将每行（列）的这些头结点链接起来，因为头结点的
值域空闲，所以用头结点的值域作为连接各头结点的链域，即第 i 行（列）的头结点的值域
指向第 i＋1 行（列）的头结点，…，形成一个循环表。这个循环表又有一个头结点，这就是
最后的总头结点，指针 HA 指向它。总头结点的 row 和 col 域存储原矩阵的行数和列数。

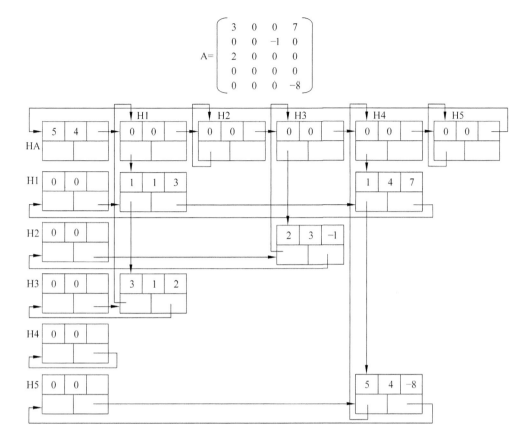

图 4-18　矩阵的十字链表存储示意图

因为非零元素结点的值域是 datatype 类型,在表头结点中需要一个指针类型,为了使整个结构的结点一致,我们规定表头结点和其他结点有同样的结构,因此该域用一个联合来表示;改进后的结点结构如图 4-20 所示。

图 4-19　十字链表的结点结构　　　**图 4-20　十字链表中非零元素和表头共用的结点结构**

结点的结构定义如下:

```
typedef struct node
{
    int row,col;
    struct node * down, * right;
    union v_next
    {
        datatype v;
        struct node * next;
```

```
    }
}MNode, * MLink;
```

这里将介绍两个算法,创建一个稀疏矩阵的十字链表和用十字链表表示的两个稀疏矩阵的相加。

1. 建立稀疏矩阵 A 的十字链表

首先输入的信息是:m(A 的行数),n(A 的列数),r(非零项的数目),紧跟着输入的是 r 个形如(i,j,a$_{ij}$)的三元组。

算法的设计思想是:首先建立每行(每列)只有头结点的空链表,并建立起这些头结点拉成的循环链表;然后每输入一个三元组(i,j,a$_{ij}$),则将其结点按其列号的大小插入到第 i 个行链表中,同时也按其行号的大小将该结点插入到第 j 个列链表中。在算法中将利用一个辅助数组 MNode * hd[s+1];其中 s=max(m,n),hd[i]指向第 i 行(第 i 列)链表的头结点。这样做可以在建立链表时随机的访问任何一行(列),为建表带来方便。

【算法 4.6】

```
MLink CreatMLink(int max)                         /* 返回十字链表的头指针 */
{                                                 /* max 为矩阵行列的最大值 */
    MLink H;
    MNode * p, * q, * hd[20];
    int i,j,m,n,t,k;
    datatype v;
    printf("请输入行、列、非零元素个数: ");
    scanf("%d%d%d",&m,&n,&t);
    H= (MLink)malloc(sizeof(MNode));              /* 申请总头结点 */
    H->row=m;H->col=n;
    hd[0]=H;
    for(i=1;i<=max;i++)
    {
        p=(MLink)malloc(sizeof(MNode));           /* 申请第 i 个头结点 */
        p->row=-1;p->col=-1;
        p->right=p;p->down=p;
        hd[i]=p;
        hd[i-1]->v_next.next=p;
        p->down=p->right=p;
    }
    hd[max]->v_next.next=hd[0];                    /* 将头结点形成循环链表 */
    for(k=1;k<=t;k++)
    {
        printf("请输入%d 个非零元素的行、列和值;",k);
        scanf("%d%d%d",&i,&j,&v);                  /* 输入一个三元组,设值为 int */
        p=(MLink)malloc(sizeof(MNode));           //申请新结点
        p->row=i;p->col=j;p->v_next.v=v;
```

```
        /*以下是将*p插入到第i行链表中,且按列号有序*/
        q=hd[i+1];
        while(q->right!=hd[i+1] &&(q->right->col)<j)    /*按列号找位置*/
            q=q->right;
        p->right=q->right;                              /*将*p插入到*q之后*/
        q->right=p;
        /*以下是将*p插入到第j行链表中,且按行号有序*/
        q=hd[j+1];
        while(q->down!=hd[j+1] &&(q->down->row)<i)    /*按行号找位置*/
            q=q->down;
        p->down =q->down;                              /*插入*/
        q->down =p;
    }                                                  /*for k*/
    return H;
}                                                      /*CreatMLink*/
```

【算法分析】 上述算法中,建立头结点循环链表时间复杂度为 $O(max)$,插入每个结点到相应的行表和列表的时间复杂度是 $O(t \times max)$,这是因为每个结点插入时都要在链表中寻找插入位置,所以总的时间复杂度为 $O(t \times max)$。该算法对三元组的输入顺序没有要求。如果我们输入三元组时是按以行为主序(或列)输入的,则每次将新结点插入到链表的尾部的,改进算法后,时间复杂度为 $O(max+t)$。

2. 基于十字链表的稀疏矩阵的显示

算法思想:从头结点依次得到行链表的表头结点,再对行链表依序显示每个结点的行、列和非零值。算法如下:

【算法 4.7】

```
void dispMLink(MLink H)
{
    MLink p=H->v_next.next,q;
    printf("\n行=%d,列=%d\n\n",H->row,H->col);
    while(p!=H)
    {
        q=p->right;
        while(q!=p)
        {
            printf("%6d%6d%6d\n",q->row,q->col,q->v_next.v);
            q=q->right;
        }
        p=p->v_next.next;
    }
}
```

3. 两个十字链表表示的稀疏矩阵的加法

已知两个稀疏矩阵 A 和 B,分别采用十字链表存储,计算 C＝A＋B,C 也采用十字链表方式存储,并且在 A 的基础上形成 C。

由矩阵的加法规则知,只有 A 和 B 行列对应相等,二者才能相加。C 中的非零元素 c_{ij} 只可能有 3 种情况:或者是 $a_{ij}＋b_{ij}$,或者是 a_{ij}($b_{ij}＝0$),或者是 b_{ij}($a_{ij}＝0$),因此当 B 加到 A 上时,对 A 十字链表的当前结点来说,对应下列四种情况:或者改变结点的值($a_{ij}＋b_{ij}≠0$),或者不变($b_{ij}＝0$),或者插入一个新结点($a_{ij}＝0$),还可能是删除一个结点($a_{ij}＋b_{ij}＝0$)。整个运算从矩阵的第一行起逐行进行。对每一行都从行表的头结点出发,分别找到 A 和 B 在该行中的第一个非零元素结点后开始比较,然后按 4 种不同情况分别处理。设 pa 和 pb 分别指向 A 和 B 的十字链表中行号相同的两个结点,4 种情况如下:

(1) 若 pa－>col=pb－>col 且 pa－>v＋pb－>v≠0,则只要用 $a_{ij}＋b_{ij}$ 的值改写 pa 所指结点的值域即可。

(2) 若 pa－>col＝＝pb－>col 且 pa－>v＋pb－>v＝0,则需要在矩阵 A 的十字链表中删除 pa 所指结点,此时需改变该行链表中前趋结点的 right 域,以及该列链表中前趋结点的 down 域。

(3) 若 pa－>col＜pb－>col 且 pa－>col≠－1(即不是表头结点),则只需要将 pa 指针向右推进一步,并继续进行比较。

(4) 若 pa－>col＞pb－>col 或 pa－>col＝＝－1(即是表头结点),则需要在矩阵 A 的十字链表中插入一个 pb 所指结点。

由前面建立十字链表算法知,总表头结点的行列域存放的是矩阵的行和列,而各行(列)链表的头结点其行列域值为－1,各非零元素结点的行列域其值不会为－1,下面的算法分析以上 4 种情况,利用了这些信息来判断是否为表头结点。两个以十字链表存储的稀疏矩阵相加的算法如下:

【算法 4.8】

```
MLink AddMat(MLink Ha,MLink Hb)
{
    MNode * p, * q, * pa, * pb, * ca, * cb, * qa;
    datatype x;
    if(Ha->row!=Hb->row || Ha->col!=Hb->col) return NULL;
    ca=Ha->v_next.next;               /* ca初始指向 A 矩阵中第一行表头结点 */
    cb=Hb->v_next.next;               /* cb初始指向 B 矩阵中第一行表头结点 */
    do
    {
        pa=ca->right;                 /* pa指向 A 矩阵当前行中第一个结点 */
        qa=ca;                        /* qa是 pa 的前驱 */
        pb=cb->right;                 /* pb指向 B 矩阵当前行中第一个结点 */
        while(pb->col!=-1)            /* 当前行没有处理完 */
        {
            if(pa->col <pb->col && pa->col!=-1)    /* 第三种情况 */
            {
```

```
                qa=pa;
                pa=pa->right;
            }
            else
                if(pa->col>pb->col || pa->col==-1)     /*第四种情况*/
                {
                    p=(MLink)malloc(sizeof(MNode));
                    p->row=pb->row;p->col=pb->col;
                    p->v_next.v=pb->v_next.v;
                    p->right=pa;qa->right=p;               /*新结点插入*pa的前面*/
                    qa=p;
                    /*新结点要插到列链表的合适位置,先找位置,再插入*/
                    q=Find_JH(Ha,p->row,p->col);       /*从链表的头结点找起*/
                    p->down=q->down;                     /*插在*q的后面*/
                    q->down=p;
                    pb=pb->right;
                }                                        /*if*/
                else                                     /*第一、二种情况*/
                {
                    x=pa->v_next.v+pb->v_next.v;
                    if(x==0)                             /*第二种情况*/
                    {
                        qa->right=pa->right;           /*从行链中删除*/
                        /*从列链中删除,找*pa的列前驱结点*/
                        /*从列链表的头结点找起*/
                        q=Find_JH(Ha,pa->row,pa->col);
                        q->down=pa->down;
                        free(pa);
                    }                                    /*if(x==0)*/
                    else                                 /*第一种情况*/
                    {
                        pa->v_next.v=x;
                        qa=pa;
                    }
                    pa=pa->right;
                    pb=pb->right;
                }
        }                                                /*while*/
        ca=ca->v_next.next;                              /*ca指向A中下一行的表头结点*/
        cb=cb->v_next.next;                              /*cb指向B中下一行的表头结点*/
    } while(ca->row==-1);                                /*当还有未处理完的行则继续*/
    return Ha;
}
```

在上面的算法中用到了一个函数 find_jH( )。

函数 Mlink Find_JH(MLink H, int row, int col)的功能是:根据行号 row 和列号

col,找出对应(row,col)在十字链表 H 中的前驱结点,并返回,算法如下:

```
MLink Find_JH(MLink Ha,int row,int col)
{
    MLink p=Ha->v_next.next;
    int j=1;
    while(j<col+1)
    {   //让 p 指向第 col 列链表的头结点
        p=p->v_next.next;j++;
    }
    while(p->down->col!=-1&&p->down->row<row-1) p=p->down;
    return p;
}
```

4.4　本 章 小 结

本章主要阐述了多维数组的存储,特别强调了多维数组的存储结构与一维数组的存储结构的关系,多维数组可按一维数组使用,大大提高了数组作为函数参数传递时的通用性和灵活性。

矩阵与数组具有对应关系,本章介绍了特殊矩阵的存储,包括:

(1) 对称矩阵

(2) 三角矩阵

(3) 带状矩阵

(4) 稀疏矩阵

重点讨论了稀疏矩阵的三元组表和十字链表存储结构,并给出了基于三元组表的矩阵转置和乘法,以及基于十字链表的矩阵求和。

4.5　习　　题

一、单选题

1. 假设有 60 行 70 列的二维数组 a[1…60,1…70]以列序为主序顺序存储,其基地址为 10000,每个元素占 2 个存储单元,那么第 32 行第 58 列的元素 a[32,58]的存储地址为_____。(无第 0 行第 0 列元素)

(A) 16902　　　(B) 16904　　　(C) 14454　　　(D) 答案 A,B,C 均不对

2. 设矩阵 A 是一个对称矩阵,为了节省存储,将其下三角部分(如右图所示)按行序存放在一维数组 B[1,n(n−1)/2]中,对下三角部分中任一元素 $a_{i,j}$(i≤j),在一维数组 B 中下标 k 的值是:_____。

$$A = \begin{bmatrix} a_{1,1} & & & \\ a_{2,1} & a_{2,2} & & \\ \vdots & & & \\ a_{n,1} & a_{n,2} & \cdots & a_{n,n} \end{bmatrix}$$

(A) i(i−1)/2+j−1　　　　　　(B) i(i−1)/2+j

(C) i(i+1)/2+j−1　　　　　　(D) i(i+1)/2+j

3. 从供选择的答案中,选出应填入下面叙述_____内的最确切的解答,把相应编号写在答卷的对应栏内。

有一个二维数组 A,行下标的范围是 0 到 8,列下标的范围是 1 到 5,每个数组元素用相邻的 4 个字节存储。存储器按字节编址。假设存储数组元素 A[0,1] 的第一个字节的地址是 0。

存储数组 A 的最后一个元素的第一个字节的地址是_____A_____。若按行存储,则 A[3,5] 和 A[5,3] 的第一个字节的地址分别是_____B_____和_____C_____。若按列存储,则 A[7,1] 和 A[2,4] 的第一个字节的地址分别是_____D_____和_____E_____。

供选择的答案

A～E: ① 28　② 44　③ 76　④ 92　⑤ 108　⑥ 116　⑦ 132　⑧ 176　⑨ 184　⑩ 188

答案:A=_____　　B=_____　　C=_____　　D=_____　　E=_____

4. 从供选择的答案中,选出应填入下面叙述_____内的最确切的解答,把相应编号写在答卷的对应栏内。

有一个二维数组 A,行下标的范围是 1 到 6,列下标的范围是 0 到 7,每个数组元素用相邻的 6 个字节存储,存储器按字节编址。那么,这个数组的体积是_____A_____个字节。假设存储数组元素 A[1,0] 的第一个字节的地址是 0,则存储数组 A 的最后一个元素的第一个字节的地址是_____B_____。若按行存储,则 A[2,4] 的第一个字节的地址是_____C_____。若按列存储,则 A[5,7] 的第一个字节的地址是_____D_____。

供选择的答案

A～D: (1) 12　(2) 66　(3) 72　(4) 96　(5) 114　(6) 120　(7) 156　(8) 234　(9) 276　(10) 282　(11) 283　(12) 288

答案:A=_____　　B=_____　　C=_____　　D=_____　　E=_____

二、简答题

1. 已知二维数组 $A_{m,m}$ 采用按行优先顺序存放,每个元素占 K 个存储单元,并且第一个元素的存储地址为 Loc(a11),请写出求 Loc(a_{ij}) 的计算公式。如果采用列优先顺序存放呢?

2. 三元组和十字链表存储结构的特点以及适用场合。

三、计算题

1. 用三元组表表示下列稀疏矩阵:

$$\begin{bmatrix} 0&0&0&0&0&-2 \\ 0&0&0&0&9&0 \\ 0&0&0&0&0&0 \\ 0&0&5&0&0&0 \\ 0&0&0&0&0&0 \\ 0&0&0&0&3&0 \end{bmatrix}$$

2. 下列各三元组表分别表示一个稀疏矩阵,试写出它们的稀疏矩阵。

(1) $\begin{bmatrix} 6 & 4 & 6 \\ 1 & 2 & 2 \\ 2 & 1 & 12 \\ 3 & 1 & 3 \\ 4 & 4 & 4 \\ 5 & 3 & 6 \\ 6 & 1 & 16 \end{bmatrix}$
(2) $\begin{bmatrix} 4 & 5 & 5 \\ 1 & 1 & 1 \\ 2 & 4 & 9 \\ 3 & 2 & 8 \\ 3 & 5 & 6 \\ 4 & 3 & 7 \end{bmatrix}$

四、算法设计题

试设计一个算法,将数组 A[n]中的元素 A[0]至 A[n−1]循环右移 k 位,并要求只用一个元素大小的附加存储,元素移动或交换次数为 O(n)。

## 第 5 章

树和二叉树

树是一种典型的层次结构,在现实生活中随处可见。凡是数据对象中数据元素的关系是 1∶n 的层次结构,都可以采用树形结构组织数据,然后根据问题的要求,对树形结构中的数据进行相应的处理。本章重点讨论树与二叉树的逻辑结构、存储结构和基本操作的实现,并用树结构解决企事业单位的组织机构管理问题;用表达式二叉树存储表达式,解决动态表达式的计算问题。

5.1   问题的提出

问题 1:随着计算机技术的迅速发展,计算机应用已经深入到各个领域。几乎所有的企事业单位都用计算机进行本单位的机构设置与管理。以大学为例,每个大学设有若干个职能处室和院系,每个职能处室,根据业务的需要,又设有若干个科室和研究所;每个院系按专业和学科方向,设有教研室、研究所和实验室。

问题 2:在表达式求值中,如何存储表达式才能便于计算表达式的值。

5.1.1   问题中的数据分析

问题 1 中的部门之间的关系不再是线性关系,而是具有层次关系,每一层的一个部门只能与上一层的一个部门有上下级关系,可以与它的下一层的多个部门有上下级关系。一定存在一个没有上级,只有下级的部门。这些部门之间的关系如图 5-1 所示。

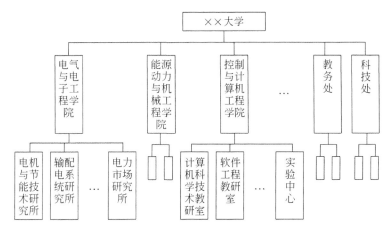

图 5-1   机构设置示意图

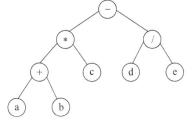

图 5-2　表达式的二叉树存储示意图

问题 2 中的表达式如果以字符串的形式存储,这就涉及到事先决定存储空间的大小问题。如果可以根据原表达式,动态分配存储空间,并且非常容易地按后缀表达式的计算顺序计算表达式的值,那将是一个解决表达式计算问题的有效存储结构。如图 5-2 所示是表达式(a＋b) * c－d/e 对应的二叉树存储结构。

5.1.2　问题中的功能分析

问题 1 中要求对机构的设置进行动态管理,可以任意增加机构和删除机构。需要提供创建、删除、增加、查询、显示等功能。

问题 2 中需要动态实现表达式的创建、计算等功能。

5.1.3　问题中的数据结构

无论是问题 1,还是问题 2,数据元素之间的关系不再是线性关系,而是层次关系。相邻两层中,上一层的一个数据元素可以与下一层的多个数据元素有关系,下一层的一个数据元素只能与上一层的一个数据元素有关系。这种关系称为一对多的层次关系,即 1∶n。我们把具有这种层次关系的结构称为树形结构。

5.2　树的定义和基本术语

5.2.1　树的递归定义

树是由根结点和子树组成。

(1) 有一个特定的称为该树之根的结点,称为根结点;

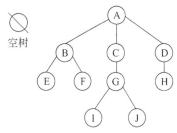

空树

图 5-3　空树和一般的树

(2) 结点数 n＝0 时,是空树;

(3) 结点数 n＞0 时,有 m(m≥0)个互不相交的有限结点集,每个结点集对应一棵子树。

树的定义说明了树是一种递归的数据结构——树中包含树。如图 5-3 中 A 是根结点,有三棵子树。B 是子树的根结点,有两棵子树。树的结点之间有明显的层次关系。

如图 5-3 所示的是一棵空树和一棵一般的树。

例如,企事业单位的行政机构关系、书的目录结构、人类的家族血缘关系、操作系统的资源管理器、结构化程序模块之间的关系等,都是树形结构。

5.2.2　树的基本术语

结点:叶子(终端结点)、根、内部结点(非终端结点、分支结点);

树的规模：结点的度、树的度、结点的层次、树的高度(深度)；

结点间的关系：双亲(1)—孩子(n)、祖先—子孙、兄弟、堂兄弟；

兄弟间的关系：无序树、有序树。

具体如下：

(1) 树的结点：包含一个数据元素及若干指向其子树的分支。

(2) 结点的度(degree)：结点拥有的子树数。如图 5-3 中结点 A 的度为 3,结点 B 的度为 2,结点 C 的度为 1,结点 E 的度为 0。

(3) 根结点：无前驱。如图 5-3 中结点 A。

(4) 叶子(终端结点)：度为零的结点,无后继。如图 5-3 中的结点 E,F,H,I,J。

(5) 分支结点(非终端结点)：度不为零的结点。除根结点外,分支结点也称内部结点(1 个前驱,多个后继)。如图 5-3 中的结点 B,C,D,G。

(6) 树的度：树中各结点度的最大值。如图 5-3 中的树,度为 3。

(7) 孩子：结点的子树的根称为该结点的孩子。相应地,该结点称为孩子的双亲。如图 5-3 中结点 B,C,D 是结点 A 的孩子;结点 A 是结点 B,C,D 的双亲。

(8) 兄弟：同一双亲的孩子之间互为兄弟。如图 5-3 中的结点 B,C,D 的双亲是 A,它们互为兄弟。

(9) 祖先：结点的祖先是从根到该结点所经分支上的所有结点。如图 5-3 中的结点 I 的祖先是 A,C,G。

(10) 子孙：以某结点为根的子树中的任一结点都称为该结点的子孙。如图 5-3 中的结点 C 的子孙是 G,I,J。

(11) 结点的层次：根为第一层,根的孩子为第二层,以此类推。

(12) 树的深度(高度)：树中结点的最大层次。如图 5-3 中非空树的深度是 4。

(13) 有序树及无序树：如图 5-4 所示是两棵不同的有序树。

(14) 森林：它是 m(m≥0)棵互不相交的树的集合,任何一棵非空树是一个二元组。即 Tree=(root,F1)。

其中：root 被称为根结点,F1 被称为子树森林,如图 5-5 所示。

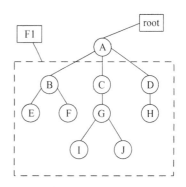

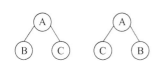

图 5-4 两棵不同的树

图 5-5 子树森林、森林与树

5.2.3 树的表示

（1）结点连线表示

连线隐含：上方结点是下方结点的前驱，下方结点是上方结点的后继，如图 5-6 所示。

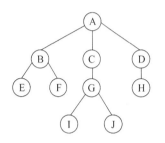

A 是根，有3 棵子树：
T1 = {B, E, F}
T2 = {C, G, I, J}
T3 = {D, H}
在树中，每个结点被定义为它的
每棵子树的根结点的前驱。

图 5-6　一棵树的结点连线示例

（2）二元组表示

如图 5-7 所示的树可表示为：T＝(D,R)。

表示形式：
D={C, G, I, J}
R={<C, G), <G, I>, <G, J>}

图 5-7　一棵树的二元组示例

（3）集合图表示法

每棵树对应一个圆形，圆内包含根结点和子树。对图 5-6 所示的树，其对应集合图的表示如图 5-8 所示。

（4）凹入表示法

每棵树的根对应一个条形，子树对应的根是一个较短的条形。这种表示方法常用于打印和屏幕输出。图 5-6 所示树对应的凹入表表示，如图 5-9 所示。

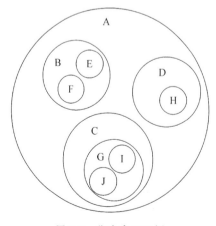

图 5-8　集合表示示例

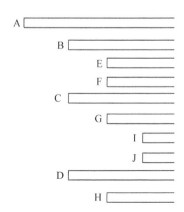

图 5-9　凹入表示例

5.2.4 树的抽象数据类型描述

树的抽象数据类型描述：

```
ADT Tree
{ 数据对象：具有相同数据类型的数据元素集合
  数据关系：具有一对多的层次关系
  基本操作：
      Initiate(&T)：初始化空树。
      Root(T)：求根结点。
      Parent(T, x)：求当前结点的双亲结点。
      Child(T, x, i)：求树 T 中结点 x 的第 i 个孩子。
      Right_Sibling(T, x)：求结点 x 的右兄弟。
      Crt_Tree(&T, x, F)：以结点 x 为根，以 F 为子树森林构造树 T。
      Ins_Tree(&T, y, i, x)：将以 x 为根的子树作为结点 y 的第 i 棵子树插入到树 T 中。
      Del_Child(&T, x, i)：将树 T 中结点 x 的第 i 棵子树删除。
      Traverse_Tree(T)：树的遍历，按某种次序依次访问树中各个结点，并使每个结点只被访问一次。
      Clear(&T)：清除树结构。
}ADT Tree
```

由于树形结构的子树个数可多可少，其操作相对复杂。但是树与二叉树可以相互转换，只要掌握了有关二叉树的基本操作之后，树的基本操作也就迎刃而解了。下面先讨论二叉树。

5.3 二 叉 树

5.3.1 二叉树的定义

二叉树或为空树，或是由一个根结点加上两棵分别称为左子树和右子树的、互不交的二叉树组成，如图 5-10 所示。

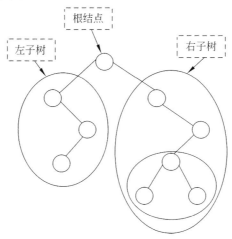

图 5-10 二叉树示例

特点：每个结点至多只有两棵子树,子树有左右之分,其次序不能任意颠倒。

1．二叉树的五种基本形态

二叉树的五种基本形态如图 5-11 所示。

(a) 空二叉树　(b) 仅有根结点的　(c) 右子树为空的　(d) 左右子树均非空的　(e) 左子树为空的
　　　　　　　　二叉树　　　　　二叉树　　　　　　二叉树　　　　　　　二叉树

图 5-11　二叉树的五种基本形态

2．三个结点的树

由于树的子树是不区分顺序的,所有只有两种情况,如图 5-12 所示。

3．三个结点的二叉树

由于二叉树的子树是有序的,三个结点组成的二叉树共有五种情况,如图 5-13 所示。

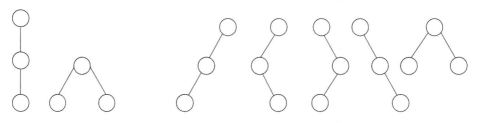

图 5-12　三个结点的树　　　　　**图 5-13　三个结点的二叉树**

4．特殊的二叉树

(1) 满二叉树

二叉树中每一层的结点数都达到最大,所有的叶子结点均在最后一层,如图 5-14 所示。

(2) 完全二叉树

① 除最后一层外,其余各层都是满的;

② 最后一层或者是满的,或者是右边缺少连续的若干结点。即叶子结点只能出现在最后一层或次上一层,如图 5-15 所示。

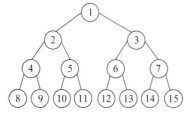

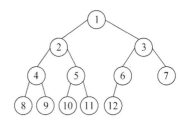

图 5-14　一棵满二叉树　　　　　　**图 5-15　一棵完全二叉树**

（3）理想平衡树

在一棵二叉树中，若除最后一层外，其余层都是满的，则称此树是理想平衡树，如图 5-16 所示。

满二叉树和完全二叉树是理想平衡树。但理想平衡树不一定是完全二叉树。

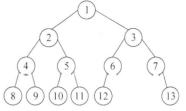

图 5-16　一棵理想二叉树

结论：二叉树是一种重要的树形结构，但二叉树不是树的特例。

5.3.2　二叉树的性质

性质 1　在二叉树的第 i 层上至多有 2^{i-1} 个结点（i≥1）。

用归纳法证明：

（1）i＝1 时，$2^{i-1}＝1$，即只有一个根结点。

（2）设 j＝i－1 时命题成立，证明 j＝i 时命题也成立。

证明：设第 i－1 层上至多有 2^{i-2} 个结点，每个结点引出两个分支，在第 i 层上的结点数最多为：$2^{i-2} \times 2 ＝ 2^{i-1}$。

进一步推广：m 叉树的第 i 层至多有 m^{i-1} 个结点。

性质 2　一棵深度为 k 的二叉树中，最多具有 2^k-1 个结点。

证明：设第 i 层的结点数为 x_i（1≤i≤k），深度为 k 的二叉树的结点数为 M，根据性质 1，x_i 最多为 2^{i-1}，则有：

$$M = \sum_{i=1}^{k} X_i = \sum_{i=1}^{k} 2^{i-1} = 2^k - 1$$

进一步推广：深度为 k 的 m 叉树，最多有 $\dfrac{m^k-1}{m-1}$ 个结点。

性质 3　对于一棵非空的二叉树，如果叶子结点数为 n_0，度数为 2 的结点数为 n_2，则有：$n_0 ＝ n_2 + 1$。

证明：设 n 为二叉树的结点总数，n_1 为二叉树中度为 1 的结点数，则有：

$$n = n_0 + n_1 + n_2 \tag{5-1}$$

在二叉树中，除根结点外，其余结点都有唯一的一个进入分支。设 B 为二叉树中的分支数，那么有：

$$B = n - 1 \tag{5-2}$$

这些分支是由度为 1 和度为 2 的结点发出的，一个度为 1 的结点发出一个分支，一个度为 2 的结点发出两个分支，所以有：

$$B = n_1 + 2n_2 \tag{5-3}$$

综合式（5-1）、式（5-2）、式（5-3）可以得到：$n_0 ＝ n_2 + 1$。

性质 4　具有 n 个结点的完全二叉树的深度 k 为 $\lfloor \log_2 n \rfloor + 1$。

证明：根据完全二叉树的定义和性质 2 可知，当一棵完全二叉树的深度为 k、结点个数为 n 时，有 $2^{k-1}-1 < n \leq 2^k-1$，即 $2^{k-1} \leq n < 2^k$。

对不等式取对数，有 $k-1 \leq \log_2 n < k$。

由于 k 是整数,所以有 k=$\lfloor \log_2 n \rfloor$+1,其中$\lfloor \log_2 n \rfloor$表示不大于 $\log_2 n$ 的一个最大整数,或 k=$\lceil \log_2 (n+1) \rceil$,其中$\lceil \log_2 (n+1) \rceil$表示不小于 $\log_2 (n+1)$ 的最小整数。

进一步推广:具有 n 个结点的 m 叉树的最小深度是$\lfloor \log_m (n(m-1)) \rfloor$+1。

性质 5　如果对一棵有 n 个结点的完全二叉树(其深度为$\lfloor \log_2 n \rfloor$+1)的结点按层序编号(从上到下,从左到右),则对任一结点 i(1≤i≤n),有:

(1) 如果 i=1, 则结点 i 是根。如果 i>1,则其双亲是结点$\lfloor i/2 \rfloor$。

(2) 如果 2i>n,则结点 i 为叶子,否则其左孩子是结点 2i。

(3) 如果 2i+1>n,则结点 i 无右孩子,否则其右孩子是结点 2i+1。

证明:通过证明(2)和(3),再导出(1)。

对于 i=1,左孩子编号是 2,右孩子编号是 3。

对于 2≤i≤n,可分两种情况讨论:

对任意一棵完全二叉树,对编号为 i 的结点,假设它所在的层为 k。

① 如果 k 是最后一层,结点 i 为叶子结点。

② 如果 k 不是最后一层,根据性质 3,则 2^{k-1}≤i≤2^k-1。在第 k 层结点 i 的左侧有 $(i-2^{k-1})$个结点,每个结点都是度为 2 的结点;第 k 层的最后一个结点的编号为 2^k-1,所以对于结点 i,如果存在左孩子,左孩子编号为 $2(i-2^{k-1})+(2^k-1)+1=2i$;如果存在右孩子,则一定存在左孩子,所以右孩子编号为 2i+1。

当 2i>n 时,编号为 2i 的结点不存在,说明双亲结点 i 没有左孩子也没有右孩子,所以编号为 i 的结点一定是叶子结点;当 2i≤n 时,说明编号为 2i 的结点存在,是编号为 i 的左孩子。

当 2i+1>n 时,编号为 2i+1 的结点不存在,说明双亲结点 i 没有右孩子;当 2i+1≤n 时,说明编号为 2i+1 的结点存在,是编号为 i 的右孩子。

5.3.3　二叉树的抽象数据类型

二叉树的抽象数据类型描述:

```
ADT BiTree
{ 数据对象:由一个根结点和两棵互不相交的左右子树构成;
  数据关系:结点具有相同数据类型及层次关系
  基本操作:
    InitBiTree(&T);
    DestroyBiTree(&T);
    InsertL(&T,x, parent);
    DeleteL(&T, parent);
    Search(T,x,&p);
    PreOrder(T);
    InOrder(T);
    PostOrder(T);
    LeverOrder(T);
} ADT BiTree
```

（1）初始化操作：InitBiTree($\&$T)

初始条件：无。

操作结果：构造一棵空的二叉树。

（2）销毁操作：DestroyBiTree($\&$T)

初始条件：二叉树已存在。

操作结果：释放二叉树占用的存储空间。

（3）插入操作：InsertL($\&$T, x, parent)

初始条件：二叉树已存在。

操作结果：将数据域为 x 的结点插入到二叉树中，作为结点 parent 的左孩子。如果结点 parent 原来有左孩子，则将结点 parent 原来的左孩子作为结点 x 的左孩子。如果插入成功，得到一棵新的二叉树。

（4）删除操作：DeleteL($\&$T, parent)

初始条件：二叉树已存在。

操作结果：在二叉树中删除结点 parent 的左子树。如果删除成功，得到一个新的二叉树。

（5）查询操作：Search(T, x, $\&$p)

初始条件：二叉树已存在。

操作结果：在二叉树中查找数据元素 x。如果查找成功，返回指向该元素结点的指针。二叉树不变。

（6）前序遍历操作：PreOrder(T)

初始条件：二叉树已存在。

操作结果：前序遍历二叉树，输出二叉树中结点的一个线性排列，二叉树不变。

（7）中序遍历操作：InOrder(T)

初始条件：二叉树已存在。

操作结果：中序遍历二叉树，输出二叉树中结点的一个线性排列，二叉树不变。

（8）后序遍历操作：PostOrder(T)

初始条件：二叉树已存在。

操作结果：后序遍历二叉树，输出二叉树中结点的一个线性排列，二叉树不变。

（9）层次遍历操作：LeverOrder(T)

初始条件：二叉树已存在。

操作结果：层序遍历二叉树，输出二叉树中结点的一个线性排列，二叉树不变。

5.3.4　二叉树的存储结构

1. 顺序存储结构

所谓二叉树的顺序存储，就是用一组连续的存储单元存放二叉树中的结点。通常是按照二叉树结点从上至下、从左到右的顺序存储。这样结点在存储位置上的前驱后继关系并不一定就是它们在逻辑上的邻接关系，只有通过一些方法确定某结点在逻辑上的父结点和左右孩子结点，这种存储才有意义。从前面介绍的二叉树性质 5，不难看出只有完全二叉树和满二叉树采用顺序存储才比较合适，这时二叉树中结点的序号可以唯一地反映出结点之间的逻辑关系，这样既能够最大限度地节省存储空间，又可以利用数组元素的下标值确定结点在二叉树中的位置,以及结点之间的关系。

例如:图 5-17 所示的完全二叉树可定义字符数组 char btree[11];其存储顺序如图 5-18所示。

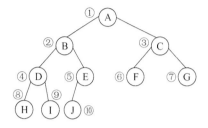

图 5-17　一棵完全二叉树　　　　图 5-18　一棵完全二叉树顺序存储结构(下标=序号)

对于一般的二叉树,如果仍按从上至下和从左到右的顺序将二叉树中的结点顺序存储在一维数组中,则此时的数组元素下标之间的关系已经不能够反映二叉树中结点之间的逻辑关系,只有增添一些并不存在的空结点,使之成为一棵完全二叉树的形式,然后再用一维数组顺序存储。这个过程通常称为"完全化"。图 5-19、图 5-20 给出了一棵一般二叉树改造后的完全二叉树形态以及顺序存储示意图。

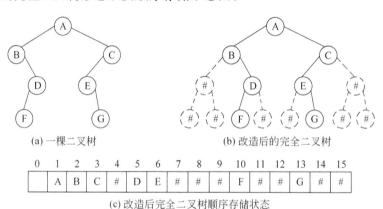

(a) 一棵二叉树　　　　　　(b) 改造后的完全二叉树

(c) 改造后完全二叉树顺序存储状态

图 5-19　一般二叉树及其顺序存储示意图

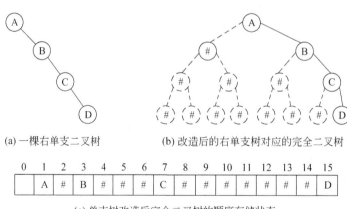

(a) 一棵右单支二叉树　　　　(b) 改造后的右单支树对应的完全二叉树

(c) 单支树改造后完全二叉树的顺序存储状态

图 5-20　右单支二叉树及其顺序存储示意图

　　显然,这种存储需增加许多空结点才能将一棵二叉树改造成为一棵完全二叉树,存储时会造成空间的大量浪费。最坏的情况是右单支树,如图 5-20(a)所示,一棵深度为 k 的右单支树,只有 k 个结点,却需分配 2^k-1 个存储单元。由此可见顺序存储的优点是根据二叉树的性质 5,直接利用元素在数组中的位置(下标)表示其逻辑关系,方便寻找某个结点的双亲结点以及左右孩子结点。缺点是若不是完全二叉树,则会浪费空间。因此,顺序存储适合完全二叉树或形态接近于完全二叉树的二叉树。

　　二叉树的顺序存储结构的定义:

```
#define MAXNODE   100                          /*二叉树的最大结点数*/
typedef ElemType SqBiTree[MAXNODE+1];          /*1号单元存放根结点*/
```

　　例如:

```
SqBiTree bt;
```

　　则 bt 定义为含有 MAXNODE+1 个 ElemType 类型元素的一维数组,可以存储二叉树。

　　结论:顺序存储适合存储完全二叉树,方便查找双亲和孩子。

2. 二叉链表存储结构

　　链表中每个结点由三个域组成,除了数据域外,还有两个指针域,分别用来存放该结点左孩子和右孩子结点的存储地址。结点的存储结构为:

lchild	data	rchild

　　其中,data 域存放某结点的数据信息;lchild 与 rchild 分别存放指向左孩子和右孩子的指针,当左孩子或右孩子不存在时,相应指针域值为空(用符号 ∧ 或 NULL 表示)。如图 5-21 所示的二叉树及对应的二叉链表。

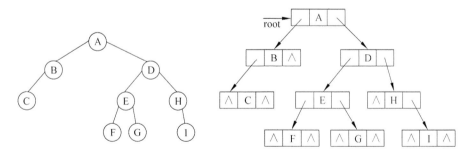

图 5-21　二叉树及二叉链表示例

　　性质:在含有 n 个结点的二叉链表中有 n+1 个空指针域。

　　证明:因为每个结点有两个指针域,n 个结点共有 2n 个指针域。又因除了根结点之外,剩余的 n−1 个结点都必须与它们的双亲结点建立左孩子或右孩子的联系,需占用 n−1 个指针域,还剩下 2n−(n−1)=n+1 个空指针域。

　　二叉链表类型定义:

```
typedef struct BiTNode
```

```
{
    DataType data;                        //DataType 表示结点中存放数据的类型
    struct BiTNode * lchild;              //存放左子树根结点的地址
    struct BiTNode * rchild;              //存放右子树根结点的地址
} BiTNode, * BiTree;
```

其中 BiTNode 为二叉链表的结点类型,BiTree 为指向二叉链表结点的指针类型。例如:

```
BiTree bt; bt= (BiTree)malloc(sizeof(BiTNode));
```

结论:二叉链表方便找孩子,不方便找双亲。

3. 三叉链表

每个结点由四个域组成,具体结构为:

parent	lchild	data	rchild

其中,data、lchild 以及 rchild 三个域的意义同二叉链表结构;parent 域为指向该结点双亲结点的指针。这种存储结构既便于查找孩子结点,又便于查找双亲结点;但是,相对于二叉链表存储结构而言,它增加了空间开销,如图 5-22 所示。

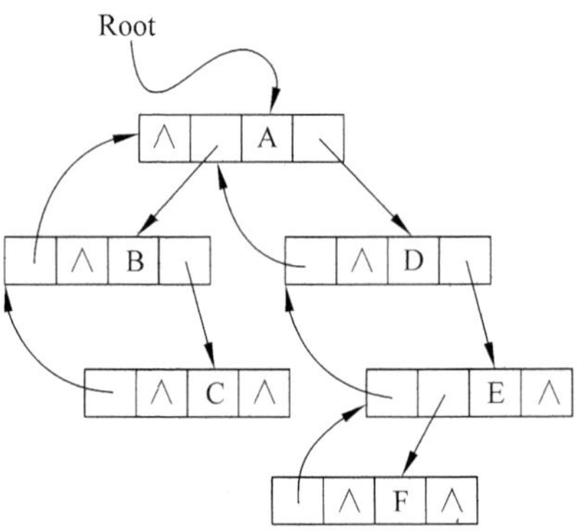

三叉链表类型定义:

在 BiTNode 中加一个 parent 成员;

```
typedef struct TriTNode
{
    DataType data;
    struct TriTNode * lchild;             //存放左孩子结点的地址
    struct TriTNode * rchild;             //存放右孩子结点的地址
    struct TriTNode * parent;             //存放双亲结点的地址
} TriTNode, * TriTree;
```

图 5-22　三叉链表表示示意图

其中 TriTNode 为三叉链表的结点类型,TriTree 为指向三叉链表结点的指针类型。

结论:三叉链表既方便找孩子,又方便找双亲。

5.3.5　二叉树的遍历及其应用

1. 递归定义和递归算法

二叉树的遍历是指按照某种顺序访问二叉树中的每个结点,使每个结点被访问一次且仅被访问一次。

遍历是二叉树中经常要用到的一种操作。因为在实际应用问题中,常常需要按一定顺序对二叉树中的每个结点逐个进行访问,查找具有某一特点的结点,然后对这些满足条件的结点进行处理。如求二叉树中某个结点的祖先。就必须通过遍历找到从根结点开始到某个结点的路径,并且记住路径上的结点。

通过一次完整的遍历,可使二叉树中结点信息由非线性排列变为某种意义上的线性序列。也就是说,遍历操作可以使非线性结构线性化。

由二叉树的定义可知,一棵二叉树由根结点、根结点的左子树和根结点的右子树三部分组成。因此,只要依次遍历这三部分,就可以遍历整个二叉树。若以 D、L、R分别表示访问根结点、遍历根结点的左子树、遍历根结点的右子树,则二叉树的遍历方式有六种:DLR、LDR、LRD、DRL、RDL 和 RLD。如果限定先左后右,则只有前三种方式,即 DLR(称为先序遍历)、LDR(称为中序遍历)和 LRD(称为后序遍历)。如何得到 DLR、LDR 和 LRD 三种遍历序列呢。从二叉树的根结点出发,逆时针绕二叉树的外缘走一圈,再回到二叉树的根结点(见图 5-23)。途中每个结点都有 3 次到达的机会,取第一次到达的结点顺序,即为先序遍历,又称先根遍历;取第二次到达的结点顺序,即为中序遍历,又称中根遍历;取第三次到达的结点顺序,即为后序遍历,又称后根遍历。

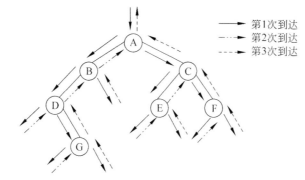

先序序列:ABDGCEF　　中序序列:DGBAECF　　后序序列:GDBEFCA

图 5-23　二叉树的遍历示意图

(1) DLR —— 先序遍历(先根遍历)

操作定义为:

if(树不空){ 访问根结点;先序遍历左子树;先序遍历右子树;}

先序遍历的递归算法如下:

【算法 5.1】

```
void preorder(BiTree T)
{
    if(T)
    {
        printf(T->data);
        preorder(T->lchild);
        preorder(T->rchild);
```

```
    }
}   //preorder
```

（2）LDR —— 中序遍历（中根遍历）

操作定义为：

if(树不空){ 中序遍历左子树；访问根结点；中序遍历右子树；}

中序遍历的递归算法如下：

【算法 5.2】

```
void inorder(BiTree T)
{
    if(T)
    {
        inorder(T->lchild);
        printf(T->data);
        inorder(T->rchild);
    }
}   //inorder
```

（3）LRD —— 后序遍历（后根遍历）

操作定义为：

if(树不空){后序遍历左子树；后序遍历右子树；访问根结点；}

后序遍历的递归算法如下：

【算法 5.3】

```
void postorder(BiTree T)
{
    if(T)
    {
        postorder(T->lchild);
        postorder(T->rchild);
        printf(T->data);
    }
}   //postorder
```

图 5-24　一棵二叉树的示例

如图 5-24 所示的二叉树，先序遍历的图示如图 5-25 所示。

我们可以将表达式 A＋B＊（C－D）－E/F 存放在二叉树上，称为表达式二叉树，如图 5-26 所示。

其相应的遍历序列如下：

• 先序序列：－＋A＊B－CD/EF

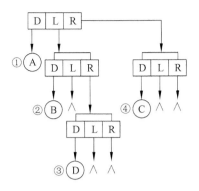

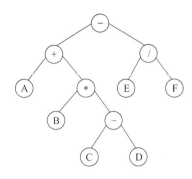

图 5-25　一棵二叉树的先序遍历　　　　图 5-26　表达式二叉树

- 中序序列：A＋B＊C－D－E/F
- 后序序列：ABCD－＊＋EF/－

其中：先序序列为原表达式的前缀表达式；中序序列为原表达式的中缀表达式；后序序列为原表达式的后缀表达式。

2. 二叉树遍历的非递归实现

前面给出的二叉树先序、中序和后序三种遍历算法都是递归算法。如果程序设计语言不支持递归，如何实现二叉树的先序、中序和后序三种遍历算法呢。另一方面，递归程序虽然简洁，但可读性较差，执行效率也不高。因此，就存在如何把一个递归算法转化为非递归算法的问题。解决这个问题的方法可以通过对三种遍历方法的过程分析得到。

常用的二叉树遍历非递归实现方法有两种。一种是基于任务分析的方法，另一种是基于遍历路径分析的方法。下面以二叉树的非递归中序遍历和非递归后序遍历分别讨论这两种方法。

（1）基于任务分析的二叉树遍历算法的非递归实现

在二叉树的先序、中序和后序的遍历过程中，每一棵子树的根结点都承担三项子任务。不同的遍历算法，三项子任务处理的顺序不同。以"中序遍历二叉树"为例，三项子任务的处理顺序为：

① 遍历左子树

② 访问根结点

③ 遍历右子树

由于任务①和任务③是遍历子树的任务，处理时必须对子树的根结点继续布置三项子任务，因此可以用自定义栈保存对根结点布置的子任务。按照中序遍历对三项子任务处理的紧急程度，进栈的顺序为："遍历右子树"、"访问根结点"、"遍历左子树"。在这三项子任务中，只有任务②是访问根结点，处理之后，不需保存新信息。为此在对根结点布置任务时，需区分任务的性质，到底是遍历还是访问。

下面以图 5-27 为例，说明非递归中序遍历的

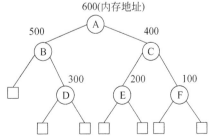

图 5-27　任务分析法的中序遍历示意图

过程,图中的数字表示地址。

为了区分任务的性质,用 1 表示遍历,0 表示访问。进栈时,对非空结点按中序布置任务;出栈时,根据任务性质处理任务。栈的变化见表 5-1。

表 5-1　任务分析法非递归中序遍历栈的变化

布置任务和处理任务	栈	中序遍历的结果
对根结点 A 布置任务,进栈顺序为: (1) 遍历 A 的右子树 (2) 访问根结点 A (3) 遍历 A 的左子树	栈顶　 500　1 　　　 600　0 　　　 400　1	
出栈:500　1 对根结点 B 布置任务,进栈顺序为: (1) 遍历 B 的右子树 (2) 访问根结点 B (3) 遍历 B 的左子树	500　0 300　1 600　0 400　1	
出栈:500　0 访问结点 B	300　1 600　0 400　1	B
出栈:300　1 对根结点 D 布置任务,进栈顺序为: (1) 遍历 D 的右子树 (2) 访问根结点 D (3) 遍历 D 的左子树	300　0 600　0 400　1	
出栈:300　0 访问结点 D	600　0 400　1	BD

续表

布置任务和处理任务	栈	中序遍历的结果
出栈：600 0 访问结点 A	<table><tr><td></td></tr><tr><td></td></tr><tr><td></td></tr><tr><td></td></tr><tr><td></td></tr><tr><td>400 1</td></tr></table>	BDA
出栈：400 1 对根结点 C 布置任务,进栈顺序为： (1) 遍历 C 的右子树 (2) 访问根结点 C (3) 遍历 C 的左子树	<table><tr><td></td></tr><tr><td></td></tr><tr><td>200 1</td></tr><tr><td>400 0</td></tr><tr><td>100 1</td></tr></table>	
出栈：200 1 对根结点 E 布置任务,进栈顺序为： (1) 遍历 E 的右子树 (2) 访问根结点 E (3) 遍历 E 的左子树	<table><tr><td></td></tr><tr><td>200 0</td></tr><tr><td>400 0</td></tr><tr><td>100 1</td></tr></table>	
出栈：200 0 访问结点 E	<table><tr><td></td></tr><tr><td></td></tr><tr><td>400 0</td></tr><tr><td>100 1</td></tr></table>	BDAE
出栈：400 0 访问结点 C	<table><tr><td></td></tr><tr><td>100 1</td></tr></table>	BDAEC
出栈：100 1 对根结点 F 布置任务,进栈顺序为： (1) 遍历 F 的右子树 (2) 访问根结点 F (3) 遍历 F 的左子树	<table><tr><td></td></tr><tr><td>100 0</td></tr></table>	
出栈：100 0 访问结点 F 栈空,算法结束	<table><tr><td></td></tr><tr><td></td></tr></table>	BDAECF

栈的数据元素类型定义为：

```
typedef struct
{
    BiTree ptr;                    //指向根结点的指针
    int task;                      //任务性质,1表示遍历,0表示访问
} ElemType;
```

栈的类型定义为：

```
#define StackMax 20
typedef struct
{
    ElemType data[StackMax];
    int top;
} SqStack;
```

基于任务分析的非递归的中序遍历算法如下：

【算法 5.4】

```
void InOrder_iter( BiTree T)
{   //利用栈实现中序遍历二叉树,BT 为指向二叉树的根结点的头指针
    InitStack(S);
    e.ptr=T;e.task=1;                      //e 是一个结构体变量
    if(T)Push(S,e);                        //布置初始任务
    while(!StackEmpty(S))                  //中序
    {
        Pop(S,e);                          //每次处理一项任务
        if (e.task==0) printf(e.ptr->data);   //e.task==0 处理访问任务
        else                               //e.task==1 处理遍历任务
        {
            p=e.ptr;
            e.ptr=p->rchild;
            if(e.ptr)Push(S,e);            //遍历右子树
            e.ptr=p;
            e.task=0;
            Push(S,e);                     //访问根结点
            e.ptr=p->lchild;
            e.task=1;
            if(e.ptr)Push(S,e);            //遍历左子树
        }                                  //else
    }                                      //while
}                                          //InOrder_iter
```

先序遍历和后序遍历非递归算法只需调整三个子任务的进栈顺序即可。请读者自行完成。

3．基于搜索路径分析的二叉树遍历算法的非递归实现

路径分析法是根据遍历的路线从根结点开始沿左子树深入下去,当深入到最左端,无法再深入下去时,则返回,逐一进入刚才深入时遇到结点的右子树,再进行如此的深入和返回,直到最后从根结点的右子树返回到根结点为止。先序遍历是在深入时遇到结点就访问(第 1 次遇到),中序遍历是在从左子树返回时遇到结点访问(第 2 次遇到),后序遍历是在从右子树返回时遇到结点访问(第 3 次遇到)。

在这一过程中,返回结点的顺序与深入结点的顺序相反,即后深入先返回,正好符合栈结构后进先出的特点。因此,可以用栈来实现这一遍历路线。其过程如下。

从根结点出发,在沿左子树深入时,深入一个结点入栈一个结点,若为先序遍历,则在入栈之前访问之;当沿左分支深入不下去时,则返回,即从堆栈中弹出前面压入的结点;若为中序遍历,则访问该结点,然后从该结点的右子树继续深入;若为后序遍历,则将该结点再次入栈,然后从该结点的右子树继续深入,与左子树类同,仍为深入一个结点入栈一个结点,深入不下去再返回,直到第二次从栈里弹出该结点,才访问之。

从前述的遍历过程可知,先序遍历和中序遍历只需用栈记遍历路线上的结点地址即可,而后序遍历取的是第 3 次相遇的结点,在栈中有两次相遇的机会,第 1 次相遇,表明该结点的左子树已经遍历完毕,右子树还没有遍历,此时的结点不能出栈,只有等到右子树遍历完成后,该结点才能出栈并访问。因此,对于后序遍历,除了用栈保存遍历中遇见的结点地址,还需用字符数组同步保存是第几次遇到的。第 1 次遇见的结点,结点地址进栈,标记 L 存入字符数组,遍历左子树;回到根结点,此时是第 2 次遇见根结点,将对应字符数组位置上的标记 L 改为 R,遍历右子树;再回到根结点出栈并访问。

下面重点分析基于路径的非递归后序遍历何时进栈、何时出栈、何时访问结点以及何时修改标记。

进栈:第①次遇见的结点地址进栈,同时将标记 L 进字符数组。

修改标记:第②次遇到的结点,其左子树已经遍历完成,将相应的标记 L 改为 R。

访问:第③次遇到的,其标记为 R 的结点。

出栈:第③次遇到的,其标记为 R 的结点。

以图 5-27 为例,给出路径分析法的后序遍历过程,见表 5-2。

表 5-2　路径分析法非递归后序遍历栈的变化

对栈的主要操作	栈	标记数组	后序遍历结果
遇见根结点 A,A 进栈,标记 L 进数组	600	L	
A 的左子树不空,左子树根结点 B 进栈,标记 L 进数组	500 600	L L	

续表

对栈的主要操作	栈	标记数组	后序遍历结果
B 的左子树为空,将栈顶结点 B 的标识改为 R	500 600	R L	
B 的右子树不为空,右子树根结点 D 进栈,标记 L 进数组	300 500 600	L R L	
D 的左子树为空,将栈顶结点 D 的标识改为 R	300 500 600	R R L	
D 的右子树为空,栈顶结点 D 出栈,访问结点 D	500 600	R L	D
栈顶结点 B 出栈,访问结点 B	600	L	DB
将栈顶结点 A 的标识改为 R	600	R	
栈顶结点 A 的右子树不为空,右子树根结点 C 进栈,标记 L 进数组	400 600	L R	
C 的左子树不为空,将左子树根 E 进栈,标记 L 进数组	200 400 600	L L R	
E 的左子树为空,将栈顶结点 E 的标识改为 R	200 400 600	R L R	

续表

对栈的主要操作	栈	标记数组	后序遍历结果
E 的右子树为空,栈顶结点 E 出栈,访问结点 E	400 600	L R	DBE
将栈顶结点 D 的标识改为 R	400 600	R R	
栈顶结点 D 的右子树不为空,右子树根结点 F 进栈,标记 L 进数组	100 400 600	L R R	
F 的左子树为空,将栈顶结点 F 的标识改为 R	100 400 600	R R R	
F 的右子树为空,栈顶结点 F 出栈,访问结点 F	400 600	R R	DBEF
栈顶结点 C 出栈,访问结点 C	600	R	DBEFC
栈顶结点 A 出栈,访问结点 A,栈空,算法结束			DBEFCA

基于路径分析的非递归的后序遍历算法如下:

【算法 5.5】

```
void NrPostorder(BiTree T)
{ /*基于路径的非递归后序遍历二叉树*/
    SqStack S; InitStack(&S);
    char lrtag[STACK_INIT_SIZE]="";            //标记数组
    BiTree t;
```

```
        t=PriGoFarLeft(T,&S,lrtag);                    //找 T 的最左下的结点
        while(t)
        {
            lrtag[S.top]='R';                          //第 2 次遇到,修改标记
            if (t->rchild)
                t=PriGoFarLeft(t->rchild, &S, lrtag);  //找 t 的右子树最左下的结点
            else
                while(!StackEmpty(S) && lrtag[S.top]=='R')  //第 3 次遇到,出栈,并输出
                {
                    Pop(&S,&t);
                    printf(t->data);
                }
            if(!StackEmpty(S))GetTop(S,&t);
            else t=NULL;
        }                                              //while
}                                                      //Priorder_I
```

其中函数 PriGoFarLeft()是寻找子树最左下方的结点,算法如下:

```
BiTree PriGoFarLeft(BiTree T,SqStack * S,char c[])
{   //找 T 的左下方的结点
    if (!T) return NULL;
    while (T)
    {
        Push(S, T);
        c[S->top]='L';                                 //第 1 次遇到,进栈
        if(T->lchild==NULL) break;
        T=T->lchild;
    }
    return T;
}
```

基于路径分析的非递归先序算法的进栈、出栈和访问如下:

访问: 第①次遇见的结点。

进栈: 第①次遇见的结点。

出栈: 第②次遇见的结点,其左子树遍历已经完成。

基于路径分析的非递归的先序遍历算法如下:

【算法 5.6】

```
void NrPreOrder(BiTree T)
{   /* 基于路径的非递归先序遍历二叉树 */
    BiTree p; SqStack S; InitStack(&S,20);
    if (T==NULL) return;
    p=T;
    while(p!=NULL||!StackEmpty(S))
```

```
{
    while(p!=NULL)                          //遍历子树
    {
        printf(p->data);                    /* 输出第①次遇到的结点的数据域 */
        Push(&S,p);                         /* 第①次遇见的结点地址进栈 */
        p=p->lchild;                        /* 指针 p 指向 p 的左孩子 */
    }
    if (StackEmpty(S)) return;              /* 栈空时结束 */
    else
    {
        Pop(&S,&p);                         /* 第②次遇到的结点出栈 */
        p=p->rchild;                        /* 指针 p 指向 p 的右孩子结点 */
    }
}
printf("\n");
}
```

基于路径分析的非递归中序算法的进栈、出栈和访问如下：

进栈：第①次遇到的结点。

出栈：遍历完左子树之后，第②次遇到的结点。

访问：遍历完左子树之后，第②次遇到的结点。

基于路径分析的非递归中序算法只需将算法 5.6 中的访问结点移到遍历左子树的循环之后即可。

4. 层次遍历

从二叉树的根结点出发，按从上至下、从左至右依序访问每一个结点。见图 5-28，图中的数字表示结点地址。

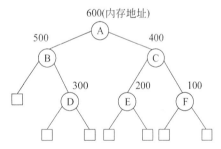

从图 5-28 中可以看出，层次遍历的特点是双亲结点的访问顺序先于孩子结点，先访问的双亲结点，其孩子结点的访问顺序也先于其他双亲的孩子结点。这些结点的保存和被访问的顺序正好符合先进先出的特点，为此可以用一个队列保存要访问的每一个结点的指针。层次遍历过程中的队列变化见表 5-3。

图 5-28　二叉树的层次遍历示意图

表 5-3　层次遍历过程中的队列变化

操　　作	队　　列			层次遍历的结果
结点 A 的地址进队列	**队头** 600			
结点 A 出队列,访问 A 结点 B 的地址进队列 结点 C 的地址进队列		500	400	A

操　　作	队　　列				层次遍历的结果
结点 B 出队列,访问 B 结点 D 的地址进队列			400	300	AB
结点 C 出队列,访问 C 结点 E 的地址进队列 结点 F 的地址进队列	200	100		300	ABC
结点 D 出队列, 访问 D	200	100			ABCD
结点 E 出队列,访问 E					ABCDE
结点 F 出队列,访问 F					ABCDEF
队空,算法结束	队空				

层次遍历算法如下:

【算法 5.7】

```
void layer(BiTree bt)
{
    InitQueue(Q);                              //初始化队列
    if (bt) EnQueue(Q,bt);                     //进队列
    while(!QueueEmpty(Q))
    {
        p=DeQueue(Q);                          //出队列
        printf(p->data);                       //访问结点
        if (p->lchild) EnQueue(Q,p->lchild);   //左子树根进队列
        if (p->rchild) EnQueue(Q,p->rchild);   //右子树根进队列
    }                                          //while
}                                              //layer
```

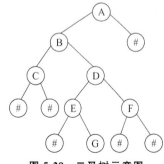

图 5-29　二叉树示意图

5. 创建二叉树的二叉链表存储结构

（1）以"根左子树右子树"的字符串形式读入结点值的递归算法

按先序遍历顺序（空结点以♯表示）读入每个结点值建立二叉链表。

如图 5-29 所示的二叉树,可按先序遍历顺序读入字符串：ABC♯♯DE♯G♯♯F♯♯♯

递归创建过程如表 5-4 所示。

表 5-4　二叉链表的创建过程

输入先序序列	二叉链表的递归创建过程	输入先序序列	二叉链表的递归创建过程
读入：A 创建根结点		读入：♯ 置 E 的左子 树为空	
读入：B 创建 A 的左 子树			
读入：C 创建 B 的左 子树		读入：G 创建 E 的右 子树	
读入：♯ 置 C 的左子 树为空			
读入：♯ 置 C 的右子 树为空		读入：♯ 置 G 的左子 树为空	
读入：D 创建 B 的右 子树			
读入：E 创建 D 的左 子树		读入：♯ 置 G 的右子 树为空	

续表

输入先序序列	二叉链表的递归创建过程	输入先序序列	二叉链表的递归创建过程
读入：F 创建 D 的右 子树		读入：# 置 F 的右子 树为空	
读入：# 置 F 的左子 树为空		读入：# 置 A 的右子 树为空	

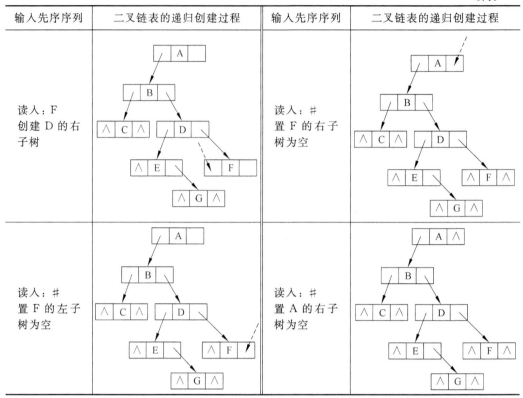

以字符串"根左子树右子树"形式创建二叉链表的算法如下：

【算法 5.8】

```
void crt_tree(BiTree * T)
{
    scanf("%c",&ch);
    if (ch=='#') * T=NULL;
    else
    {
        * T=(BiTree)malloc(sizeof(BiTNode));          //创建根结点
        (* T)->data=ch;
        crt_tree(&(* T)->lchild);                     //创建左子树
        crt_tree(&(* T)->rchild);                     //创建右子树
    }                                                 //else
}
```

（2）读入边创建二叉链表的非递归算法

根据层次遍历，按从上到下、从左到右的顺序依次输入二叉树的边（区分左右分支）。即读入边的信息（father,child,lrflag），其中 father 表示父结点，child 表示孩子结点，lrflag 表示是左孩子还是右孩子，来建立二叉树的二叉链表。该算法需要一个队列保存已建好的结点的指针。

算法核心:

①　每读一条边,生成孩子结点,并作为叶子结点;之后将该结点的指针保存在队列中。

②　从队头找该结点的双亲结点指针。如果队头不是,出队列,直至队头是该结点的双亲结点指针。再按 lrflag 值建立双亲结点的左右孩子关系。

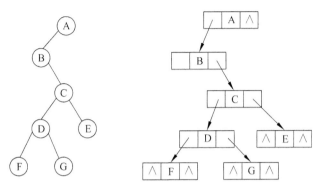

图 5-30　二叉树及对应的二叉链表

如图 5-30 所示的二叉树及对应的二叉链表,创建过程如表 5-5 所示。

表 5-5　读边创建二叉链表

读入边信息	队列(结点的地址)	二 叉 链 表
读入(♯,A,0) 创建根结点 A 根结点 A 的地址进队列	20	20 ∧ A ∧
读入(A,B,0) 创建 A 结点左子树根 B 结点 B 结点的地址进队列	20 40	20 ∧ A ∧ 40 ∧ B ∧
读入(B,C,1) A 不是 C 的双亲,A 的地址出 队列创建 B 结点的右子树根 C 结点 C 结点的地址进队列	40 50	20 ∧ A ∧ 40 ∧ B 50 ∧ C ∧
读入(C,D,0) B 不是 D 的双亲,B 的地址出 队列创建 C 结点的左子树根 D 结点 D 结点的地址进队列	50 80	20 ∧ A ∧ 40 ∧ B C ∧ 80 ∧ D ∧

读入边信息	队列(结点的地址)	二 叉 链 表
读入(C,E,1) 创建 C 结点的右子树根 E 结点 E 结点的地址进队列	50 80 70	
读入(D,F,0) C 不是 F 的双亲,C 的地址出 队列创建 D 结点的左子树根 F 结点 F 结点的地址进队列	80 70 90	
读入(D,G,1) 创建 D 结点的右子树根 G 结点 G 结点的地址进队列	80 70 90 30	
读入(F,♯,0) D 的地址出队列 E 的地址出队列 F 的地址出队列 G 的地址出队列 队空,算法结束	队空	

读边创建二叉树的算法如下:

【算法 5.9】

```
void Creat_BiTree(BiTree * T)
{
    InitQueue(Q); * T=NULL;
    scanf(fa, ch, lrflag);
    while (ch!='#')
    {
        p=(BiTree)malloc(sizeof(BiTNode));
        p->data=ch;                          //创建孩子结点
        p->lchild=p->rchild=NULL;            //做成叶子结点
        EnQueue(Q,p);                        //指针入队列
        if (fa=='#') * T=p;                  //建根结点
        else
        {
            s=GetHead(Q);                    //取队列头元素(指针值)
            while (s->data !=fa )
            {
                DeQueue(Q);
                s=GetHead(Q);
            }                                //在队列中找到双亲结点
            if (lrflag==0) s->lchild=p;      //链接左孩子结点
            else   s->rchile=p;              //链接右孩子结点
        }                                    //非根结点的情况
        scanf(fa,ch,lrflag);
    }                                        //end_while
}                                            //Create_BiTree
```

（3）由二叉树的遍历序列确定二叉树

问题：由已知的二叉树的遍历序列，如何确定二叉树？

① 已知二叉树的先序序列和中序序列，可唯一确定一棵二叉树。

若 ABC 是二叉树的先序序列，可画出 5 棵不同的二叉树，见图 5-31。

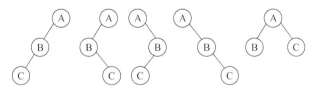

图 5-31　由先序序列确定的二叉树

如果加上二叉树的中序序列，可唯一确定一棵二叉树。

先序序列：**D**　　L　　R

中序序列：L　　**D**　　R

在先序序列中确定根，在中序序列中由根分左右子树。已知一棵二叉树的先序序列

和中序序列,构造该二叉树的过程如下:

- 根据先序序列的第一个元素建立根结点;
- 在中序序列中找到该元素,确定根结点的左右子树的中序序列;
- 在先序序列中确定左右子树的先序序列;
- 由左子树的先序序列和中序序列建立左子树;
- 由右子树的先序序列和中序序列建立右子树。

如一棵二叉树的先序序列为:A B D E C F 中序序列为:D B E A C F。

创建过程见表 5-6。

表 5-6 由先序序列和中序序列确定二叉树

先序序列和中序序列	创　　建	结　　果
创建树根 先序:ABDECF　中序:DBEACF 分析: (1) 先序的第一个结点 A 是树根; (2) 中序序列中 A 的左侧是 A 的左子树的中序序列"DBE", 　　中序 A 的右侧是 A 的右子树的中序序列"CF"; (3) 根据 A 的左右子树的中序序列,从先序序列得到 A 的左 　　子树的先序序列"BDE",A 的右子树的先序序列"CF"	创建根结点 A	(A)
创建 A 的左子树 先序:A BDE CF　中序:DBE ACF 分析: (1) 先序"BDE"的第一个结点 B 是子树根; (2) 中序序列"DBE"中,B 的左侧是 B 的左子树的中序序列 　　"D",B 的右侧是 B 的右子树的中序序列"E"; (3) 根据 B 的左右子树的中序序列,从先序序列"BDE"中得 　　到 B 的左子树的先序序列为"D",B 的右子树的先序序列 　　为"E"	创建结点 A 的 左子树根 B	
创建 B 的左子树 先序:AB D ECF　中序:D BEACF 分析: (1) 先序序列"D"的第一个结点 D 是子树根; (2) 中序序列"D"中,D 的左侧为空,D 的右侧为空,D 是叶子 　　结点	创建结点 B 的 左子树根 D	
创建 B 的右子树 先序:ABD E CF　中序:DB E ACF 分析: (1) 先序序列"E"的第一个结点 E 是子树根; (2) 中序序列"E"中,E 的左侧为空,E 的右侧为空,E 是叶子 　　结点	创建结点 B 的 右子树根 E	

续表

先序序列和中序序列	创　建	结　果
创建 A 的右子树 先序：ABDF CF　　中序：DBFA CF 分析： (1) 先序序列"CF"的第一个结点 C 是子树根； (2) 中序序列"CF"中，C 的左侧为空，C 的右侧是 C 的子树的中序序列"F"； (3) 根据 C 的右子树的中序序列"F"，从先序序列"CF"得到 C 的右子树的先序序列"F"	创建根结点 A 的右子树根 C	
创建 C 的右子树 先序：ABDEC F　　中序：DBEAC F 分析： (1) 先序序列"F"的第一个结点 F 是子树根； (2) 中序序列"F"中，F 的左右侧为空，F 是叶子结点	创建根结点 C 的右子树根 F	

以先序和中序序列确定二叉树的算法如下：

【算法 5.10】

```
void CrtBT(BiTree * T, char pre[], char ino[], int ps, int is, int n )
{
    //pre[ps..ps+n-1]为二叉树的先序序列,n 是序列字符个数
    //ino[is..is+n-1]为二叉树的中序序列
    //ps 是先序序列的第一个字符的位置,初值为 0
    //is 是中序序列的第一个字符的位置,初值为 0
    if (n==0) * T=NULL;
    else
    //在中序序列中查询根,k 为-1,没有找到,否则 k 为根在中序序列中的位置
    {
        k=Search(ino, pre[ps]);
        if (k==-1) * T=NULL;
        else
        {
            if (!(* T=(BiTree) malloct(sizeof(BiTNode))))exit(0);
            (* T)->data=pre[ps];                      //建立根结点
            if (k==is) (* T)->lchild=NULL;            //没有左子树
            else CrtBT(&(* T)->lchild, pre, ino, ps+ 1, is, k-is );   //创建左子树
            if (k==is+ n-1) (* T)->rchild=NULL;       //没有右子树
            else CrtBT(&(* T)->rchild,pre,ino,ps+1+(k-is),k+1,n-(k-is)-1);
                                                       //创建右子树
        }
    }
}                                                     //CrtBT
```

② 由二叉树的后序序列和中序序列能确定唯一的一棵二叉树。

由二叉树后序序列和中序序列确定二叉树的方法与由先序序列和中序序列确定二叉树的方法一样,在此不再详细介绍,请读者自行完成。

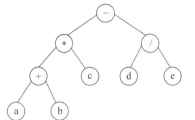

图 5-32　表达式二叉树

③ 由先序序列和后序序列不能唯一确定一棵二叉树。

(4) 由原表达式创建表达式二叉链表

假设已知原表达式为:(a+b) * c - d/e,它对应的表达式二叉树见图 5-32。

表达式二叉树的特点是:

① 所有的叶子结点均为操作数;

② 所有的分支结点均为运算符,左子树的计算结果是分支结点运算符的第一个操作数,右子树的计算结果是分支结点运算符的第二个操作数;

③ 表达式值的计算顺序按后序遍历的顺序进行。

图 5-32 对应的表达式二叉树的计算顺序为:

① a $\boxed{+}$ b　　② (a+b) $\boxed{*}$ c　　③ d $\boxed{/}$ e　　④ (a+b) * c $\boxed{-}$ d/e

表达式二叉树的创建过程与第 3 章的由原表达式直接计算表达式值类似。需要两个栈,一个用于存放运算符,另一个用于存放子树根结点的地址。创建过程见表 5-7。

表 5-7　表达式二叉树的创建过程

原表达式:(a+b) * c−d/e♯	栈	表达式二叉树
初始化	运算符栈:♯ 子树栈:	
读取'(',进运算符栈	运算符栈:♯(子树栈:	
读取 a,创建叶子结点,结点地址 80 进子树栈	运算符栈:♯(子树栈:80	ⓐ80
读取'+',进运算符栈	运算符栈:♯(+ 子树栈:80	ⓐ80
读取 b,创建叶子结点,结点地址 90 进子树栈	运算符栈:♯(+ 子树栈:80 90	ⓐ80　ⓑ90
读取')',运算符栈'+'出栈,创建新结点,连续从子树栈出栈两个结点的地址,依次为新结点的右子树和左子树,将新结点的地址 40 进子树栈	运算符栈:♯(子树栈:40	40 ⊕ ⓐ80　ⓑ90
运算符栈的'('出栈	运算符栈:♯ 子树栈:40	
读取' * ',进运算符栈	运算符栈:♯ * 子树栈:40	
读取 c,创建叶子结点,结点地址 50 进子树栈	运算符栈:♯ * 子树栈:40 50	40 ⊕　　50 ⓒ ⓐ80　ⓑ90

续表

原表达式：(a+b)*c-d/e♯	栈	表达式二叉树
读取'-'，运算符栈的'*'出栈，创建新结点，连续从子树栈取两个结点的地址，依次为新结点的右子树和左子树，将新结点的地址 20 进子树栈，-进运算符栈	运算符栈：♯- 子树栈：20	
读取 d，创建叶子结点，结点的地址 60 进子树栈	运算符栈：♯- 子树栈：20 60	
读取'/'，进运算符栈	运算符栈：♯-/ 子树栈：20 60	
读取 e，创建叶子结点，结点的地址 70 进子树栈	运算符栈：♯-/ 子树栈：20 60 70	
读取'♯'，运算符栈的'/'出栈，创建新结点，连续从子树栈取两个结点的地址，依次为新结点的右子树和左子树，将新结点的地址 30 进子树栈	运算符栈：♯- 子树栈：20 30	
运算符栈的'-'出栈，创建新结点，连续从子树栈取两个结点的地址，依次为新结点的右子树和左子树，将新结点的地址 10 进子树栈	运算符栈：♯ 子树栈：10	
运算符栈顶为'♯'，子树栈出栈，即为二叉树的根结点地址，结束		

创建表达式二叉树的算法如下：

【算法 5.11】

```
//数据类型描述
typedef struct node
{
    char data;
    struct node * lchild, * rchild;
```

```
}BiTNode, * BiTree;
typedef struct
{
    char * base;
    int top;
    int stacksize;
}SqCharStack;                              //运算符栈类型
typedef struct
{
    BiTree * base;
    int top;
    int stacksize;
}SubTreeStack;                             //子树栈类型
void CrtExptree(BiTree * T, char exp[] )
{
    SubTreeStack PTR;                      //PTR 是子树栈
    SqCharStack PND;                       //PND 是运算符栈
    creat_CharStack_exp(&PND); pushChar(&PND, '#');
    creat_SubtreeStack_exp(&PTR);
    char * p=exp; char ch,c; ch= * p;
    while ((c=getChar_Top(PND))!='#'|| ch!='#')
    {
        if (!IN(ch)) CrtNode( T, &PTR, ch );    //ch 不是运算符,建叶子结点并入 PTR 栈
        else
        {
            switch (ch)                          //ch 是运算符
            {
                case '(':  pushChar(&PND, ch); break;
                case ')':  popChar(&PND, &c);
                        while (c!='(')
                        {
                            CrtSubtree(T, &PTR,c);       //建二叉树并入 PTR 栈
                            popChar(&PND, &c);
                        }
                        break;
                default:                              //其他运算符
                        while((c=getChar_Top(PND))!='#' && precede(c,ch))
                        {        //当栈顶运算符不是＃号且优先级高于表达式中的当
                                 //前运算符,则取栈顶的运算符建子树,再出栈
                            CrtSubtree( T, &PTR, c);
                            popChar(&PND, &c);
                        }
                        if ( ch!='#') pushChar(&PND, ch);
            }                                         //switch
        }                                             //else
        if ( ch!='#') { p++; ch= * p; }
```

```
    }                                                       //while
    popSubtree(&PTR, T);                                    //将二叉树的根地址出栈
}                                                           //CrtExptree
```

其中创建叶了结点的函数 CrtNode( )和创建子树的函数 CrtSubtree()如下：

```
void CrtNode(BiTree * T, SubTreeStack * PTR,char ch)
{                                                           //建叶子结点并入 PTR 栈
    if (!(* T=(BiTree)malloc(sizeof(BiTNode)))) exit(0);
    (* T)->data=ch;
    (* T)->lchild=(* T)->rchild=NULL;
    pushSubtree( PTR, * T );
}
void CrtSubtree (BiTree * T, SubTreeStack * PTR, char c)
{                                                           //建子树并入 PTR 栈
    BiTree lc,rc;
    if (!(* T=(BiTree)malloc(sizeof(BiTNode)))) exit(0);
    (* T)->data=c;
    popSubtree(PTR, &rc);
    (* T)->rchild=rc;
    popSubtree(PTR, &lc);
    (* T)->lchild=lc;
    pushSubtree(PTR, * T);
}
```

6. 二叉树遍历算法的应用

由于二叉树的遍历算法可以对每一个结点访问一次，因此二叉树的很多应用可以基于二叉树遍历算法的框架，将访问结点的操作改为其他的操作，完成应用的要求。

例 5-1：求二叉树的深度。

【分析】　基于二叉树的后序遍历，若二叉树为空，则它的深度为 0，否则，求左子树和右子树的最大深度加 1。

求二叉树深度的算法如下：
【算法 5.12】

```
int depth(BiTree T)
{
    if (T==NULL) return(0);
    else
    {
        depl=depth(T->lchild);                              //左子树深度
        depr=depth(T->rchild);                              //右子树深度
        if(depl>depr) return(depl+1);
        else return(depr+1);
```

```
        }
    }                                                    //depth
```

思考：上述算法可否改为基于二叉树的前序和中序遍历完成。

例 5-2：求二叉树的叶子结点数。

> 【分析】 基于二叉树的中序遍历，若二叉树为空，则它的叶子结点数为 0，否则，判断每一个结点是否为叶子结点，如是计数器加 1。

求二叉树的叶子结点数的算法如下：

【算法 5.13】

```
void leafcount(BiTree T,int * count)
{
    if (T==NULL) return;
    else
    {
        leafcount (T->lchild,count);
        if(T->lchild==NULL&& T->rchild==NULL)(* count)++;
        leafcount (T->rchild,count);
    }
}                                                    //depth
```

思考：上述算法可否改为基于二叉树的前序和后序遍历完成。

将上述算法中的判断叶子结点的条件去掉，即可得到二叉树的总结点数。

例 5-3：以凹入表的形式显示二叉树（见图 5-33）。

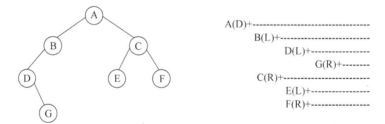

图 5-33　凹入表的形式显示二叉树

为了更清楚地展示二叉树，以线段的长短表示结点所在的层，并标注左右子树。

> 【分析】 基于二叉树的先序遍历，对每一个结点由所在的层确定线段的长短。

以凹入表的形式显示二叉树的算法如下：

【算法 5.14】

```
void dispBitree(BiTree T, int level,char c)
{
    int i,k;
```

```
if(T)
{
    for(i=1;i< level;i++)putchar(' ');
    printf("%c(%c)+",T->c,c);                  //显示结点和标注
    for(k=i+4;k<20;k++)putchar('-');
    putchar('\n');
    dispBitree(T->lchild,level+2,'L');
    dispBitree(T->rchild,level+2,'R');
}
}
```

其中 level 为二叉树的层次,c 为树根的标志。

例 5-4:求二叉树任一结点的祖先。

【分析】 求二叉树任一结点的祖先,可以用栈记住该结点的祖先。为了保证当访问到指定结点时,栈中保存的结点就是指定结点的祖先,用二叉树后序遍历的非递归算法,将原算法中的访问结点,加上条件判断,如果是指定的结点,输出栈中的所有结点。

求二叉树任一结点的祖先的算法如下:

【算法 5. 15】

```
void Search_Priorder_I(BiTree T,DataType x)
{   //基于"路径"分析方法进行后序遍历,一旦找到,停止遍历
    SqStack S; InitStack(&S);
    char lrtag[STACK_INIT_SIZE]="";                     //标记数组
    BiTree t;
    t=PriGoFarLeft(T, &S, lrtag);                       //找到最左下的结点
    while(t && t->data!=x)
    {
        lrtag[S.top]='R';                               //第 2 次遇到
        if (t->rchild) t=PriGoFarLeft(t->rchild, &S, lrtag);
        else
            while(!StackEmpty(S) && lrtag[S.top]=='R')  //第 3 次遇到,出栈
            {
                GetTop(S,&t);
                if(t->data==x){printStack(S); return;}   //找到,输出栈中的元素,结束
                Pop(&S,&t);
            }
            if(!StackEmpty(S))GetTop(S,&t);
            else    t=NULL;
    }                                                    //while
}                                                        //Priorder_I
```

其中函数 printStack()的功能是输出栈中的全部元素。

5.3.6　案例实现：基于表达式二叉树的动态表达式计算

在很多应用系统中，涉及到依据数学模型进行相关的计算，但是数学模型中的操作数往往是变量，每次计算，这些变量可能取不同的值或需用更好的数学模型替代原有的数学模型。这就需要应用系统提供动态表达式计算。下面给出动态表达式的解决方案。

约定原表达式的操作对象用单字母表示，核心算法有两个，一个是根据原表达式创建表达式二叉树(见算法 5.11)；另一个是根据表达式二叉树按后序遍历依次输入变量的值，即可求出表达式的值，算法如下：

【算法 5.16】

```
double culexp(BiTree T)
{
    double result,a,b;
    if(T)
    {
        if(!IN(T->data))                               //操作对象的处理
        {
            printf("请输入变量%c的值:",T->data);
            scanf("%lf",&result); return result;
        }
        a=culexp(T->lchild); b=culexp(T->rchild);
        switch(T->data)
        {
            case '+': return a+b;
            case '-': return a-b;
            case '*': return a*b;
            case '/': if(b!=0)return a/b;
                      else {printf("分母为 0!\n");exit(0);}
        }                                              //switch
    }                                                  //if
}
```

5.4　线索二叉树

前面介绍的二叉树的遍历算法可分为两类，一类是依据二叉树结构的递归性，采用递归调用的方式来实现；另一类则是通过堆栈或队列来辅助实现。采用这两类方法对二叉树进行遍历时，递归调用、栈和队列的使用都带来额外空间的增加。

还有一种二叉树的遍历算法是利用具有 n 个结点的二叉树中的叶子结点和度为 1 的结点的 n＋1 个空指针域，来存放线索，然后在这种具有线索的二叉树上遍历时，既不需要递归也不需要栈。

5.4.1　线索二叉树的定义

1. 线索二叉树的定义

按照某种遍历方式对二叉树进行遍历,可以把二叉树中所有结点排列为一个线性序列。但是,二叉树中每个结点在这个序列中的直接前驱结点和直接后继结点是什么,在二叉树的存储结构中并没有反映出来,只能在对二叉树遍历的过程中得到这些信息。为了保留结点在某种遍历序列中的直接前驱和直接后继的位置信息,可以利用二叉树的二叉链表存储结构中的空指针域来指示。这些指向直接前驱结点和指向直接后继结点的指针被称为线索(thread),加了线索的二叉树称为线索二叉树。

线索二叉树将为二叉树的遍历提供另一类的遍历算法。

2. 线索二叉树的结构

一个具有 n 个结点的二叉树若采用二叉链表存储结构,在 2n 个指针域中只有 n−1 个指针域是用来存储结点孩子的地址,而另外 n+1 个指针域存放的都是 NULL。因此,可以利用某结点空的左指针域(lchild)存放该结点在某种遍历序列中的直接前驱结点的存储地址,利用结点空的右指针域(rchild)存放该结点在某种遍历序列中的直接后继结点的存储地址;对于那些非空的指针域,则仍然存放指向该结点左、右孩子的指针。这样,就得到了一棵线索二叉树。

由于遍历序列可由不同的遍历方法得到,因此,线索二叉树有先序线索二叉树、中序线索二叉树和后序线索二叉树三种。把二叉树的 n+1 个空指针域置为线索的过程称为线索化。

对二叉树进行线索化,可以得到先序线索二叉树、中序线索二叉树和后序线索二叉树分别如图 5-34(a)、(b)、(c)、(d)所示。图中实线表示指针,虚线表示线索。

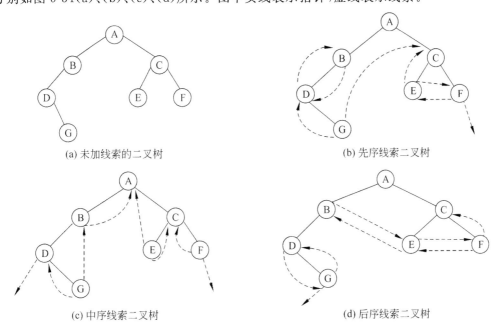

(a) 未加线索的二叉树　　　　(b) 先序线索二叉树

(c) 中序线索二叉树　　　　(d) 后序线索二叉树

图 5-34　线索二叉树

下面的问题是,在存储中如何区别某结点的指针域内存放的是指针还是线索? 通常采用下面的方法来实现。

为每个结点增设两个标志位域 ltag 和 rtag,令:

$$ltag = \begin{cases} 0 & lchild \text{ 指向结点的左孩子} \\ 1 & lchild \text{ 指向结点的前驱结点} \end{cases}$$

$$rtag = \begin{cases} 0 & rchild \text{ 指向结点的右孩子} \\ 1 & rchild \text{ 指向结点的后继结点} \end{cases}$$

结点的结构为:

lchild	ltag	data	rtag	rchild

为了将二叉树中所有空指针域都利用上,并方便判断遍历操作何时结束,在存储线索二叉树时增设一个头结点,其结构与其他线索二叉树的结点结构一样,只是其数据域不存放信息。初始化使其左指针域指向二叉树的根结点,右指针域指向自己。线索化完成后,让头结点的右指针域指向某序遍历下的最后一个结点。而原二叉树在某序遍历下的第一个结点的前驱线索和最后一个结点的后继线索都指向该头结点。

图 5-35 给出了图 5-34(c)所示的中序线索树的完整的线索树存储。

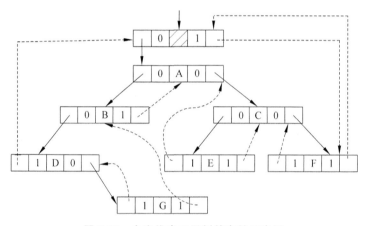

图 5-35　中序线索二叉树的存储示意图

5.4.2　线索二叉树的基本操作实现

在线索二叉树中,结点的结构定义为如下形式:

```
typedef char ElemType;
typedef struct BiThrNode
{
    int ltag;
    struct BiThrNode * lchild;
    ElemType data;
    int rtag;
```

```
    struct BiThrNode * rchild;
} BiThrNodeType, * BiThrTree;
```

下面以中序线索二叉树为例,讨论线索二叉树的建立、线索二叉树的遍历以及在线索二叉树上查找前驱结点、查找后继结点、插入结点和删除结点等操作的实现算法。

1. 建立一棵中序线索二叉树

建立线索二叉树,或者说对二叉树线索化,实质上就是遍历一棵二叉树。在遍历过程中,将访问结点的操作改为检查当前结点的左、右指针域是否为空,如果为空,将它们置为指向前驱结点或后继结点的线索。为了实现这一过程,设指针 pre 始终指向刚刚访问过的结点,即若指针 p 指向当前结点,则 pre 指向它的前驱,以便增设线索。

另外,在对一棵二叉树加线索时,必须首先申请一个头结点,建立头结点与二叉树的根结点的指向关系。对二叉树线索化后,还需建立最后一个结点与头结点之间的线索。下面是建立中序线索二叉树的递归算法。

基于中序遍历进行中序线索化算法如下:

【算法 5.17】

```
void InThreading(BiThrTree p,BiThrTree * pre)
{
    if (p)
    {
        InThreading(p->lchild,pre);              /* 左子树线索化 */
        if (!p->lchild)                          /* 前驱线索 */
        {
            p->ltag=1;
            p->lchild= * pre;
        }
        else p->ltag=0;
        if (!( * pre)->rchild)                   /* 后继线索 */
        {
            ( * pre)->rtag=1;
            ( * pre)->rchild=p;
        }
        else ( * pre)->rtag=0;
         * pre=p;
         InThreading(p->rchild,pre);             /* 右子树线索化 */
    }
}
```

创建一个带头结点的中序线索二叉树的算法如下:

【算法 5.18】

```
int  InOrderThr(BiThrTree * head, BiThrTree T)
{  /* 基于中序遍历二叉树 T,并将其中序线索化, * head 指向头结点 */
/* 申请头结点的空间 */
```

```
        if (!(*head=(BiThrTree)malloc(sizeof(BiThrNodeType))))  return 0;
        (*head)->ltag=0;  (*head)->rtag=1;              /*建立头结点*/
        (*head)->rchild=*head;                          /*右指针回指*/
        BiThrTree pre;
        if (!T) (*head)->lchild=*head;                  /*若二叉树为空,则左指针回指*/
        else
        {
            (*head)->lchild=T;  pre=*head;
            InThreading(T,&pre);                        /*中序遍历进行中序线索化*/
            pre->rchild=*head;  pre->rtag=1;            /*最后一个结点线索化*/
            (*head)->rchild=pre;
        }
        return 1;
    }
```

2. 在中序线索二叉树上查找任意结点的中序前驱结点

对于中序线索二叉树上的任一结点,寻找其中序的前驱结点,有以下两种情况:

(1) 如果该结点的左标志为 1,那么其左指针域所指向的结点便是它的前驱结点;见图 5-34,结点 E 的前驱是 A。

(2) 如果该结点的左标志为 0,表明该结点有左孩子,根据中序遍历的定义,它的前驱结点是以该结点的左孩子为根结点的子树的最右下结点,即沿着其左子树的右指针链向下查找,当某结点的右标志为 1 时,它就是所要找的前驱结点。见图 5-34,结点 A 的前驱是 G。

在中序线索二叉树上寻找结点 p 的中序前驱结点的算法如下:

【算法 5.19】

```
BiThrTree InPreNode(BiThrTree p)
{   /*在中序线索二叉树上寻找结点 p 的中序前驱结点*/
    BiThrTree pre;
    pre=p->lchild;
    if (p->ltag!=1)
        while (pre->rtag==0) pre=pre->rchild;
    return(pre);
}
```

3. 在中序线索二叉树上查找任意结点的中序后继结点

对于中序线索二叉树上的任一结点,寻找其中序的后继结点,有以下两种情况:

(1) 如果该结点的右标志为 1,那么其右指针域所指向的结点便是它的后继结点;见图 5-34,结点 E 的后继是 C。

(2) 如果该结点的右标志为 0,表明该结点有右孩子,根据中序遍历的定义,它的后继结点是以该结点的右孩子为根结点的子树的最左下结点,即沿着其右子树的左指针链向下查找,当某结点的左标志为 1 时,它就是所要找的后继结点。见图 5-34,结点 A 的后继是 E。

在中序线索二叉树上寻找结点 p 的中序后继结点的算法如下:

【算法 5. 20】

```
BiThrTree InPostNode(BiThrTree p)
{  /* 在中序线索二叉树上寻找结点 p 的中序后继结点 */
    BiThrTree post=p->rchild;
    if (p->rtag!=1)
        while (post->rtag==0) post=post->lchild;
    return(post);
}
```

以上给出的仅是在中序线索二叉树中寻找某结点的前驱结点和后继结点的算法。在前序线索二叉树中寻找结点的后继结点,以及在后序线索二叉树中寻找结点的前驱结点可以采用同样的方法分析和实现。在此就不再讨论了。

4. 在中序线索二叉树上查找任意结点在先序下的后继

若一个结点是某子树在中序下的最后一个结点,则它必是该子树在先序下的最后一个结点。下面讨论在中序线索二叉树上查找某结点在先序下后继结点的情况。设指向此某结点的指针为 p。

(1) 若待确定先序后继的结点为分支结点,则又有两种情况:

① 当 p—>ltag=0 时,p—>lchild 为 p 在先序下的后继;

② 当 p—>ltag=1 时,p—>rchild 为 p 在先序下的后继。

(2) 若待确定先序后继的结点为叶子结点,则也有两种情况:

① 若 p—>rchild 是头结点,则遍历结束;

② 若 p—>rchild 不是头结点,则 p 结点一定是以 p—>rchild 结点为根的左子树中在中序遍历下的最后一个结点,因此 p 结点也是在该子树中按先序遍历的最后一个结点。此时,若 p—>rchild 结点有右子树,则所找结点在先序下的后继结点的地址为 p—>rchild—>rchild;若 p—>rchild 为线索,则让 p=p—>rchild,反复情况(2)的判定。

在中序线索二叉树上寻找结点 p 的先序后继结点的算法如下:

【算法 5. 21】

```
BiThrTree IPrePostNode(BiThrTree head,BiThrTree p)
{  /* 在中序线索二叉树上寻找结点 p 的先序后继结点,head 为头结点 */
    BiThrTree post;
    if (p->ltag==0) post=p->lchild;
    else
    {
        post=p;
        while (post->rtag==1&&post->rchild!=head) post=post->rchild;
        post=post->rchild;
    }
    return(post);
}
```

5．在中序线索二叉树上查找任意结点在后序下的前驱

若一个结点是某子树在中序下的第一个结点，则它必是该子树在后序下的第一个结点。下面讨论在中序线索二叉树上查找某结点在后序下前驱结点的情况。设指向此某结点的指针为 p。

（1）若待确定后序前驱的结点为分支结点，则又有两种情况：

① 当 p—>ltag＝0 时，p—>lchild 为 p 在后序下的前驱；

② 当 p—>ltag＝1 时，p—>rchild 为 p 在后序下的前驱。

（2）若待确定后序前驱的结点为叶子结点，则也有两种情况：

① 若 p—>lchild 是头结点，则遍历结束；

② 若 p—>lchild 不是头结点，则 p 结点一定是以 p—>lchild 结点为根的右子树中在中序遍历下的第一个结点，因此 p 结点也是在该子树中按后序遍历的第一个结点。此时，若 p—>lchild 结点有左子树，则所找结点在后序下的前驱结点的地址为 p—>lchild—>lchild；若 p—>lchild 为线索，则让 p＝p—>lchild，反复情况（2）的判定。

在中序线索二叉树上寻找结点 p 的后序前驱结点的算法如下：

【算法 5.22】

```
BiThrTree IPostPretNode(BiThrTree head,BiThrTree p)
{   /*在中序线索二叉树上寻找结点 p 的后序前驱结点,head 为头结点*/
    BiThrTree pre;
    if (p->rtag==0) pre=p->rchild;
    else
    {
        pre=p;
        while (pre->ltag==1&& pre->lchild!=head) pre=pre->lchild;
        pre=pre->lchild;
    }
    return(pre);
}
```

6．在中序线索二叉树上查找值为 x 的结点

利用在中序线索二叉树上寻找后继结点和前驱结点的算法，就可以遍历到二叉树的所有结点。例如，先找到按某序遍历的第一个结点，然后再依次查询其后继；或先找到按某序遍历的最后一个结点，然后再依次查询其前驱。这样，既不用栈也不用递归就可以访问到二叉树的所有结点。

在中序线索二叉树上查找值为 x 的结点，实质上就是在线索二叉树上进行遍历，将访问结点的操作写成用结点的值与 x 比较的语句。下面给出其算法：

【算法 5.23】

```
BiThrTree Search (BiThrTree head,elemtype x)
{   /*在以 head 为头结点的中序线索二叉树中查找值为 x 的结点*/
    BiThrTree p=head->lchild;
    while (p->ltag==0&&p! =head) p=p->lchild;
```

```
while(p!=head && p->data!=x) p=InPostNode(p);
if(p==head)
{
    printf("Not Found the data!\n");
    return(0);
}
else  return(p);
}
```

7．在中序线索二叉树上的更新

线索二叉树的更新是指，在线索二叉树中插入一个结点或者删除一个结点。一般情况下，这些操作有可能破坏原来已有的线索，因此，在修改指针时，还需要对线索做相应的修改。这个过程的代价几乎与重新进行线索化相同。这里仅讨论一种比较简单的情况，即在中序线索二叉树中插入一个结点 p，使它成为结点 s 的右孩子。

下面分两种情况来分析：

（1）若 s 的右子树为空，如图 5-36(a)所示，则插入结点 p 之后成为图 5-36(b)所示的情形。在这种情况中，s 的后继将成为 p 的中序后继，s 成为 p 的中序前驱，而 p 成为 s 的右孩子。二叉树中其他部分的指针和线索不发生变化。

（2）若 s 的右子树非空，如图 5-37(a)所示，插入结点 p 之后如图 5-37(b)所示。s 原来的右子树变成 p 的右子树，由于 p 没有左子树，故 s 成为 p 的中序前驱，p 成为 s 的右孩子；又由于 s 原来的后继成为 p 的后继，因此还要将 s 原本指向 s 的后继的左线索，改为指向 p。

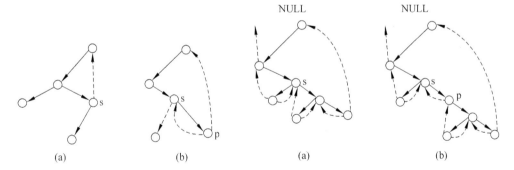

图 5-36　中序线索树更新位置右子树为空　　　图 5-37　中序线索树更新位置右子树不为空

下面给出上述操作的算法。

【算法 5.24】

```
void InsertThrRight(BiThrTree s,BiThrTree p)
{   /*在中序线索二叉树中插入结点 p 使其成为结点 s 的右孩子*/
    BiThrTree w;
    p->rchild=s->rchild;
    p->rtag=s->rtag;
    p->lchild=s;
```

```
        p->ltag=1;                          /*将 s 变为 p 的中序前驱*/
        s->rchild=p;
        s->rtag=0;                          /*p 成为 s 的右孩子*/
        /*当 s 原来右子树不空时,找到 s 的后继 w,变 w 为 p 的后继,p 为 w 的前驱*/
        if(p->rtag==0)
        {
            w=InPostNode(p);
            w->lchild=p;
        }
    }
```

5.4.3　基于中序线索二叉树的遍历算法

由前述可知,线索二叉树的遍历既不需要递归又不需要栈,不仅可以减少系统资源的浪费,又可提高程序的执行效率。

由于前序线索二叉树某结点的直接前驱是该结点的双亲,后序线索二叉树某结点的直接后继也是该结点的双亲,而在结点的结构中没有存放双亲的指针,所以在前序线索二叉树中寻找某个结点的前驱,在后序线索二叉树中寻找某个结点的后继是很困难的,因此,实际应用较多的是中序线索二叉树。

下面给出中序线索二叉树的创建、基于中序线索二叉树的前序、中序和后序(反序)遍历的源程序。

【算法 5.25】

```
#include<stdio.h>
#include <stdlib.h>
//在线索二叉树中,结点的结构定义
typedef char elemtype;
typedef struct BiThrNode
{
    int ltag;
    struct BiThrNode * lchild;
    elemtype data;
    int rtag;
    struct BiThrNode * rchild;
}BiThrNodeType, * BiThrTree;
void  crt_tree(BiThrTree * bt)
{                                           //以根左子树右子树的序列形式创建二叉树
    char ch;  scanf("% c",&ch);
    if (ch=='#') * bt=NULL;
    else
    {
        * bt=(BiThrTree)malloc(sizeof(BiThrNodeType));
        (* bt)->data=ch;
```

```
        crt_tree(&(*bt)->lchild);
        crt_tree(&(*bt)->rchild);
    }                                         //else
}
void InThreading(BiThrTree p,BiThrTree *pre)
{   /*中序遍历进行中序线索化*/
    if (p)
    {
        InThreading(p->lchild,pre);           /*左子树线索化*/
        if (!p->lchild)                       /*前驱线索*/
        {
            p->ltag=1;
            p->lchild=*pre;
        }
        else p->ltag=0;
        if (!(*pre)->rchild)                  /*后继线索*/
        {
            (*pre)->rtag=1;
            (*pre)->rchild=p;
        }
        else (*pre)->rtag=0;
        *pre=p;
        InThreading(p->rchild,pre);           /*右子树线索化*/
    }
}
int  InOrderThr(BiThrTree *head, BiThrTree T)
{   /*中序遍历二叉树 T,并将其中序线索化,*head 指向头结点*/
/*申请头结点的空间*/
    if (!(*head=(BiThrTree)malloc(sizeof(BiThrNodeType))))  return 0;
    (*head)->ltag=0;   (*head)->rtag=1;      /*建立头结点*/
    (*head)->rchild=*head;                   /*右指针回指*/
    BiThrTree pre;
    if(!T) (*head)->lchild=*head;            /*若二叉树为空,则左指针回指*/
    else
    {
        (*head)->lchild=T;   pre=*head;
        InThreading(T,&pre);                 /*中序遍历进行中序线索化*/
        pre->rchild=*head;   pre->rtag=1;    /*最后一个结点线索化*/
        (*head)->rchild=pre;
    }
    return 1;
}
BiThrTree InPostNode(BiThrTree p)
{   /*在中序线索二叉树上寻找结点 p 的中序后继结点*/
```

```
    BiThrTree post;
    post=p->rchild;
    if (p->rtag!=1)
        while (post->rtag==0) post=post->lchild;
    return(post);
}
void ThIoOrder(BiThrTree head)
{ /*在中序线索二叉树上进行中序遍历*/
    BiThrTree p=head->lchild;
    while(p->ltag==0)p=p->lchild;                 //找第1个结点
    while(p!=head)                                //依序找后继结点
    {
        printf("%c",p->data);
        p=InPostNode(p);
    }
}
BiThrTree IPrePostNode(BiThrTree head,BiThrTree p)
{ /*在中序线索二叉树上寻找结点p的先序的后继结点,head为线索树的头结点*/
    BiThrTree post;
    if (p->ltag==0) post=p->lchild;
    else
    {
        post=p;
        while (post->rtag==1&&post->rchild!=head) post=post->rchild;
        post=post->rchild;
    }
    return(post);
}
void ThpreIoOrder(BiThrTree head)
{ /*在中序线索二叉树上进行前序遍历*/
    BiThrTree p=head->lchild;
    while(p!=head)                                //依序找后继结点
    {
        printf("%c",p->data);
        p=IPrePostNode(head,p);
    }
}
BiThrTree IPostPretNode(BiThrTree head,BiThrTree p)
{ /*在中序线索二叉树上寻找结点p的后序的前驱结点,head为线索树的头结点*/
    BiThrTree pre;
    if (p->rtag==0) pre=p->rchild;
    else
    {
        pre=p;
        while (pre->ltag==1&& pre->lchild!=head) pre=pre->lchild;
        pre=pre->lchild;
```

```
    }
    return(pre);
}
void ThpostIoOrder(BiThrTree head)
{   /* 在中序线索二叉树上进行后序遍历的逆序 */
    BiThrTree p=head->lchild;
    while(p!=head)                              //依序找前驱结点
    {
        printf("% c",p->data);
        p=IPostPretNode(head,p);
    }
}
void main()
{
    BiThrTree head,T;
    printf("请按根左子树右子树的顺序输入:");
    crt_tree(&T);
    InOrderThr(&head, T);
    printf("基于中序线索二叉树的中序遍历结果\n");
    ThIoOrder(head); printf("\n");
    printf("基于中序线索二叉树的前序遍历结果\n");
    ThpreIoOrder(head); printf("\n");
    printf("基于中序线索二叉树的后序遍历的反序结果\n");
    ThpostIoOrder(head); printf("\n");
}
```

请读者运行该程序,观察其运行结果。

5.5 树、森林与二叉树的转换及其应用

5.5.1 树、森林与二叉树的转换

任何一棵树都对应一棵二叉树,并且二叉树的右子树必空。若把森林中第二棵树的根结点看成是第一棵树的根结点的兄弟,则可导出森林和二叉树的关系。

1. 树转换成二叉树

树和二叉树之间的对应关系:

(1) 树的兄弟关系对应二叉树的双亲和右孩子的关系;

(2) 树的双亲和长子的关系对应二叉树的双亲和左孩子的关系。

树转换成二叉树的规则如下:

(1) 加线——树中所有相邻兄弟之间加一条连线;

(2) 去线——对树中的每个结点,只保留它与第一个孩子结点之间的连线,删去它与其他孩子结点之间的连线;

(3) 层次调整——以根结点为轴心,将树顺时针转动一定的角度,使之层次分明。

树与二叉树的转换方法,如图 5-38 所示。

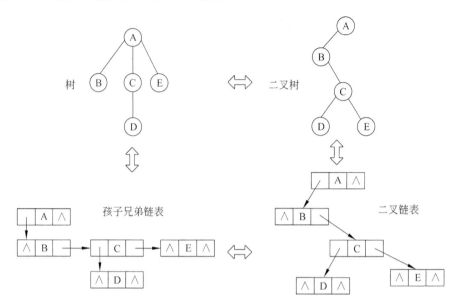

图 5-38 树与二叉树的转换

从图 5-38 中不难看出,树的孩子兄弟链表存储结构等同于树转换为二叉树的二叉链表存储结构。

2. 森林转换成二叉树

(1) 将森林中的每棵树转换为二叉树;

(2) 将第 i+1 棵树作为第 i 棵树的右子树,依次连接成一棵二叉树。

如图 5-39 所示。

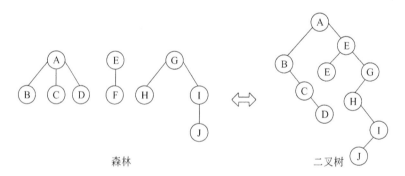

图 5-39 森林转换为二叉树

5.5.2 树的存储结构

1. 双亲表示法(顺序存储)

用一组连续空间存储树的结点,同时在每个结点中附设一个域指示其双亲的位置。双亲表示法数据类型的定义如下:

（1）定义结点的数据类型

```
#define  MAXLEN  100
typedef struct tnode
{
    TElemType data;
    int  parent;
} PNode;
```

其中 TElemType 表示树结点存放的数据元素类型。

（2）定义双亲表示的数据类型

```
typedef  strcut PNode
{
    PNode tree[MAXLEN];
    int n;                      //存放树的结点数
    int r;                      //存放根结点的位置
}PTree;                         //双亲表示的类型
```

树的双亲表示法示例,如图 5-40 所示。

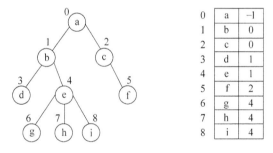

图 5-40 树的双亲表示法示例

树的双亲表示法方便查找结点的双亲,不易查找结点的孩子。想一想,为什么？

2. 孩子链表表示法（链式存储）

（1）由于树中每个结点可有多个孩子,则每个结点按最多孩子的数量设多个指针成员,每个指针指向一个孩子。对于度为 m 的树,结点结构如下：

data	c_1	c_2	c_3	···	c_m

问题 1：会有太多的空指针。

（2）每个结点有几个孩子,就有几个指针。

data	degree	c_1	c_2	···	c_k

问题 2：每个结点的类型不一样。

有效解决上述两个问题的方法是：将每个结点的孩子结点排列起来,连接成一个单链表。n 个结点有 n 个孩子链表,n 个孩子链表的头指针放在表头数组中,称为孩子链表。

对图 5-40 中的树,其孩子链表如图 5-41 所示。由一个存放表头结点(包括结点的值和孩子链表的头指针)的结构体数组和若干个孩子链表组成,孩子链表结点的数据域是孩子结点的编号。

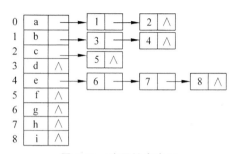

图 5-41　孩子链表表示

孩子链表定义如下:

(1)定义孩子链表上的结点类型

```
typedef  struct CTNode          //表结点定义
{
    int  child;                 //孩子结点在头结点数组中的位置
    sruct CTNode * next;        //下一个孩子的位置
}CTNode, * ChildPtr;            //孩子链表结点的类型和指向孩子链表结点的指针类型
```

(2)定义头结点的数据类型

```
typedef struct                  //头结点定义
{
    TElemType   data;
    ChildPtr    link;           //孩子链表的头指针
} CTbox;                        //表头结点的类型
```

(3)定义孩子链表表示的数据类型

```
#define  MAXLEN  100
typedef  struct
{
    CTbox nodes[MAXLEN];
    int n,r;                    //结点数目和根的位置
} ChildList;                    //孩子链表的类型定义
```

由于树的一个分支是孩子与双亲的关系,所以在创建孩子链表的算法中,可以从上至下从左至右依次输入边的信息,即以(双亲,孩子)的形式输入边,通过双亲找表头结点,再将孩子以尾插方式插入到孩子链表中。

创建孩子链表的算法如下:

【算法 5.26】

```
void createPtree(ChildList * T)
{
    int i,j,k; ChildPtr p,s; char father,child;
    printf("请输入结点数:");
    scanf("% d",&T->n);
    getchar();
    printf("请按层次依次输入% d个结点的值",T->n);
```

```
for(i=0;i< T->n;i++)
{
    scanf(&T->nodes [i].data);
    T->nodes[i].link=NULL;
}
getchar();
T->r=0;
printf("请按格式(双亲,孩子)输入%d分支(从上至下,从左至右):\n",T->n-1);
for(i=1;i< =T->n-1;i++)
{
    scanf(&father,&child); getchar();
    for(j=0;j< T->n;j++)                    //找父结点的位置
        if(father==T->nodes [j].data)break;
    if(j>=T->n)
    {
        printf("输入的数据有错!\n");return;
    }
    for(k=0;k< T->n;k++)                    //找孩子结点的位置
        if(child==T->nodes [k].data)break;
    if(k>=T->n)
    {
        printf("输入的数据有错!\n");return;}
                                            //用尾插法插入孩子结点
    p=T->nodes [j]. link;
    if(p==NULL)
    {
        s=(ChildPtr)malloc(sizeof(CTNode));
        s->child=k; s->next=NULL;
        T->nodes[j].link=s;
    }
    else
    {
        while(p->next) p=p->next;
        s=(ChildPtr)malloc(sizeof(CTNode));
        s->child=k;
        s->next=NULL;
        p->next=s;
    }
}
}
```

孩子链表表示法方便查询结点的孩子,不易查找结点的双亲。为了表示每个结点的双亲,可采用带双亲的孩子链表:将双亲表示法和孩子表示法结合起来,如图 5-42 所示。

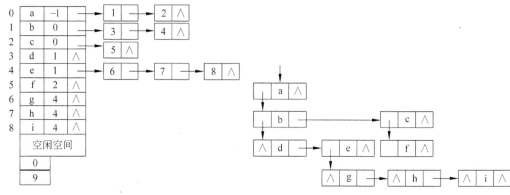

图 5-42   双亲表示和孩子链表的结合   图 5-43   二叉链表

3. 孩子兄弟链表表示法

由于树可以转换为唯一的一棵没有右子树的二叉树,所以可以用二叉链表作树的存储结构。结点中的两个左右指针分别指向该结点的第一个孩子和该结点的下一个兄弟。

结点的结构类型为:

fch	data	nsib

数据类型定义为:

```
typedef  struct CSNode
{
    TElemType  data;
    struct CSNode  * fch, * nsib;
} CSNode, * CSTree;
```

对图 5-40 的树,其二叉链表如图 5-43 所示。

孩子兄弟链表表示法的实现,可参照二叉树的输入边创建二叉链表的算法 5.9,输入边的格式为(father,child),与父结点建立链接关系时,首次出现的孩子结点作为第一个孩子,链接为父结点的第一个孩子结点,其他孩子结点依序链接为第一个孩子的兄弟结点,对应的创建算法如下:

【算法 5.27】

```
void Creat_CSTree(CSTree * T)
{
    InitQueue(Q);
    * T=NULL;
    scanf(fa, ch);
    while (ch!='#')
    {
        p=(CSTree)malloc(sizeof(CSNode));
        p->data=ch;                        //创建孩子结点
```

```
        p->fch=p->nsib=NULL;                        //做成叶子结点
        EnQueue(Q,p);                               //指针入队列
        if (fa=='#') * T=p;                         //建根结点
        else {s=GetHead(Q);                         //取队列头元素 (指针值)
              while (s->data !=fa )
              {
                  DeQueue(Q);  s=GetHead(Q);}       //在队列中找到双亲结点
                  if (s->fch==NULL)
                  {
                      s->fch=p;
                      r=p;
                  }                                 //链接为第一个孩子
                  else
                  {
                      r->nsib=p;
                      r=p;
                  }                                 //链接为其他孩子
              } 非根结点的情况
              scanf(fa,ch);
        }                                           //end_while
    }                                               //Create_CSTree
```

5.5.3　树和森林的遍历

1．树的遍历

（1）按层次遍历：从上至下，从左到右依次访问每个结点。

（2）先根遍历：先访问根结点，依次先根遍历其各子树。

（3）后根遍历：依次后根遍历其各子树，再访问根结点。

以图 5-37 的树为例，不难发现，树的遍历与树转换后的二叉树的遍历存在如下关系：

（1）树的先根遍历等价于二叉树的先序遍历

树的先根遍历：A B C D E 二叉树的先序遍历：A B C D E

（2）树的后根遍历等价于二叉树的中序遍历

树的后根遍历：B D C E A 二叉树的中序遍历：B D C E A

先根遍历树和后根遍历树的递归算法如下：

【算法 5.28】

```
void  pre_order_tree(CSTree  T)
{
    if (T)                               //先根遍历树
    {
        printf(T->data);
        pre_order_tree(T->firstchild);
        pre_order_tree(T->nextsibling);
```

```
    }
} //pre_order-tree
void  post_order_tree(CSTree  T)
{
    if (T)                                        //后根遍历树
    {
        post_order_tree(T->firstchild);
        printf(T->data);
        post_order_tree(T->nextsibling);
    }
} //post_order_tree
```

2. 森林的遍历

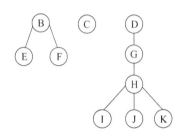

图 5-44　森林示例

如图 5-44 所示的森林。可以分解成三部分：

- 森林中第一棵树的根结点；
- 森林中第一棵树的子树森林；
- 森林中其他树构成的森林。

（1）先序遍历

若森林不空,则

① 访问森林中第一棵树的根结点；

② 先序遍历森林中第一棵树的子树森林；

③ 先序遍历森林中(除第一棵树之外)其余树构成的森林。

即：依次从左至右对森林中的每一棵树进行先根遍历。

（2）中序遍历

若森林不空,则

① 中序遍历森林中第一棵树的子树森林；

② 访问森林中第一棵树的根结点；

③ 中序遍历森林中(除第一棵树之外)其余树构成的森林。

即：依次从左至右对森林中的每一棵树进行后根遍历。

例如图 5-44 中的森林：

先序遍历：B E F C D G H I J K

中序遍历：E F B C I J K H G D

由于森林可以转换为二叉树，它们的遍历序列存在以下关系：

① 森林的先序遍历等同于二叉树的先序遍历；

② 森林的中序遍历等同于二叉树的中序遍历。

5.5.4　树的简单应用

在涉及树结构的实际系统中经常用到树中结点的查找、插入、删除、求树的深度以及从根到叶子的路径等操作。下面基于树的孩子兄弟链表,分别介绍查找、插入、删除、深度和求叶子结点路径的算法实现。为清楚起见,假设树结点中的数据元素为字符串,每个结点存放的字符串均不相同。

1. 树的结点查找

根据给定的结点值,查找该结点是否存在。如果存在,返回结点的地址值;如果不存在,返回空。查找算法用任何一种遍历算法均可实现,下面给出以前序遍历为框架的查找算法。

【算法 5.29】

```
void PreSearchBiT(CSTree T, char kval[], CSTree * p)
{  //T 是树根的地址,kval 是要找的结点值,p 存放找到结点的地址
    if (T)
    {
        if (strcmp(kval,T->data)==0 )
        {
            * p=T;   return;
        }                                      //查找成功
        PreSearchBiT(T->firstchild, kval, p );  //在第 1 个孩子树中继续查找
        PreSearchBiT(T->nextsibling, kval, p);  //在兄弟树中继续查找
    }
}
```

2. 树的结点插入

由于树是层次结构,任何一个结点的插入,必须已知它的双亲结点。根据双亲的值在孩子兄弟链表中进行查找,如果存在,得到双亲结点的地址,否则为空。如果找到的双亲结点,它的第一个孩子结点地址为空,则双亲结点没有孩子,新插入的孩子结点为第一个孩子结点;反之,可以在第一个孩子结点的兄弟链上找到最后一个孩子结点,将新结点插入为最后一个孩子。新插入的结点一定是叶子结点。

【算法 5.30】

```
int InsertBiT(CSTree * T,char fa[],char ch[] )
{  //插入树结点,fa 是双亲,ch 是孩子
    CSTree p=NULL,q,s;
    PreSearchBiT( * T,fa,&p );                //查找双亲结点
    if (p)                                    //p 是找到的双亲结点的地址
    {
        s=( CSTree) malloc(sizeof(CSNode));   //为新结点分配空间
        strcpy(s->data,ch);
        s->firstchild=s->nextsibling=NULL;    //将新结点做成叶子结点
        if (!p->firstchild) p->firstchild=s;  //插入 * s 为 * p 的第一个孩子
        else
        {
            q=p->firstchild;
            while(q->nextsibling) q=q->nextsibling;
            q->nextsibling=s;                 //插入 * s 为 * p 的最后一个孩子
        }
        return 1;                             //插入成功
```

```
    }
    return 0;
}                                                //Insert BiT
```

3. 树的结点删除

删除树中的一个结点,约定删除以该结点为根的子树。首先根据双亲和孩子的值在孩子兄弟链表中分别进行查找,如果有一个不存在,不能进行删除操作;否则得到双亲结点和孩子结点的地址。如果删除的结点是双亲结点的第一个孩子,重新链接其他的孩子结点,再删除第一个孩子子树;如果删除的结点不是第一个孩子,继续寻找该结点的前一个兄弟,将该结点的其他兄弟与前一个兄弟链接,再删除以该结点为根的子树。

【算法 5.31】

```
void DeleteBiT(CSTree * T,char fa[],char ch[])
{   //fa 是双亲,ch 是孩子,删除以 ch 为根的子树
    CSTree pfa=NULL,pch=NULL;
    if(strcmp(fa,"#")==0)                        //删除的是整棵树
    {
        PostDelTree(* T);
        * T=NULL; return;
    }
    else
    {
        PreSearchBiT(* T,fa,&pfa);               //查找双亲
        PreSearchBiT(* T,ch,&pch);               //查找孩子
        if(pfa==NULL||pch==NULL)
        {
            printf("数据有误,不能删除!\n");
            return;
        }
        else
        {
            if(pfa->firstchild!=pch)             //寻找删除结点的前一个兄弟
            {
                pfa=pfa->firstchild;
                while(pfa)
                {
                    if(pfa->nextsibling==pch) break;
                    pfa=pfa->nextsibling;
                }
            }
            //如果 pch 是第一个孩子结点的地址,pfa 是它的双亲结点的地址
            //如果 pch 是其他孩子结点的地址,pfa 是它的前一个兄弟的地址
            Delete(pch,pfa);
        }
```

```
        }
    }                                            //DeleteBiT
```

其中函数 Delete()是完成子树的删除,并重接其他子树;函数 PostDelTree()是按照后序遍历的顺序释放每一个结点的空间。

```
void Delete ( CSTree p, CSTree f)
{   //从树中删除以结点 p 为根的子树,f 是 p 在存储结构上的双亲,并重接它的左子树或右子树
    if(f->firstchild==p)                         //p 与 f 是第一个孩子与双亲关系
    {
        f->firstchild=p->nextsibling;
        p->nextsibling=NULL;
        PostDelTree (p);
    }
    if(f->nextsibling==p)                        //p 与 f 是兄弟关系
    {
        f->nextsibling=p->nextsibling;
        p->nextsibling=NULL;
        PostDelTree (p);
    }
}                                                //Delete
void PostDelTree (CSTree T)
{                                                //后序遍历删除每一个结点
    if(T)
    {
        PostDelTree (T->firstchild);
        PostDelTree (T->nextsibling);
        free(T);                                 //释放结点空间
    }
}
```

4. 树的深度

在树的孩子兄弟链表中,每棵子树根与它的左子树根是双亲与孩子的关系,每棵子树根与它的右子树根是兄弟关系,所以每棵子树的高度是(左子树高度+1)和右子树高度的最大值。

【算法 5.32】

```
int Depth(CSTree T)
{   //T 是树的孩子兄弟链表的根结点
    if (T==NULL) return 0;
    else
    {
        d1=Depth(T->firstchild);
        d2=Depth(T->nextsibling);
        return d1+ 1>d2?d1+ 1:d2;
```

```
        }
    }
```

5. 树的凹入表显示

根据每层的序号,以凹入方式显示每层结点的数据,使同一层的结点对齐。

【算法 5.33】

```
void dispTree(CSTree T,int level)
{
    int len,i,n,k;
    if(T)
    {
        len=strlen(T->data);
        for(i=1;i< level;i++) putchar(' ');
        printf("%s",T->data);
        putchar('+');                              //显示结点值
        for(k=i+len;k< 70;k++) putchar('-');
        putchar('\n');
        dispTree(T->firstchild,level+4);
        dispTree(T->nextsibling,level);
    }
}
```

6. 求树中所有叶子结点的路径

在计算机网络中,域名的命名规则常常采用树形结构,如图 5-45 所示。

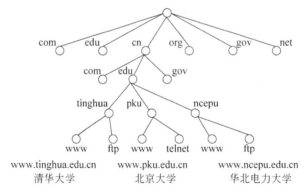

图 5-45　域名的命名规则

从图 5-45 可以看出域名实际上就是从某棵子树的树根到某个叶子结点的路径。

为了更好地掌握树中所有从根到叶子的路径的查找,先介绍二叉树中所有从根到叶子路径的查找,见图 5-46。

【分析】　对每棵子树,如果树根是叶子,则找到从根到叶子的一条路径;否则,先找左子树上的所有叶子的路径,再找右子树上的所有叶子的路径。

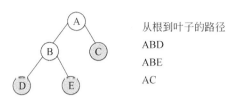

图 5-46　二叉树中所有从根到叶子的路径

用栈存放从根开始的结点。以图 5-46 为例,给出何时进栈,何时出栈,何时得到一条路径,何时表明路径全部找完。整个过程见表 5-8。

表 5-8　查找二叉树中所有从根到叶子的路径

对栈的主要操作	栈	路径
根结点 A 进栈	A	
A 不是叶子结点,A 的左子树根 B 进栈	AB	
B 不是叶子结点,B 的左子树根 D 进栈	ABD	
D 是叶子结点,找到路径,输出栈的所有结点	ABD	ABD
D 出栈,B 的右子树根 E 进栈	ABE	
E 是叶子结点,找到路径,输出栈的所有结点	ABE	ABE
E 出栈	AB	
B 出栈,A 的右子树根 C 进栈	AC	
C 是叶子结点,找到路径,输出栈的所有结点	AC	AC
C 出栈	A	
A 出栈	栈空	

求二叉树中所有叶子结点路径的算法如下:

【算法 5.34】

```
void AllBiTreePath( BiTree T, Stack * S )
{
    if (T)
    {
        Push( S, T->data );                    //路径上点进栈
        if (!T->lchild && !T->rchild )         //叶子结点
            PrintStack(* S);                   //输出栈内的所有结点
        else
        {
            AllBiTreePath( T->lchild, * S );
            AllBiTreePath( T->rchild, * S );
        }
        Pop(S);              //叶子结点或左右子树的叶子路径都完成的根结点出栈
```

```
        }                                      //if(T)
    }                                          //AllBiTreePath
```

下面讨论如何求树中所有从根到叶子的路径,见图 5-47。

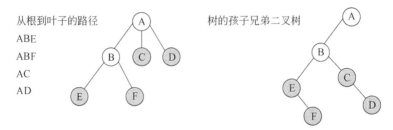

图 5-47　树中所有从根到叶子的路径

从图 5-47 中不难看出,树中的叶子结点对应孩子兄弟二叉树中的左子树为空的结点和左右子树均为空的结点。

【分析】　对每棵树,从第 1 棵子树开始找叶子的路径。如果树的第 1 棵子树为空,则该树根是叶子,则找到一条从根到叶子的路径;否则,找树的第 1 棵子树上的所有叶子的路径,再依序寻找其他子树上的所有叶子的路径。

为了保存路径,用栈存放从根开始的结点。需要考虑何时进栈,何时出栈,何时得到一条路径,何时表明路径全部找完。

输出树中所有从根到叶子的路径的主要步骤:

(1) 树不空,将根结点进栈。

(2) 如果栈顶元素的第一棵孩子树为空,路径找到,输出栈内的所有结点,转向(3);否则继续寻找第一棵子树上的叶子路径。

(3) 栈顶元素出栈。如果栈顶元素有其余的兄弟子树,回到(1)继续寻找其余的兄弟子树上的叶子路径。

主要过程见表 5-9。

表 5-9　树的根到叶子的路径查找过程

对栈的主要操作	栈	路径
遇见 A,进栈	A	
A 的第 1 棵子树不为空,子树根 B 进栈	AB	
B 的第 1 棵子树不为空,子树根 E 进栈	ABE	
E 的第 1 棵子树为空,路径找到,输出栈的所有结点	ABE	ABE
栈顶 E 出栈,E 的兄弟 F 进栈	ABF	
F 的第 1 棵子树为空,路径找到,输出栈的所有结点	ABF	ABF
栈顶 F 出栈,F 没有兄弟	AB	

续表

对栈的主要操作	栈	路径
栈顶 B 出栈，B 的兄弟 C 进栈	AC	
结点 C 的第 1 棵子树为空，路径找到，输出栈的所有结点	AC	AC
栈顶 C 出栈，C 的兄弟 D 进栈	AD	
D 的第 1 棵子树为空，路径找到，输出栈的所有结点	AD	AD
栈顶 D 出栈，D 没有兄弟	A	
栈顶 A 出栈，A 没有兄弟	栈空	

求树中所有叶子结点路径的算法如下：

【算法 5.35】

```
void AllTreePath( CSTree T, Stack * S )
{
    while (T )                                  //依序从 T 的第一棵子树找
    {
        Push(S, T->data );
        if (!T->firstchild ) Printstack(S);
        else AllTreePath( T->firstchild, S );
        Pop(S);                                 //结点的第 1 棵子树的路径已找完
        T=T->nextsibling;                       //找其余的兄弟
    }                                           //while
}                                               //AllTreePath
```

5.5.5　案例实现：基于树结构的行政机构管理

学校的行政关系、书的层次结构、人类的家族血缘关系、操作系统的资源管理器、应用程序的菜单结构等都是树形结构。

下面我们讨论如何用树结构来进行企事业机构的设置与管理。

树结构采用孩子兄弟链表存储。结点数据为字符串(结构名称)。

常用的操作有：(1)创建机构设置 (2)增加某个机构 (3)删除某个机构 (4)查询 (5)修改 (6)显示。

其中：

(1)创建机构设置：创建树的孩子兄弟链表。

(2)增加某个机构：将某个机构插入为指定的父机构的孩子。

(3)删除某个机构：删除以该机构为根结点的子树。

(4)查询：根据机构名称，查询该机构是否存在，如果存在，返回查询到的机构结点地址。

(5)修改：根据机构名称，查询该机构是否存在，如果存在，用新的结构名称替换。

(6)显示：用凹入表显示行政机构的层次关系。

行政机构管理系统的源程序如下：

```
//树结构的孩子兄弟链表的数据类型定义
typedef struct CSNode
{
    char mc[50];
     struct CSNode * firstchild, * nextsibling;
} CSNode, * CSTree;
//菜单函数
int menu()
{
    int num;
    while(1)
    {
        system("cls");
        printf("××××××行政组织机构管理系统×××××\n");
        printf("------------------------------------------------\n");
        printf("1.创建行政组织结构              2.显示行政组织结构\n");
        printf("3.插入某个结构                  4.删除某个结构\n");
        printf("5.查找                          6.修改某个结构\n");
        printf("0.退出\n");
        printf("------------------------------------------------\n");
        printf("请选择功能编号(0-6):");
        scanf("% d",&num);
        if(num>=0 && num<=6) break;
        else
        {
            printf("重新选择!\n");
            getch();
        }
    }  //while
    return num;
}
//其余函数见算法 5.29～5.33
void main()
{
    CSTree T,p;
    int flag=0;
    char fa[50],ch[50];
    Stack S;
    initStack(S);
    int n=0,num;
    while(1)
    {
        num=menu();
        switch(num)
```

```
{
    case 1:                                    //创建
        CreatTree(&T);
        break;
    case 2:                                    //显示全部
        if(T)
        {
          n=Depth(T);
          dispTree(T,n,1);
        }
        else printf("没有数据!\n");
        getch();
        break;
    case 3:                                    //插入
        printf("请按格式(父结构 孩子结构)输入插入机构的信息:\n");
        scanf("%s%s",fa,ch);
        InsertBiT(&T,fa,ch);
        break;
    case 4:                                    //删除
        printf("请按结构(父结构 孩子结构)输入删除机构的信息:\n");
        scanf("%s%s",fa,ch);
        DeleteBiT(&T,fa,ch);
        break;
    case 5:                                    //显示部分
        p=NULL;
        printf("请输入需要查找的机构名称:");
        scanf("%s",ch);
        PreSearchBiT(T,ch,&p);
        if(p==NULL)printf("没有找到!\n");
        else
        {
            p=p->firstchild;
            if(p)
            {
                n=Depth(p);
                dispTree(p,n,1);
            }
            else printf("没有数据!\n");
        }
        getch();
        break;
    case 6:                                    //修改
        p=NULL;
        printf("请输入需要修改的机构名称:");
```

```
            scanf("%s",ch);
            PreSearchBiT(T,ch,&p);
            if(p==NULL)printf("没有找到!\n");
            else
            {
                printf("请输入修改后的机构名称:");
                scanf("%s",ch);
                strcpy(p->mc,ch);
            }
            break;
        case 0:                                 //退出
            exit(0);
        }                                       //switch
    }                                           //while
}
```

5.6　哈夫曼树及其应用

5.6.1　最优二叉树——哈夫曼树

1. 哈夫曼树及基本概念

最优二叉树,也称哈夫曼(Haffman)树,是指对于一组带有确定权值的叶结点,构造的具有最小带权路径长度的二叉树。

那么什么是二叉树的带权路径长度呢? 下面先给出相关的概念。

- 结点间的路径长度: 两个结点之间的分支数。
- 结点的权值: 附加在结点上的信息。
- 结点带权路径: 结点上权值与该结点到根之间的路径长度的乘积。
- 二叉树的带权路径长度 WPL(Weight Path Length): 二叉树中所有叶子结点的带权路径长度之和。

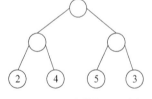

图 5-48　一个带权二叉树

如有 n 个叶子结点,第 i 个叶子结点的权值为 W_i,根到该结点的路径长度为 L_i,则: $WPL = \sum_{i=1}^{n} W_i L_i (i = 1,2,\cdots,n)$。如图 5-48 所示的二叉树,它的带权路径长度值 $WPL = 2 \times 2 + 4 \times 2 + 5 \times 2 + 3 \times 2 = 28$。

给定一组具有确定权值的叶子结点,可以构造出不同的带权二叉树。例如,给出 4 个叶子结点,设其权值分别为 1,3,5,7,我们可以构造出形状不同的多个二叉树。这些形状不同的二叉树的带权路径长度将各不相同。图 5-49 给出了其中 5 个不同形状的二叉树。

这五棵树的带权路径长度分别为:

(1) $WPL = 1 \times 2 + 3 \times 2 + 5 \times 2 + 7 \times 2 = 32$

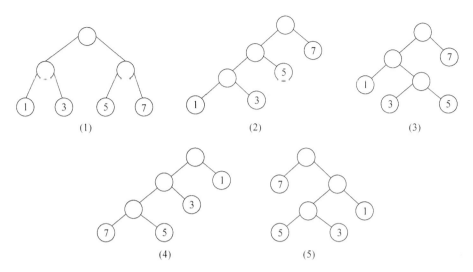

图 5-49 具有相同叶子结点和不同带权路径长度的二叉树

(2) WPL＝1×3＋3×3＋5×2＋7×1＝29

(3) WPL＝1×2＋3×3＋5×3＋7×1＝33

(4) WPL＝7×3＋5×3＋3×2＋1×1＝43

(5) WPL＝7×1＋5×2＋3×3＋1×3＝29

由此可见,由相同权值的一组叶子结点所构成的二叉树有不同的形态和不同的带权路径长度,那么如何找到带权路径长度最小的二叉树(即哈夫曼树)呢?根据哈夫曼树的定义,一棵二叉树要使其 WPL 值最小,必须使权值越大的叶子结点越靠近根结点,而权值越小的叶结点越远离根结点。

2. 构建哈夫曼树的主要步骤

(1) n 个权值{w$_1$,w$_2$,…,w$_n$}构成 n 棵二叉树的集合 F＝{T$_1$,T$_2$,…,T$_n$},其中每棵二叉树 T$_i$ 只有一个带权为 W$_i$ 的根结点,其左右子树均为空。

(2) 在 F 中选两棵根结点的权值最小的树作为左右子树构成一棵新的二叉树,且根结点的权值为其左右子树根结点的权值之和。

(3) 在 F 中删除这两棵树,同时将新的二叉树加入 F。

(4) 重复(2)和(3),直到 F 只含一棵树为止。

例如,已知权值 W＝{5,6,2,9,7},生成哈夫曼树的生成过程如图 5-50。

哈夫曼树的特点:

(1) 权值越大的叶子结点越靠近根结点,而权值越小的叶子结点越远离根结点。

(2) 只有度为 0(叶子结点)和度为 2(分支结点)的结点,不存在度为 1 的结点。

(3) 有 n 个叶子结点的哈夫曼树中共有 m＝2n－1 个结点。

证明:m＝n0 ＋n1 ＋n2

因为:n1＝0,又因为根据二叉树的性质 3,n2＝n0－1

所以:m＝2n0－1,即 m＝2n－1。

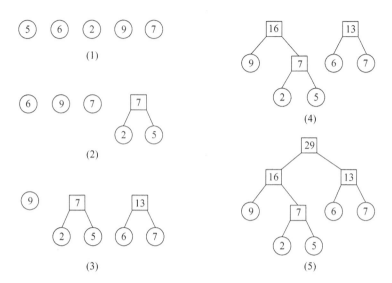

图 5-50　哈夫曼树的生成过程

3. 哈夫曼树的应用

哈夫曼树能够提供解决某些判定问题时的最佳判定算法。

例 5-5：编制将学生百分成绩按分数段分级的程序,需要用分支结构,对每个学生的成绩判断它的等级。如何编写分支结构,使平均判断的次数最少。

(1) 若学生成绩分布是均匀的,每个等级的人数几乎相等,则每个等级出现的概率为 1/5(0.2)。如果将等级出现的概率视为叶子结点的权值,分支结构的判断过程,可用二叉树来实现,如图 5-51 所示。不及格需要判断 1 次,及格需要判断 2 次,中等需要判断 3 次,良好和优秀各需要判断 4 次。对应的 WPL 如下:

$$WPL=(1+2+3+4+4)*0.2=2.8$$

表明对一个成绩的平均判断次数为 2.8 次。

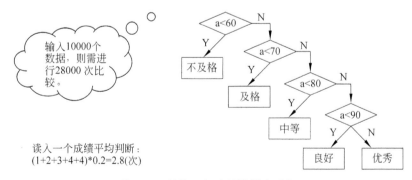

图 5-51　转换五级分制的判定过程

图 5-51 所示的分支结构对应的程序段为:

```
if(a<60)printf("不及格\n");
else if(a<70)  printf("及格\n");
```

```
else if(a<80)  printf("中等\n");
else if(a<90)  printf("良好\n");
else printf("优秀\n");
```

（2）如果学生成绩分布不是均匀的,分布情况如表 5-10 所示。

表 5-10 学生成绩分布表

分 数	0—59	60—69	70—79	80—89	90—100
比例	0.05	0.15	0.4	0.3	0.1

将等级出现的概率视为叶子结点的权值,分支结构的判断过程,用哈夫曼树来实现。如图 5-52(a):中等的需要判断 1 次,良好的需要判断 2 次,及格的需要判断 3 次,不及格和优秀的需要判断 4 次,对应的 WPL 如下:

$$WPL=0.4*1+0.3*2+0.15*3+(0.05+0.1)*4=2.05$$

表明读入一个成绩的平均判断次数为 2.05 次。

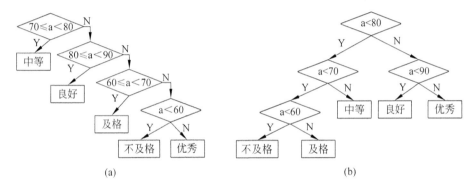

(a)　　　　　　　　　　　　　　　　　(b)

图 5-52 转换五级分制的判定过程

图 5-52(a)所示的分支结构对应的程序段为:

```
if(a>=70 && a<80)printf("中等\n");
else if(a>=80 && a<90)  printf("良好\n");
else if(a>=60 && a<70)  printf("及格\n");
else if(a<60)  printf("不及格\n");
else printf("优秀\n");
```

上述分支结构的表达式多为逻辑表达式,计算量明显大于关系表达式。如果将图 5-52(a)每一比较框的两次比较改为一次,如图 5-52(b),WPL 如下:

$$WPL=(0.4+0.3+0.1)*2+(0.05+0.15)*3=2.20$$

表明读入一个成绩的平均判断次数为 2.20 次,虽高于 2.05,但是每个分支的表达式均为关系表达式,计算时间会有所减少。

图 5-52(b)所示的分支结构对应的程序段为:

```
if( a<80)
    if(a<70)
```

```
        if(a< 60) printf("不及格\n");
        else  printf("及格\n");
    else printf("中等\n");
else
    if(a< 90)printf("良好\n");
    else printf("优秀\n");
```

经过比较不难看出在成绩分布不均匀的条件之下,可以先构建哈夫曼树,再将哈夫曼树中的逻辑表达式改为关系表达式,得到改造后的二叉树,依此编写分支结构,可以使程序的执行效率得到较大提高。

5.6.2　哈夫曼树及哈夫曼编码的构建算法

1. 哈夫曼编码

哈夫曼编码是根据哈夫曼树构造的二进制编码,用于(网络)通信中,它作为一种最常用无损压缩编码方法,在数据压缩程序中具有非常重要的应用。

如需传送字符串"ABACCDA",因为只有 4 种字符 A、B、C、D,只需两位编码。如 4 个字符分别编码为 00、01、10、11,上述字符串的二进制总长度为 14 位。

在传送信息时,如果对每个字符进行不等长度的编码,使出现频率高的字符编码尽量短,这样会使传送的总长度变短,从而提高信息的传输效率。

如 A、B、C、D 的编码分别为 0、00、1、01 时,上述电文长度会缩短,但可能有多种译法。如"0000"可能是"AAAA","ABA","BB"。

为了保证译码的唯一性,设计的不等长编码,必须满足任一字符的编码都不是另一个字符编码的前缀。这种编码称为前缀编码。

例如:编码:0、00、1、01 不是前缀编码。第 1 个编码 0 是第 2 个编码 00 的前缀。

利用哈夫曼树可以得到不等长的二进制形式的前缀编码。在根到叶子的路径中规定左分支为 0,右分支为 1,就可得到每个叶子结点的编码(每个字符的编码)。如图 5-53 所示的哈夫曼树和哈夫曼编码。

2. 哈夫曼树的创建算法

从哈夫曼树的创建过程可知,每次都需要选择两棵根结点值最小的子树构建一棵新的子树,每个结点需要存储结点值、左孩子位置、右孩子位置、父结点位置。又因为只要叶子结点的个数给定,哈夫曼树的总结点数是确定的,所以哈夫曼树的存储结构可用结构体数组实现的静态三叉链表。

哈夫曼树的类型定义:

```
#define N  字符数目
#define M  结点数目                          //m=2n-1
huffman 树用静态三叉链表做存储结构,且 0 号单元不用
huffman 编码用指向字符的指针数组来动态管理存储;且 0 号单元不用
typedef  struct
{
    char  data;
```

```
    int    weight;
    int    parent,lch,rch;
} NodeType;                              //huffman 树结点类型
typedef  NodeType  HufTree[M+1];         //静态三叉链表存储 huffman 树
typedef  char  ** HufCode;               //动态分配指针数组存储 huffman 编码
```

例 5-6：设有 4 个结点 a、b、c、d，权值分别为(0.4,0.3,0.1,0.2)。构造的哈夫曼树及对应的存储结构和哈夫曼编码，如图 5-54、图 5-55 所示。

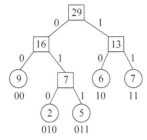

图 5-53　哈夫曼树及哈夫曼编码示例

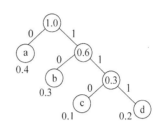

图 5-54　哈夫曼树示例

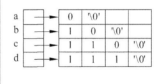

图 5-55　哈夫曼树的存储结构及哈夫曼编码

以权值(0.4,0.3,0.1,0.3)为例，给出在存储结构上哈夫曼树的创建过程。为方便起见，将权值转化为整数。

哈夫曼树的创建过程见表 5-11。

表 5-11　哈夫曼树创建过程

初　　始　　化				
下标	权值	父结点	左孩子	右孩子
0				
1	4	0	0	0
2	3	0	0	0
3	1	0	0	0
4	3	0	0	0
5				
6				
7				

初　始　化				
下标	权值	父结点	左孩子	右孩子

选取两个最小的权值 1 和 3,构建一棵子树,填充对应子结点的父结点位置,以及对应父结点的左孩子和右孩子的位置

下标	权值	父结点	左孩子	右孩子
0				
1	4	0	0	0
2	3 *	5	0	0
3	1 *	5	0	0
4	3	0	0	0
5	4	0	3	2
6				
7				

选取两个最小的权值 3 和 4,构建一棵子树,填充对应子结点的父结点位置,以及对应父结点的左孩子和右孩子的位置

下标	权值	父结点	左孩子	右孩子
0				
1	4 *	6	0	0
2	3 *	5	0	0
3	1 *	5	0	0
4	3 *	6	0	0
5	4	0	3	2
6	7	0	4	1
7				

选取两个最小的权值 4 和 7,构建一棵子树,填充对应子结点的父结点位置,以及对应父结点的左孩子和右孩子的位置

下标	权值	父结点	左孩子	右孩子
0				
1	4 *	6	0	0
2	3 *	5	0	0
3	1 *	5	0	0
4	3 *	6	0	0
5	4 *	7	3	2
6	7 *	7	4	1
7	11	0	5	6

已知 n 个字符的权值,生成一棵 huffman 树的算法如下。

【算法 5.36】

```
void  huff_tree (int w[], int n,HufTree ht)
{   //w存放权值
    int i,s1,s2;
    for(i=1;i<2*n;i++)
    {
        if(i>=1&&i<=n) ht[i].weight=w[i-1];
        else ht[i].weight=0;
        ht[i].parent=0;
        ht[i].lch=0;
        ht[i].rch=0;
    }                                       //哈夫曼树初始化
    for(i=n+1;i<2*n;i++)
    {   //构造 n-1 个非叶子结点
    //在 ht[1..n]中选择两个双亲为 0 并且权值最小的两个结点,
    //最小结点位置为 s1,次小的位置为 s2
        select(ht,n,&s1,&s2);
        ht[i].weight=ht[s1].weight+ht[s2].weight;
        ht[i].lch=s1; ht[i].rch=s2;
        ht[s1].parent=i;
        ht[s2].parent=i;
    }
}                                           //huff_tree
```

其中函数 select()如下:

```
void select(HufTree ht,int n, int * s1,int * s2)
{
    int i,min;
    for(min=100,i=1;i<2*n;i++)              //最大权值为 100
        if(ht[i].parent==0 && ht[i].weight!=0 && ht[i].weight<=min)
        {
            min=ht[i].weight;
            * s1=i;
        }
    for(min=100,i=1;i<2*n;i++)
        if(ht[i].parent==0 && ht[i].weight!=0 && i!= * s1 && ht[i].weight<=min)
        {
            min=ht[i].weight;
            * s2=i;
        }
}
```

当哈夫曼树构造成功后,在哈夫曼树的存储结构中,很容易求出每一个叶子结点的哈夫曼编码。具体求解过程是：从叶子结点所在的行得到其双亲结点所在的行，从双亲结点所在的行可得到孩子结点是左孩子还是右孩子。如果是左孩子，编码为 0；如果是右孩子，编码为 1。一直追溯到哈夫曼树的根结点。

求叶子结点的哈夫曼编码算法如下：

【算法 5.37】

```
void  huf_code(HufCode * hcd,HufTree ht,int n)
{  //由 huffman 树求 n 个字符的 haffman 编码
    char * cd; int i,start,c,f;
    * hcd=(HufCode)malloc((n+1) * sizeof(char * ));       //指针数组空间
    cd=(char * ) malloc(n * sizeof(char));                //求编码的临时空间
    for(i=1;i<=n;i++)
    {
        cd[n-1]='\0';                                     //编码结束符
        start=n-1; c=i;
        f=ht[c].parent;
        while(f)
        {
            if(ht[f].lch==c) cd[--start]='0';
            else   cd[--start]='1';
            c=f;
            f=ht[f].parent;
        }
        (* hcd)[i]=(char * )malloc((n-start) * sizeof(char));
        strcpy((* hcd)[i],&cd[start]);
    }                                                     //end_for
}                                                         //huf_code
```

例 5-7：假设用于通讯的电文仅由 8 个字母 A，B，C，D，S，T，U，V 组成，字母在电文中出现的频率分别为(5，29，7，8，14，23，3，11)。试为这八个字母设计哈夫曼编码。

如图 5-56 所示的哈夫曼树和哈夫曼编码。

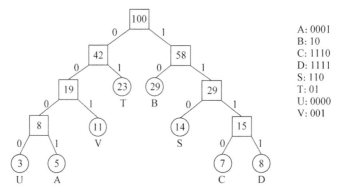

A: 0001
B: 10
C: 1110
D: 1111
S: 110
T: 01
U: 0000
V: 001

图 5-56　哈夫曼树和哈夫曼编码

当一个文件用哈夫曼编码实现压缩之后,使原文件变小,可以减少文件存储占用的字节数,提高文件的传输效率;同时哈夫曼编码又可以实现对文件的解压缩。

5.7 本 章 小 结

树形结构是十分重要的非线性结构,具有 1∶n 关系的层次结构,可以用来描述客观世界中广泛存在的层次结构关系。二叉树与树的区别在于每个子树根最多只有两棵子树,并且区分左子树和右子树。二叉树和树是两种不同的树形结构。

二叉树的存储结构有顺序存储、二叉链表和三叉链表。但顺序存储只适合近似于完全二叉树的结构。

树的存储结构有双亲表示、孩子链表、双亲孩子链表以及孩子兄弟二叉链表。

二叉链表结点的两个指针分别指向左子树根和右子树根;孩子兄弟二叉链表的两个指针分别指向第 1 棵子树根和右兄弟树根。

森林、树与二叉树可以相互转换。树对应的二叉树是没有右子树的二叉树;森林对应的二叉树的特点是二叉树的左子树对应森林中的第 1 棵子树,二叉树的右子树对应除第 1 棵子树的其余子树。因此有关树的基本操作和应用可以在树的孩子兄弟链表存储结构上轻松完成。

二叉树的遍历算法解决了每个结点访问一次的问题,因此二叉树遍历算法的框架,为二叉树的应用提供了基础,在实际中,可以针对需要解决的问题,选用合适的二叉树遍历算法。

无论是二叉树遍历的递归算法和非递归算法,都占用较多的系统资源。线索二叉树利用二叉树结点的空指针域,实现了二叉树的既不要递归又不需要栈的遍历算法。中序线索二叉树既方便找前驱又方便找后继;前序线索二叉树不便于找前驱;后序线索二叉树不便于找后继。

哈夫曼树是最优的二叉树,它的 WPL 最小。哈夫曼树提供了一种满足前缀编码条件的哈夫曼编码构建方法,同时哈夫曼树还可以提供优化的多分支判断。

本章给出了两个案例的实现。一个是基于表达式二叉树的动态表达式的计算,很好地解决了应用系统中数学模型的变更问题;另一个是基于树结构的企事业机构管理,该程序的设计思想,对所有具有树结构特点的数据处理,普遍适用。

5.8 习题与实验

一、下面是有关二叉树的叙述,请判断正误

1. 若二叉树用二叉链表作存储结构,则在 n 个结点的二叉树链表中只有 n−1 个非空指针域。 ( )

2. 二叉树中每个结点的两棵子树的高度差等于 1。 ( )

3. 二叉树中每个结点的两棵子树是有序的。 ( )

4. 二叉树中每个结点有两棵非空子树或有两棵空子树。　　　　　　　　（　　）

5. 二叉树中所有结点个数是 $2^{k-1}-1$，其中 k 是树的深度。　　　　　　（　　）

6. 二叉树中所有结点，如果不存在非空左子树，则不存在非空右子树。　　（　　）

7. 对于一棵非空二叉树，它的根结点作为第一层，则它的第 i 层上最多能有 2^i-1 个结点。　　　　　　　　　　　　　　　　　　　　　　　　　　　　　（　　）

8. 用二叉链表存储包含 n 个结点的二叉树，结点的 2n 个指针区域中有 n+1 个为空指针。　　　　　　　　　　　　　　　　　　　　　　　　　　　　　（　　）

9. 具有 12 个结点的完全二叉树有 5 个度为 2 的结点。（　　　）

二、填空

1. 由 3 个结点所构成的二叉树有_____种形态。

2. 一棵深度为 6 的满二叉树有_____个分支结点和_____个叶子结点。

3. 一棵具有 257 个结点的完全二叉树，它的深度为_____。

4. 一棵完全二叉树有 700 个结点，则共有_____个叶子结点。

5. 设一棵完全二叉树具有 1000 个结点，则此完全二叉树有_____个叶子结点，有_____个度为 2 的结点，有_____个结点只有非空左子树，有_____个结点只有非空右子树。

6. 若已知一棵二叉树的前序序列是 BEFCGDH，中序序列是 FEBGCHD，则它的后序序列必是_____。

7. 用 5 个权值{3，2，4，5，1}构造的哈夫曼（Huffman）树的带权路径长度是_____。

三、选择题

1. 不含任何结点的空树_____。
   （A）是一棵树；　　　　　　　　　　　（B）是一棵二叉树；
   （C）是一棵树也是一棵二叉树；　　　　（D）既不是树也不是二叉树

2. 二叉树是非线性数据结构，所以_____。
   （A）它不能用顺序存储结构存储
   （B）它不能用链式存储结构存储
   （C）顺序存储结构和链式存储结构都能存储
   （D）顺序存储结构和链式存储结构都不能使用

3. 具有 n(n>0)个结点的完全二叉树的深度为_____。
   （A）$\lceil \log_2(n) \rceil$　　　　　　　　　　　（B）$\lfloor \log_2(n) \rfloor$
   （C）$\lfloor \log_2(n) \rfloor + 1$　　　　　　　　（D）$\lceil \log_2(n) + 1 \rceil$

4. 把一棵树转换为二叉树后，这棵二叉树的形态是_____。
   （A）唯一的　　　　　　　　　　　　　（B）有多种
   （C）有多种，但根结点没有左孩子　　　（D）有多种，但根结点没有右孩子

5. 树是结点的有限集合，它__A__根结点，记为 T。其余的结点分成为 m(m≥0)个

___B___ 的集合 T1,T2,…,Tm,每个集合又都是树,此时结点 T 称为 T$_i$ 的父结点,T$_i$ 称为 T 的子结点(1≤i≤m)。一个结点的子结点个数为该结点的 ___C___ 。

供选择的答案

A：① 有 0 个或 1 个   ② 有 0 个或多个

　　 ③ 有且只有 1 个   ④ 有 1 个或 1 个以上

B：① 互不相交   ② 允许相交

　　 ③ 允许叶结点相交   ④ 允许树枝结点相交

C：① 权   ② 维数   ③ 度   ④ 序

答案：A＝_____　　B＝_____　　C＝_____

6. 二叉树 ___A___ 。在完全的二叉树中,若一个结点没有 ___B___ ,则它必定是叶结点。每棵树都能唯一地转换成与它对应的二叉树。由树转换成的二叉树里,一个结点 N 的左孩子是 N 在原树里对应结点的 ___C___ ,而 N 的右孩子是它在原树里对应结点的 ___D___ 。

供选择的答案

A：① 是特殊的树   ② 不是树的特殊形式

　　 ③ 是两棵树的总称   ④ 有且只有二个根结点的树形结构

B：① 左子结点   ② 右子结点

　　 ③ 左子结点或者没有右子结点   ④ 兄弟

C～D：① 最左子结点   ② 最右子结点

　　　　 ③ 最邻近的右兄弟   ④ 最邻近的左兄弟

　　　　 ⑤ 最左的兄弟   ⑥ 最右的兄弟

答案：A＝_____　　B＝_____　　C＝_____　　D＝_____

四、阅读分析题

1. 试写出如图所示的二叉树分别按先序、中序、后序层次遍历时得到的结点序列。

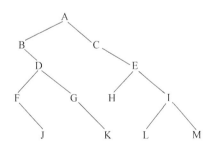

2. 把如图所示的树转化成二叉树。

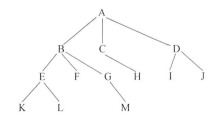

3. 画出和下列二叉树相应的森林。

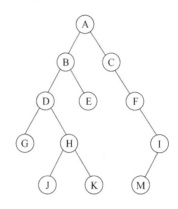

五、算法设计题

1. 编写递归算法,求二叉树中以元素值为 x 的结点为根的子树的深度。

2. 编写算法判别给定二叉树是否为完全二叉树。

3. 设一棵二叉树的先序遍历序列为 ABDFCEGH,中序遍历序列为 BFDAGEHC。

(1) 画出这个二叉树;

(2) 将二叉树转换为对应的树(或森林)。

4. 编写复制二叉树的算法。

5. 设一棵二叉树的结点结构为 (LChild,data,RChild),root 为指向该二叉树根结点的指针,p 和 q 分别为指向该二叉树中任意两个结点的指针,试编写一算法 ancestor (ROOT,p,q,r),该算法找到 p 和 q 的最近共同祖先结点 r。

6. 已知一棵树的由根至叶子结点按层次输入的结点序列及每个结点的度(每层中自左至右输入),试写出构造此树的孩子兄弟链表的算法。

7. 分别以孩子兄弟链表和双亲表示法作为树的存储结构,编写求树的高度的算法。

8. 给定集合{15,3,14,2,6,9,16,17}

(1) 构造相应的哈夫曼树(要求写出每一步的构造过程)

(2) 计算它的带权路径长度

(3) 写出在存储结构上构建哈夫曼树的过程

(4) 写出它的哈夫曼编码

9. 下图是网络域名的存储示意图,请写出算法输出所有叶子结点路径。

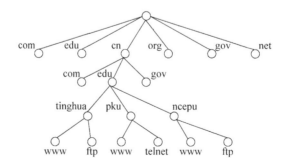

10. 试利用栈的基本操作写出中序遍历的非递归形式的算法。

11. 关于线索二叉树,请写出以下算法:

(1) 创建先序线索二叉树;

(2) 在(1)创建的树中,查找给定结点 * p 在先序序列中的后继。

12. 假设以二叉链表存储的二叉树中,每个结点所含数据元素均为单字母,试编写算法,按树状打印二叉树的算法。例如:右下二叉树打印为左下形状。

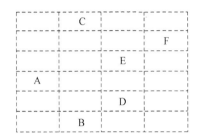 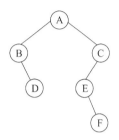

六、上机实验题目

1. 完成二叉树基于二叉链表存储的基本操作的实现,要求实现如下功能。

(1) 创建二叉树　　　　(2) 递归遍历(前中后)　　　　(3) 层次遍历

(4) 非递归遍历(前中后)　(5) 求深度　　　　　　　　(6) 求叶子结点数

(7) 求总结点数

2. 实现某个企事业机构管理系统,要求实现如下功能:

(1) 创建机构设置　　　(2) 增加机构　　　　　　(3) 删除机构

(4) 查询　　　　　　　(5) 修改机构　　　　　　(6) 显示

3. 实现动态表达式的计算。

要求:表达式中变量用单个字母表示,计算过程中输入变量的值。

第6章

图

实际应用中，最复杂的数据关系就是每个数据元素可以有多个邻接关系。如计算机网络中的各个计算机之间的关系，公交网中各个站点之间的关系，它们都是多对多的任意关系，即图形结构。本章详细阐述图形结构的逻辑结构、存储结构和基本操作的实现。重点讨论图的遍历算法的应用；最小生成树、最短路径和关键路径算法的设计与实现，给出最小生成树和关键路径实际应用的解决方案。

6.1 问题的提出

问题1：如果要保证某城市的各个小区都能用上天然气，是否每两个小区之间都要铺设天然气管道？怎样部署才能最省钱，见图6-1。

图6-1中的顶点数据为小区的名称，两个顶点连线标注的数据为铺设的管道造价。

问题2：在工程项目的管理中，一个大的工程往往要分解成若干个子任务，这些子任务何时开工？何时完工？哪些子任务能够同时开工？怎样才能保证整个工程按期完成？见图6-2。

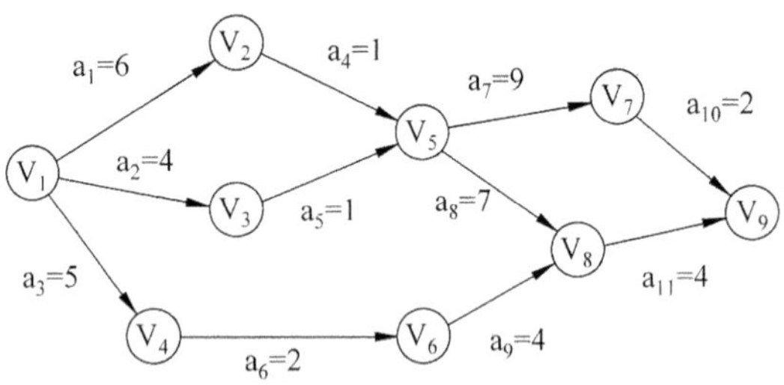

事件	事件含义
V_1	开工
V_2	活动a_1完成，活动a_4可以开始
V_3	活动a_2完成，活动a_5可以开始
$\vdots$	$\vdots$
V_9	活动a_{10}、a_{11}完成，整个工程完成

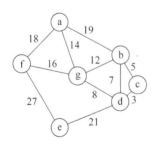

图6-1　小区天然气管道铺设示意图

图6-2　某工程的任务安排示意图

6.1.1　问题中的数据分析

在问题 1 中,每个小区的名称是数据元素,铺设的天然气管道是两个小区的连线,连线上的数据为天然气管道的造价,任意两个小区之间都可以铺设天然气管道,则这些数据之间的关系是多对多的关系,即 m∶n。

在问题 2 中,每个子任务的名称是数据元素,两个子任务之间带有方向的连线表示一个子任务完成后,另一个子任务才能开始,连线上的数字表示每个子任务从开始到结束需要的时间,这些子任务之间的关系是多对多,即 m∶n。

6.1.2　问题中的功能分析

问题 1 要求给出管道铺设的最佳方案,即保证每个小区都能通天然气,并使铺设的天然气管道最少,即造价最低。

问题 2 要求给出从工程开始到工程竣工所花的最短时间以及影响整个工程按期完成的关键活动,能否使工期提前。

6.1.3　问题中的数据结构

不论问题 1 还是问题 2 中,每两个数据元素之间都可能存在邻接关系,它们之间的关系是多对多,即图形结构。

6.2　图的定义和基本术语

6.2.1　图的定义

图是由顶点的有穷非空集合和顶点之间边的集合组成,通常表示为:G=(V,E)。

其中:G 表示一个图,V 是图 G 中顶点(数据元素)的集合,E 是图 G 中顶点之间边的集合。在图中,顶点个数不能为零,但可以没有边。

6.2.2　图的基本术语

以图 6-3 为例,给出图的基本术语描述。

结点:图中的顶点。

结点间的关系:图中的连线。

无向图:图中两个顶点的连线是不带方向的边。边(v,w),表示 v 与 w 互为邻接点,或说边(v,w)依附于顶点 v,w,或称边(v,w)和顶点 v,w 相关联。

v 的度:和 v 相关联的边的数目。

图 6-3 中无向图 w3 的度为 3,w1 的度为 2。

有向图:图中两个顶点的连线是带方向的边(称为弧),弧可以赋予有意义的值,称为权(见图 6-2)。对于弧< v,w >,称 v 为弧尾,w 为弧头;即顶点 v 邻接到顶点 w,或称顶点 w 邻接自顶点 v;或称弧< v,w >和顶点 v,w 相关联。

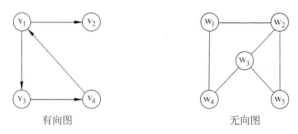

有向图   无向图

图 6-3   有向图和无向图示意图

v 的入度：以 v 为弧头的弧的数目。

v 的出度：以 v 为弧尾的弧的数目。

v 的度：v 的入度与出度之和。

图 6-3 中有向图 v_1 的入度为 1,出度为 2,度为 3。

路径：在无向图 $G=(V,E)$ 中,从顶点 v_p 到顶点 v_q 之间的路径是一个顶点序列 $(v_p=v_{i0},v_{i1},v_{i2},\cdots,v_{im}=v_q)$,其中,$(v_{ij-1},v_{ij})\in E(1\leqslant j\leqslant m)$。若 G 是有向图,则路径也是有方向的,顶点序列满足 $<v_{ij-1},v_{ij}>\in E$。

如图 6-3 中的 w_1 到 w_5 的路径为 $w_1 w_2 w_3 w_5$,v_1 到 v_4 的路径为 $v_1 v_3 v_4$。

路径长度：如果是无向图,路径上边的数目是路径长度;如果是有向图,弧上有权,路径长度为路径上的权值之和,弧上无权,路径上弧的数目是路径长度。

如图 6-3 中的 w_1 到 w_5 的路径长度为 3,v_1 到 v_4 的路径长度为 2。

简单路径：指路径序列中顶点不重复出现的路径。

如图 6-3 中的 w_1 到 w_5 的路径 $w_1 w_2 w_3 w_5$ 是简单路径。

简单回路：指路径序列中第一个顶点和最后一个顶点相同的路径,而其他顶点都不相同。

如图 6-3 中的 v_1 到 v_4 的路径 $v_1 v_3 v_4 v_1$ 是简单回路。

子图：若图 $G=(V,E)$,$G'=(V',E')$,如果 $V'\subseteq V$ 且 $E'\subseteq E$,则称图 G' 是 G 的子图。图 6-4 右侧的 3 个图是左侧图的子图。

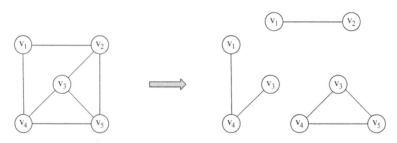

图 6-4   图与子图

目前我们已经讲述了线性表、栈、队列、树与图等结构。在线性结构中,元素之间的关系为直接前驱和直接后继;在树结构中,结点之间的关系为双亲和孩子;在图结构中,顶点之间的关系为邻接。

6.2.3 图的分类与连通性

6.2.3.1 图的分类

根据图中顶点和边的特点,可以对其进行不同的分类。

1. 根据图中边的方向性、边上是否有权可分为:

有向图:边有方向、无权;有向网:边有方向、有权;

无向图:边无方向、无权;无向网:边无方向、有权;

2. 根据图中边(弧)数 e 和顶点数 n 之间的关系可分为:

无向完全图:对具有 n 个顶点的图,任意两个顶点 v_i 和顶点 v_j 都存在边(v_i,v_j),边数 $e=n(n-1)/2$。

有向完全图:对具有 n 个顶点的图,任意两个顶点 v_i 和顶点 v_j,存在弧$<v_i,v_j>$,即边(v_i,v_j)和边(v_j,v_i)都存在,弧数 $e=n(n-1)$。

稀疏图:边(弧)数 $e \leqslant n\log n$。

稠密图:边(弧)数 $e > n\log n$。

6.2.3.2 图的连通性

1. 无向图的连通性

连通性:若从顶点 v_i 到顶点 v_j 有路径,则称 v_i 和 v_j 是连通的。

连通图:图上任意两顶点都是连通的;

连通分量:极大连通子图。含有极大顶点数(如果多加 1 个顶点,子图就不连通了)和依附于这些顶点的所有边。如图 6-5,左侧的图有两个连通分量。

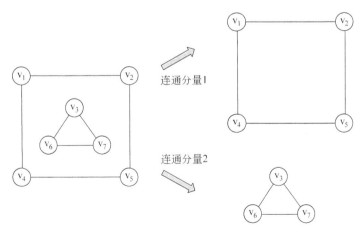

图 6-5 无向图和连通分量

2. 有向图的连通性

强连通性:若从顶点 v_i 到顶点 v_j 有路径,从顶点 v_j 到顶点 v_i 也存在路径,则称 v_i 和 v_j 是强连通的。

强连通图:图上任意两个顶点都是强连通的。

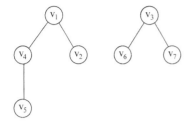

图 6-6　生成森林示意图

强连通分量：极大强连通子图。

3．生成树和生成森林

生成树：极小连通子图，包含图中的全部顶点和连接全部顶点的 n−1 条边。如果多一条边，就会出现回路。如果减少一条边，则必然成为非连通的。生成树不一定唯一。

生成森林：不连通的图中存在若干个连通分量，每个连通分量对应一棵生成树，这些连通分量的生成树就组成了一个非连通图的生成森林。两个连通分量对应的生成森林见图 6-6。

6.2.4　图的抽象数据类型定义

```
ADT Graph
{
    数据对象：具有相同特性的数据元素的集合，称为顶点集。
    数据关系：R={ V_R }
            VR={<v, w>或(v,w)|v, w ∈V；(v,w) 表示从 v 到 w 的边；
                 < v,w>表示从 v 到 w 的弧,边或弧上可以附加其他信息}
    基本操作：
      CreateGraph(&G, V, V_R);
      DestroyGraph(&G);
      LocateVex( G, u );
      GetVex(G, v );
      PutVex(&G, v, value);
      FirstAdjVex(G, v);
      NextAdjVex(G, v, w);
      InsertVex(&G, v);
      DeleteVex(&G, v);
      InsertArc(&G, v, w);
      DeleteArc(&G, v, w);
      DFSTraverse(G, v, visit());
      BFSTraverse(G, v, visit());
}ADT Graph
```

下面简单介绍各个基本操作的接口。

（1）CreateGraph(&G, V, V_R)

初始条件：V 是图的顶点集，V_R 是图中弧的集合。

操作结果：按 V 和 V_R 的定义构造图 G。

（2）DestroyGraph(&G)

初始条件：图 G 存在。

操作结果：销毁图 G。

（3）LocateVex(G, u)

初始条件：图 G 已存在,u 和 G 中顶点有相同特征。

操作结果：若 G 中存在顶点 u,则返回该顶点在图中位置,否则返回其他信息。

（4）GetVex(G, v)

初始条件：图 G 存在,v 是 G 中某个顶点。

操作结果：返回 v 的值。

（5）PutVex(&G, v, value)

初始条件：图 G 存在,v 是 G 中某个顶点。

操作结果：对 v 赋值 value。

（6）FirstAdjVex(G, v)

初始条件：图 G 存在,v 是 G 中某个顶点。

操作结果：返回 v 的第一个邻接顶点。若顶点在 G 中没有邻接顶点,则返回"空"。

（7）NextAdjVex(G, v, w)

初始条件：图 G 存在,v 是 G 中某个顶点,w 是 v 的邻接顶点。

操作结果：返回 v 的(相对于 w 的)下一个邻接顶点。若 w 是 v 的最后一个邻接点,则返回"空"。

（8）InsertVex(&G, v)

初始条件：图 G 存在,v 和 G 中顶点有相同特征。

操作结果：在图中增添新顶点 v。

（9）DeleteVex(&G, v)

初始条件：图 G 存在,v 是 G 中某个顶点。

操作结果：删除 G 中顶点 v 及其相关的弧。

（10）InsertArc(&G, v, w)

初始条件：图 G 存在,v 和 w 是 G 中两个顶点。

操作结果：在图 G 中增添弧<v,w>,若 G 是无向的,则还应增添对称弧<w,v>。

（11）DeleteArc(&G, v, w)

初始条件：图 G 存在,v 和 w 是 G 中两个顶点。

操作结果：删除 G 中的弧<v,w>,若 G 是无向的,则还应删除对称弧。

（12）DFSTraverse(G, v, visit( ))

初始条件：图 G 存在,v 是 G 中某个顶点,visit 是对顶点的应用函数。

操作结果：从顶点 v 开始深度优先遍历图 G,并对每个顶点调用函数 visit( )一次且至多一次。一旦 visit( )失败,则操作失败。

（13）BFSTraverse(G, v, visit( ))

初始条件：图 G 存在,v 是 G 中某个顶点,visit 是对顶点的应用函数。

操作结果：从顶点 v 开始广度优先遍历图 G,并对每个顶点调用函数 visit( )一次且至多一次。一旦 visit( )失败,则操作失败。

6.3　图的存储结构

1. 图的存储表示分析

由于图中顶点之间的关系是多对多的,即 m：n,m 和 n 都是不定的,所以图中顶点之间逻辑上的邻接关系不能通过其存储位置反映,必须另外申请空间存储顶点之间的邻接关系。

2. 图的存储结构

图中包括如下信息:(1)顶点信息;(2)边(弧)信息;(3)顶点数、边(弧)数。

其中:

• 顶点的存储

在图的应用中,顶点集动态变化的几率十分小,所以顶点集可以采用数组存储,数组可按预先估计的最大顶点数分配空间。如:

#define MAX_VERTEX_NUM 20   //最大顶点数

• 顶点关系的存储

在顶点确定的情况下,边或弧的数目往往是不确定的;且在实际应用中,也可能会动态改变图中顶点之间的关系。通常采用下述方法存储顶点之间的关系集:

(1)邻接矩阵表示法:矩阵中的第 i 行第 j 列的元素反映图中第 i 个顶点到第 j 个顶点是否存在边或弧;若存在,用 1 表示,否则用 0 表示;如果边或弧上有权(附加的信息),用权值表示存在;反之人为给定一个数,表示不存在。

(2)邻接表表示法:将每一顶点的邻接点位置串接成一个单向链表,称为邻接表。对于有向图/网来说,该邻接表反映的是顶点的出边表。

6.3.1 图的邻接矩阵表示

1. 邻接矩阵的定义

假设图 G=(V,E)有 n 个顶点,则邻接矩阵是一个 n×n 的方阵。

图的邻接矩阵定义为:

$$arc[i][j] = \begin{cases} 1 & \text{若}(v_i, v_j) \in E \text{ (或}<v_i, v_j> \in E) \\ 0 & \text{其他} \end{cases}$$

网的邻接矩阵定义为:

$$arc[i][j] = \begin{cases} w_{ij} & \text{若}(v_i, v_j) \in E \text{ (或}<v_i, v_j> \in E) \\ 0 & \text{若 } i=j \\ \infty & \text{其他,}\infty\text{是人为指定的一个数,用于表示不存在邻接关系} \end{cases}$$

例 6-1:无向图的邻接矩阵,如图 6-7 所示的图与其对应的邻接矩阵。

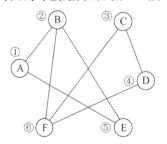

图 6-7 图与其对应的邻接矩阵

例 6-2：有向网的邻接矩阵，如图 6-8 所示的图与其对应的邻接矩阵。

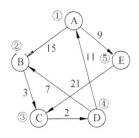

0	15	∞	∞	9
∞	0	3	∞	∞
∞	∞	0	2	∞
11	7	∞	0	∞
∞	∞	21	∞	0

图 6-8   图与其对应的邻接矩阵

2. 图的邻接矩阵存储类型

基本思想：用一个一维数组存储图中顶点的信息，用一个二维数组（称为邻接矩阵）存储图中各顶点之间的邻接关系，用两个整型变量存储图中的顶点数和边（弧）数。

图的邻接矩阵定义：

```
#define   VNUM   20                       //图中顶点的最大数目
typedef   struct
{
    VertexType vexs[VNUM];                // 存储顶点信息
    int   arcs[VNUM][VNUM];               // 存储顶点的关系
    int   vexNum, arcNum;                 // 存储顶点数、弧数
}MGraph;                                  //定义图的类型
```

其中 VertexType 为顶点的数据类型。

例如：

```
MGraph G;
```

G 是一个结构体类型变量，它可以存放一个图的信息，它的存储结构如图 6-9 所示。

一维数组存放顶点信息　　　二维数组存放边的信息　　　两个整型变量存放顶点数和边数

图 6-9   G 的邻接矩阵存储示意图

网的邻接矩阵定义：

```
#define   VNUM   20                       //图中顶点的最大数目
typedef   struct
{
    VertexType   vexs[VNUM];              //存储顶点信息
    WeightType   arcs[VNUM][VNUM];        //存储顶点的关系(边或弧上的权值)
    int   vexNum, arcNum;                 //存储顶点数,弧数
}NetGraph;                                //定义网的类型
```

其中 WeightType 为边或弧上权值的数据类型。

3. 图的邻接矩阵生成算法

图的邻接矩阵生成算法的主要步骤：

(1) 输入图的顶点个数和边的个数；

(2) 输入顶点信息存储在一维数组 vexs 中；

(3) 初始化邻接矩阵(每个元素置 0)；

(4) 依次输入每条边存储在邻接矩阵 arcs 中。

```
{    输入边依附的两个顶点的序号 i,j；
     将邻接矩阵的第 i 行第 j 列的元素值置为 1；
     将邻接矩阵的第 j 行第 i 列的元素值置为 1；
}
```

创建图的邻接矩阵的算法如下：

【算法 6.1】

```
void crt_gragh(MGragh * G )
{
    scanf("%d%d",&G->vexNum,&G->arcNum);              //顶点数和边数
    for(i=0;i<G->vexNum;i++) scanf(&G->vexs[i]);
    for(i=0;i<G->vexNum;i++)
        for(j=0;j<G->vexNum;j++) G->arcs[i][j]=0;
    for(k=0;k<G->arcNum;k++)
    {
        scanf("%d%d",&i,&j);                 //读入一条边邻接的两个从 1 开始的序号
        G->arcs[i-1][j-1]=1;
        G->arcs[j-1][i-1]=1;
    }
}                                                      //crt_gragh
```

4. 邻接矩阵的特点

(1) 存储特点是一种顺序存储结构。

(2) 二维数组 arcs 中的元素值描述了边的邻接关系以及边上是否有权。

(3) 无向图和无向网的邻接矩阵是对称矩阵，有向图和有向网的邻接矩阵不一定是对称矩阵。

(4) 对于边(弧)个数较少的稀疏图，其邻接矩阵也稀疏，有较多的 0，用二维数组存储邻接矩阵时存储空间利用率低。

5. 邻接矩阵上适合的操作

(1) 计算顶点的度：无向图中第 i 个顶点的度为二维数组 arcs 的第 i 行或第 i 列的非零元素个数或非∞元素的个数；有向图中第 i 个顶点的出度为 arcs 二维数组的第 i 行非零元素个数或非∞元素的个数；有向图中第 i 个顶点的入度为 arcs 二维数组的第 i 列的非零元素个数或非∞元素的个数。计算无向图顶点的度或有向图顶点的出度的程序段为：

```
for(i=0;i< G.vexNum;i++)
{
    d[i]=0;
    for(j=0;j<G.vexNum;j++)
        if(G.arcs[i][j]!=0) d[i]++;
}
```

（2）求一个顶点的所有邻接点：二维数组 arcs 第 i 行的所有非零元素（不包括∞）均表示与第 i 个顶点有邻接关系。

```
for(j=0;j<G.vexNum;j++)
    if(G.arcs[i][j]!=0)顶点 j 与顶点 i 有邻接关系
```

（3）插入或删除一条边（弧）：根据要插入或删除边（弧）的位置，修改二维数组某个元素的值。

不太适合的操作有：顶点的插入和删除（二维数组不能随意增加行或列）；图的遍历等。

6.3.2 图的邻接表表示

基本思想：对图中每个顶点建立一个与该顶点有邻接关系的顶点单链表；用一个一维结构体数组存储顶点的值和各顶点单链表的头指针；用整型变量存储图中的顶点数和边（弧）数。

例 6-3：有向图和对应的邻接表（按出度创建）和逆邻接表（按入度创建）存储结构，见图 6-10。

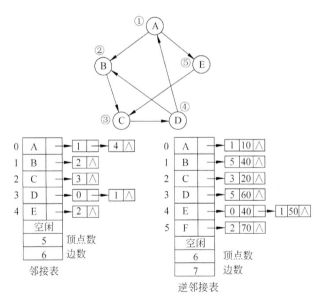

图 6-10　图的邻接表和逆邻接表示意图

邻接表便于求顶点的出度（顶点对应的单向链表的结点数），不便于求顶点的入度。如果实际问题中需要求顶点的入度，可以采用逆邻接表。

例 6-4：有向网和对应的邻接表和逆邻接表，见图 6-11。

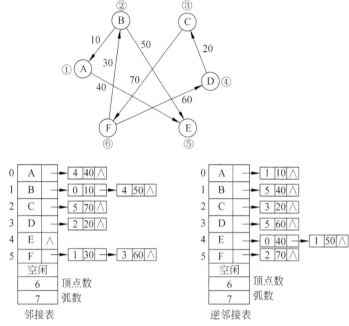

图 6-11　有向网及其对应的邻接表和逆邻接表

邻接表的头结点和边结点的结构如图 6-12 所示：

图 6-12　邻接表头结点和边结点的示意图

对于无向图：第 i 个链表是与顶点 V_i 相邻接的所有邻接点构成的单链表；

对于有向图：第 i 个链表是以 V_i 为弧尾的所有弧头结点构成的单链表。

1．图的邻接表存储类型

（1）邻接表的边结点类型

```
#define MaxSize 20              //图的最大顶点数
typedef struct ArcNode
{
    int adjvex;                /* 弧所指向的顶点的位置 */
    struct ArcNode * nextArc;  /* 指向下一条弧的指针 */
    [WeightType info;]         /* 用于存放边上的信息,可有可无,视实际情况而定 */
} ArcNode;                     //边结点类型
```

说明：边结点类型中的第 3 个成员，根据数据确定，可有可无。

（2）邻接表的表头结点类型

```
typedef struct VertexNode
```

```
{
    TelemType vertex;
    ArcNode * firstArc;
} VertexNode;                               //表头结点类型
```

其中 TelemType 为顶点类型。

（3）图的邻接表类型

```
typedef  struct ALGraph
{
    VertexNode adjlist[MaxSize];
    int vexNum, arcNum;
} ALGraph;                                  //图的邻接表类型
```

2. 有向图的邻接表生成算法

有向图的邻接表生成算法的主要步骤：

（1）输入图的顶点个数和弧的个数；

（2）输入顶点信息，初始化该顶点的边表；

（3）依次输入弧的信息并插入到边表中。

　　　　〔输入弧所依附的弧尾和弧头的序号 i 和 j；

　　　　　生成邻接点序号为 j 的边表结点 s；

　　　　　将结点 s 插入到第 i 个边表的头部；

　　　　〕

创建有向图的邻接表的算法如下：

【算法 6.2】

```
void  build_adjlist(ALGraph * G)
{
    scanf("%d%d",&G->vexNum,&G->arcNum);        //顶点个数和弧数
     for(i=0;i< G->vexNum;i++)                  //创建表结点
    {
        scanf(G->adjlist[i].vertex);
         G->adjlist[i].firstArc=NULL;
    }
    for(k=0;k< G->arcNum;k++)                   //创建边
    {
        scanf(&i,&j);                          //读入一对顶点序号,序号从 1 开始
        p=( ArcNode * )malloc(sizeof(ArcNode));//生成结点
        p->adjvex=j-1;
        p->nextArc=G->adjlist[i-1].firstArc;
        G->adjlist[i-1].firstArc=p;
    }
}                                              //build_adjlist
```

3. 邻接表的性质

（1）图的邻接表的表示不是唯一的，它与邻接点的读入顺序有关；

（2）无向图邻接表中第 i 个单链表中结点个数为第 i 个顶点的度；

（3）有向图邻接表中第 i 个单链表中结点个数为第 i 个顶点的出度；其逆邻接表中第 i 个单链表中结点个数为第 i 个顶点的入度；

（4）无向图的边数为邻接表中结点个数的一半，有向图的弧数为邻接表中结点个数。

4. 邻接表的特点

存储特点：邻接表是一种顺序＋链式的存储结构，当图中顶点个数较多，而边比较少时，可省大量的存储空间。

较为适合的操作有：计算顶点 V_i 的出度；求一个顶点的所有邻接点；插入或删除一条边（弧）；求顶点的一个邻接点的下一个邻接点等；

不太适合的操作有：顶点的插入和删除；顶点的入度等。

6.3.3 有向图的十字链表表示

有向图的邻接表便于求顶点的出度，有向图的逆邻接表便于求顶点的入度。十字链表是将有向图的邻接表和逆邻接表结合起来得到的一种链表，在实际应用中，求顶点的度是非常方便的。十字链表的结点结构如图 6-13 所示。

tailvex	headvex	hlink	tlink	info
边起点	边终点	下一入边指针	下一出边指针	[弧的权值]

链表结点

data	firstin	firstout
顶点信息	入边头指针	出边头指针

表头结点

图 6-13　十字链表结点结构示意图

（1）十字链表的结点类型

```
#define MAX_VERTEX_NUM 20
typedef struct ArcBox
{
    int tailvex, headvex;            //该弧的尾和头顶点的位置
    struct ArcBox * hlink, * tlink;  //分别指向下一个弧头相同和弧尾相同的弧的指针域
    InfoType * info;                 //该弧相关信息的指针
} ArcBox;
```

（2）表头结点类型

```
typedef struct VexNode
{
    VertexType data;
    ArcBox * firstin, * firstout;    //分别指向该顶点第一条入弧和第一条出弧
```

```
} VexNode;
```

（3）十字链表类型

```
typedef struct
{
    VexNode xlist[MAX_VERTEX_NUM];          //表头向量
    int vexNum, arcNum;                      //有向图的当前顶点数和弧数
} OLGraph;
```

例 6-5：有向图和十字链表存储结构示意图见图 6-14。

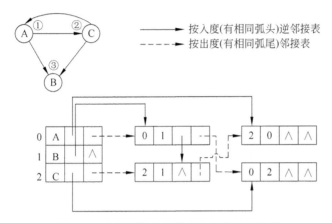

图 6-14   有向图和十字链表存储结构示意图

从图 6-14 中不难发现，求任意顶点的出度和入度是非常简单的，只要在一维结构体数组中找到顶点所在的数组元素，根据数组元素的两个指针成员，分别求它们指向链表的结点数即可。

如顶点 A 的入度为顶点 A 的逆邻接表的单向链表的结点数 1，A 的出度为顶点 A 的邻接表的单向链表的结点数 2，A 的度为 3。

6.3.4   无向图的邻接多重表表示

在实际应用中，常常需要对图的边进行操作（修改边上的权值），但是在图的邻接表结构中，一条边依附的两个顶点在两个不同的边链表中，需要修改两次。如果将一条边的信息用一个结点表示，会使得对边的操作更加方便，如图 6-15 所示。

当需要修改边 (v_1, v_4) 上的权值时，先找到 v_1 所在的表头结点，再在边链表中找到顶点 v_4 所在的边结点，修改其权值即可。

其中边结点的各个信息如下：

- mark：标志域，用于标记该边是否被搜索过。
- ivex、jvex：存储该边依附的两个顶点在图中的位置（如顶点的编号等）。
- ilink：指示下一条依附于顶点 ivex 的边。
- jlink：指示下一条依附于顶点 jvex 的边。
- info：存储和边相关的各种信息的指针域。

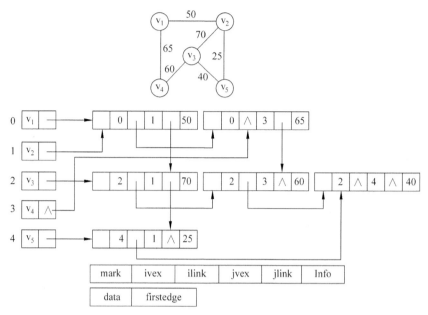

图 6-15　无向图的邻接多重表示意图

其中顶点结点的各个信息如下：

- data：存储和该顶点相关的信息。
- firstedge：指向第一条依附于该顶点的边。

无向图的邻接多重表存储类型定义为：

```
# define MAX_VERTEX_NUM 20
```

（1）边结点类型描述：

```
typedef struct Ebox
{
    int mark;                          //访问标记
    int ivex, jvex;                    //该边依附的两个顶点的位置
    struct Ebox * ilink, * jlink;      //分别指向依附这两个顶点的下一条边
    InfoType * info;                   //该边信息指针
} EBox;
```

（2）顶点结点类型描述：

```
typedef struct VexBox
{
    VertexType data;
    EBox * firstedge;                  //指向依附该顶点的第一条边
} VexBox;
```

（3）多重邻接表的类型描述：

```
typedef struct
```

```
{
    VexBox adjmulist[MAX_VERTEX_NUM];
    int vexNum, edgeNum;                    //无向图的当前顶点数和边数
} AMLGraph;
```

6.4 图 的 遍 历

图的遍历指的是从图的某顶点出发,按一定的搜索路径访问所有顶点,并保证每个顶点仅被访问一次。但是由于一个顶点可能邻接多个顶点,不论按照什么样的搜索路径,到达同一顶点的次数往往不止一次,必须解决顶点的重复访问问题。

通常采用一个标记标识某顶点是否已被访问过。设辅助数组:int visited[n];用来记录每个顶点是否被访问过。如果第 i 个顶点被访问过,visited[i]为 1,否则 visited[i]为 0。

6.4.1 连通图的深度优先搜索(Depth-First Search)

1. 深度优先遍历算法

算法思想:从图中某个顶点 v_i 出发,访问此顶点,然后依次从 v_i 的各个未被访问的邻接点出发深度优先搜索遍历图,直至图中所有和 v_i 有路径相通的顶点都被访问到。

算法描述如下:

(1)访问顶点 v_i;

(2)从 v_i 的未被访问的邻接点中选取一个顶点 w,从 w 出发进行深度优先遍历;

(3)重复上述两步,直至图中所有和 v_i 有路径相通的顶点都被访问到。

如果选定第一个被访问的结点是 v_3,则图 6-16 的深度优先遍历顶点访问次序是:$v_3 \rightarrow v_2 \rightarrow v_4 \rightarrow v_9 \rightarrow v_1 \rightarrow v_6 \rightarrow v_5 \rightarrow v_8 \rightarrow v_7$。

其中图 6-16 的实线表示前进的路线,虚线表示回退的路线。从图 6-16 的深度优先遍历示意图中不难看出,在深度优先搜索的路径中,到达某一个顶点时,只要该顶点存在未被访问过的邻接

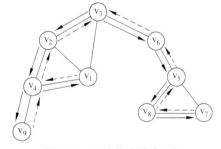

图 6-16 深度优先搜索示例

点,就要对该邻接点做相同的处理,因此深度优先遍历算法是递归的。深度优先遍历算法的实现可以用递归函数也可以用非递归函数。

表 6-1 给出图 6-16 所示图的深度优先遍历过程。其中,用栈保存深度优先搜索的路径中遇见的顶点的序号,用一维数组存放顶点是否被访问的标记。

表 6-1 深度优先遍历过程

搜 索 路 径	栈	标记数组 visited	深度优先遍历结果
从 v_3 开始	栈空	0 0 0 0 0 0 0 0 0 0	
visted[3]为 0; 访问 v_3,v_3 的序号进栈; 置 visted[3]为 1	3	0 0 0 **1** 0 0 0 0 0 0	v_3

续表

搜 索 路 径	栈	标记数组 visited	深度优先遍历结果
取与 v_3 有邻接关系的 v_2， visted[2]为 0； 访问 v_2，v_2 的序号进栈； 置 visted[2]为 1	3 2	0　0　1　1　0　0　0　0　0　0	v_3 v_2
取与 v_2 有邻接关系的 v_4， visted[4]为 0； 访问 v_4，v_4 的序号进栈； 置 visted[4]为 1	3 2 4	0　0　1　1　1　0　0　0　0　0	v_3 v_2 v_4
取与 v_4 有邻接关系的 v_9， visted[9]为 0； 访问 v_9，v_9 的序号进栈； 置 visted[9]为 1	3 2 4 9	0　0　1　1　1　0　0　0　0　1	v_3 v_2 v_4 v_9
与 v_9 有邻接关系的顶点均被访问过，v_9 出栈。	3 2 4	0　0　1　1　1　0　0　0　0　1	v_3 v_2 v_4 v_9
取与 v_4 有邻接关系的 v_1， visted[1]为 0； 访问 v_1，v_1 的序号进栈； 置 visted[1]为 1	3 2 4 1	0　1　1　1　1　0　0　0　0　1	v_3 v_2 v_4 v_9 v_1
与 v_1 有邻接关系的顶点被访问过，v_1 出栈	3 2 4	0　1　1　1　1　0　0　0　0　1	v_3 v_2 v_4 v_9 v_1
与 v_4 有邻接关系的顶点被访问过，v_4 出栈	3 2	0　1　1　1　1　0　0　0　0　1	v_3 v_2 v_4 v_9 v_1
与 v_2 有邻接关系的顶点被访问过，v_2 出栈	3	0　1　1　1　1　0　0　0　0　1	v_3 v_2 v_4 v_9 v_1
取与 v_3 有邻接关系的 v_6， visted[6]为 0； 访问 v_6，v_6 的序号进栈； 置 visted[6]为 1	3 6	0　1　1　1　1　0　1　0　0　1	v_3 v_2 v_4 v_9 v_1 v_6
取与 v_6 有邻接关系的 v_5， visted[5]为 0； 访问 v_5，v_5 的序号进栈； 置 visted[5]为 1	3 6 5	0　1　1　1　1　1　1　0　0　1	v_3 v_2 v_4 v_9 v_1 v_6 v_5
取与 v_5 有邻接关系的 v_8， visted[8]为 0； 访问 v_8，v_8 的序号进栈； 置 visted[8]为 1	3 6 5 8	0　1　1　1　1　1　1　0　1　1	v_3 v_2 v_4 v_9 v_1 v_6 v_5 v_8
取与 v_8 有邻接关系的 v_7， visted[7]为 0； 访问 v_7，v_7 的序号进栈； 置 visted[7]为 1	3 6 5 8 7	0　1　1　1　1　1　1　1　1　1	v_3 v_2 v_4 v_9 v_1 v_6 v_5 v_8 v_7
与 v_7 有邻接关系的顶点均被访问过，v_7 出栈	3 6 5 8		

搜 索 路 径	栈	标记数组 visited	深度优先遍历结果
与 v_8 有邻接关系的顶点均被访问过，v_8 出栈	3 6 5		
与 v_5 有邻接关系的顶点均被访问过，v_5 出栈	3 6		
与 v_6 有邻接关系的顶点均被访问过，v_6 出栈	3		
与 v_3 有邻接关系的顶点均被访问过，v_3 出栈	栈空，遍历结束		

2. 连通图的深度优先遍历算法

（1）深度优先遍历的递归算法

【算法 6.3】

```
void df_traver(Gragh G, int v,int visited[])
{  //Gragh是图的抽象数据类型,从v号顶点出发,深度优先遍历连通图G
    printf(v); visited[v]=1; w=FirstAdjVex(G, v);   //w为v的第一个邻接点编号
    while(w存在)
    {
        if(visited[w]==0) df_traver(G, w, visited);
        w=NextAdjVex(G, v, w);                      //找v的下一个邻接点
    }
}                                                   //dfs
```

（2）深度优先遍历的非递归算法

【算法 6.4】

```
void df_traver_no(Gragh G,int v)
{  //Gragh是图的抽象数据类型,从v号顶点出发,深度优先遍历连通图G
    Stack S; initStack(&S); int visited[100];
    for(i=0;i<G.vexNum;i++) visited[i]=0;
    printf(v);
    visited[v]=1; Push(S,v);
    while(! emptyStack(S))
    {
        k=GetTop(S);
        w=FirstAdjVex(G, k);                        //w为k的第一个邻接点编号
        while(w存在)
        {
            if(visited[w]==0)
            {
                printf(w);
                visited[w]=1;
```

```
                    Push(S,w);
                    break;
                }
                w=NextAdjVex(G, k, w);                    //找 k 的下一个邻接点
            }
            if(w 不存在) Pop(S);
        }
    }                                                       //dfs
```

3. 基于邻接矩阵存储结构的连通图的深度优先遍历递归算法

【算法 6.5】

```
void df_traver (MGraph G,int v,int visited[])      //递归
{   //G 的存储结构为邻接矩阵,v 为出发点编号对应的下标,标志数组已初始化为 0
    printf(G.vertex[v]);                              //访问顶点 v
    visited [v]=1;                                    //对顶点 v 做访问标志
    for (j=0; j<G.vertexNum; j++)                     //找与 v 存在邻接关系的顶点
        if (G.arcs[v][j]==1 && visited[j]==0)         //找到下一个未被访问的邻接点 j
            df_traver (G, j, visited);                //从顶点 j 出发做深度优先遍历
}
```

4. 基于邻接表存储结构的连通图的深度优先遍历非递归算法

【算法 6.6】

```
void df_traver_ALG_no(ALGraph G,int v)
{   //从 v 号顶点出发,深度优先遍历连通图 G
    SqStack S; initStack(S);
    for(i=0;i<G.vexNum;i++) visited[i]=0;
    printf(G.adjlist[v].vertex);                      //访问出发点
    visited[v]=1;                                      //做标志
    Push(S,v);                                         //进栈
    while (!emptyStack(S))
      {
        k=GetTop(S);                                   //取栈顶
        p=G.adjlist[k].firstArc;                       //p 指向第一个邻接点
        while(p)                                        //找未访问过的邻接点
        {
            if(p && visited[p->adjvex]==0)
            {
                printf(G.adjlist[p->adjvex].vertex);
                visited[p->adjvex]=1;
                Push(S,p->adjvex);
```

```
            break;
        }
        p=p->nextArc;
    }                                    //while(p)
    if(!p)Pop(S);                        //所有邻接点都被访问过的顶点出栈
    }
}                                        //dfs
```

6.4.2 连通图的广度优先搜索(Breadth-First Search)

1. 广度优先遍历算法

算法思想：从图中的某个顶点 v_i 出发，访问此顶点之后依次访问 v_i 的所有未被访问过的邻接点，之后按这些顶点被访问的先后次序依次访问它们的邻接点。

如果选定的第一个访问结点是 v_3，则对图 6-17 中顶点的访问次序是：$v_3 \to v_2 \to v_1 \to v_6 \to v_4 \to v_5 \to v_9 \to v_8 \to v_7$。

显然，先被访问的顶点，其邻接点也先被访问。实现时需要设置一个队列，用于记住访问顶点的次序。

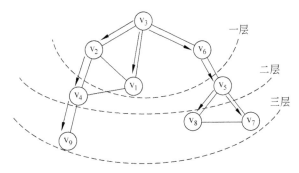

图 6-17 广度优先搜索示例

算法描述：

(1) 访问初始顶点 v_i，并将其顶点序号入队；

(2) 队列不空，则：队头顶点编号出队；依次访问它的每一个未访问的邻接点，并将其顶点编号入队；

(3) 重复(2)，直到队列空，遍历过程结束。

广度优先遍历过程见表 6-2。

表 6-2 广度优先遍历过程

搜索路径	队列	标记数组 visited										广度优先遍历结果
从 v_3 开始	队空	0	0	0	0	0	0	0	0	0	0	
访问 v_3，v_3 的序号进队列；置 visted[3] 为 1	3	0	0	0	**1**	0	0	0	0	0	0	v_3

续表

搜 索 路 径	队列	标记数组 visited	广度优先遍历结果
v_3 出队列： 与 v_3 有邻接关系未被访问过的顶点有 v_2,v_1,v_6，依次访问 v_2，v_1,v_6,v_2,v_1,v_6 的序号进队列； 置 visted[2]为 1； 置 visted[1]为 1； 置 visted[6]为 1	2 1 6	0 1 1 1 0 0 1 0 0 0	$v_3\ v_2\ v_1\ v_6$
v_2 出队列： 与 v_2 有邻接关系未被访问过的顶点 v_4，访问 v_4，v_4 的序号进队列；置 visted[4]为 1	1 6 4	0 1 1 1 1 0 1 0 0 0	$v_3\ v_2\ v_1\ v_6\ v_4$
v_1 出队列： 与 v_1 有邻接关系的顶点均被访问过	6 4	0 1 1 1 1 0 1 0 0 0	$v_3\ v_2\ v_1\ v_6\ v_4$
v_6 出队列： 与 v_6 有邻接关系未被访问过的顶点 v_5，访问 v_5，v_5 的序号进队列；置 visted[5]为 1	4 5	0 1 1 1 1 1 1 0 0 0	$v_3\ v_2\ v_1\ v_6\ v_4\ v_5$
v_4 出队列： 与 v_4 有邻接关系未被访问过的顶点 v_9，v_9 的序号进队列；置 visted[9]为 1	5 9	0 1 1 1 1 1 1 0 0 1	$v_3\ v_2\ v_1\ v_6\ v_4\ v_5\ v_9$
v_5 出队列： v_5 有邻接关系未被访问过的顶点 v_8,v_7；v_8,v_7 的序号进队列 置 visted[8]为 1； 置 visted[7]为 1；	9 8 7	0 1 1 1 1 1 1 1 1 1	$v_3\ v_2\ v_1\ v_6\ v_4\ v_5\ v_9\ v_8$ v_7
v_9 出队列： 与 v_9 有邻接关系的顶点均被访问过	8 7	0 1 1 1 1 1 1 1 1 1	
v_8 出队列： 与 v_8 有邻接关系的顶点均被访问过	7	0 1 1 1 1 1 1 1 1 1	
v_7 出队列： 与 v_7 有邻接关系的顶点均被访问过	队空，遍历结束	0 1 1 1 1 1 1 1 1 1	

2. 基于邻接表存储结构的连通图的广度优先遍历算法

【算法 6.7】

```
void bf_traver (AdjGraph G, int v0)
{  //队列 Q 存放已访问过的顶点编号,v0 为出发点编号
```

```
    InitQueue(Q);  printf(G.adjlist[v0].vextex);
    visited[v0]=1;  EnQueue(Q,v0);
    while (!QueueEmpty(Q))
    {
        v=DeQueue(Q); p=G.adjlist[v].firstArc;
        while (p!=NULL)
          {
            w=p->adjvex;                    //取邻接点编号
             if (visited[w]==0)
            {
                printf(G.adjlist[w].vextex);
                visited[w]=1;
                EnQueue(Q,w);
            }
            p=p->nextArc;
          }
      }
}                                           //bfs
```

6.4.3 非连通图的深度(广度)优先遍历

如果图是非连通的,从图中的某个顶点 v_i 出发深度(广度)优先遍历,只能遍历到包括 V_i 的连通分量,为此必须另选图中一个未曾被访问的顶点作起始点,重复上述过程,直至图中所有顶点都被访问到为止。

非连通图的深度(广度)优先遍历算法如下:

【算法 6.8】

```
void  traverGraph(Gragh G)
{                                        //具体实现时,Gragh 可以是邻接矩阵或邻接表
    for(v=0;v<n;v++) visited[v]=0;       //n 为图的顶点数
    for(v=0;v<n;v++)
        if (visited[v]==0)               //调用连通图的深度优先遍历或广度优先遍历
            df_traver(G, v);             //或 bf_travers(G, v);
}
```

6.4.4 图的遍历算法应用

在实际应用中,经常需要用到图的一些算法,包括:求一条包含图中所有顶点的简单路径;判断图中是否存在环;求从顶点 v_i 到顶点 v_j 的路径;求 v_i 和 v_j 之间的最短路径等问题。这些问题的解决,都可借助图的遍历算法实现。

例 6-6:求一条包含图中所有顶点的简单路径问题(见图 6-18)。

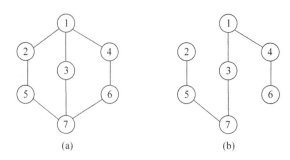

图 6-18　求简单路径问题

【分析】　该问题就是著名的哈密尔顿问题。对于任意的有向图或无向图 G，并不一定都能找到符合题意的简单路径。这样的简单路径要求包含 G. vexNum 个顶点，且互不相同。它的查找可以基于深度优先遍历。

在一个存在包含全部顶点的简单路径的图中，以下因素会影响该简单路径是否能顺利地查到：

(1) 起点的选择：如图 6-18(a)，其符合题意的一条简单路径如图 6-18(b)。若起点为 1，则不能找到符合题意的简单路径；

(2) 顶点的邻接点次序：进一步考查图 6-18(a)，以 2 为起点，2 的邻接点如果选择的是 1，而不是 5，此时也不能找到符合题意的解。

在基于 DFS 的查找算法中，由于起点和邻接点的选取是与顶点和邻接点的存储次序以及算法的搜索次序有关，不可能依据特定的图给出特定的解决算法。因此，在整个搜索中应允许存在查找失败，此时可采取回溯到上一层的方法，继续查找其他路径。引入数组 path 保存当前已搜索的简单路径上的顶点，引入计数器 n 记录当前该路径上的顶点数。

对 DFS 算法做如下修改：

(1) 计数器 n 的初始化，放在 visited 数组的初始化后；

(2) 访问顶点时，将该顶点序号存入数组 path 中，计数器 n＋＋；判断是否已获得所求路径，如果是，则输出结束，否则继续遍历邻接点；

(3) 某顶点的全部邻接点都访问后，仍未得到简单路径，则回溯，将该顶点置为未访问，计数器 n－－。

【算法 6.9】

```
void Hamilton(MGraph G)
{
    for ( i=0; i<G.vexNum; i++) visited[i]=0;
     n=0;
    for (i=0; i<G.vexNum; i++)
        if (!visited[i] ) DFS (G, i,path,&n);
}
void DFS(MGraph G, int i, int path[], int visited[], int * n)
{
```

```
    visited[i]=1;
    path[*n]=i; (*n)++;
    if ((*n)==G.vexNum )print(path);/*符合条件,输出该简单路径*/
    for(j=0; j<G.vexNum; j++)
        if ( G.arcs[i][j] && ! visited[j]) DFS( G,j,path, visited ,n);
    visited[i]=0;
     (*n)--;
}
```

思考:

- 若图中存在多条符合条件的路径,本算法是输出一条,还是输出全部?
- 如何修改算法,变成判断是否有包含全部顶点的简单路径?
- 如何修改算法,输出包含全部顶点的简单路径的条数?

例 6-7: 判断图中是否存在环。

【分析】 在图的深度优先遍历中,如果出现与某个顶点(不是初始点)有邻接关系的顶点均被访问过,则一定出现了回路。

对 DFS 算法做如下修改:

(1) 对顶点 v_i 做深度优先遍历时,先计算顶点 v_i 的度 d_i 和与该顶点 v_i 有邻接关系的访问标志数 v_i;

(2) 如果 $d_i==v_i$,则出现回路结束,否则继续寻找。

【算法 6.10】

```
void DFShuilu(MGraph G, int i,int visited[])
{
    visited[i]=1;
    for(int di=0,vi=0,j=0;j< G.vexNum;j++)
    {
        if ( G.arcs[i][j])
        {
            di++;
            if(visited[j])vi++;
        }
    }
    if(di==vi&&di!=1){printf("有回路\n");return;}
    for(j=0;j< G.vexNum;j++)
        if ( G.arcs [i] [j] && ! visited [j])
DFShuilu( G,j,visited);
}
```

例 6-8: 求无向图的顶点 a 到 i 之间的简单路径(见图 6-19)。

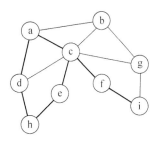

图 6-19 两个顶点之间的简单路径

【分析】 从顶点 **a** 出发进行深度优先搜索遍历。假设找到的第一个邻接点是 **d**,则可能得到的结点访问序列为:**a-d-h-e-c-f-i-g-b**,其中 **a-d-h-e-c-f—i** 是顶点 a 到 i 之间的一条简单路径。假设找到的第一个邻接点是 **c**,可能得到的结点访问序列为:**a-c-e-h-d-f-i-g-b**,其中 **a-c-f-i** 是顶点 a 到 i 之间的一条简单路径。

由此得出:

(1) 从顶点 a 到顶点 i,若存在路径,则从顶点 a 出发进行深度优先搜索,必能搜索到顶点 i。

(2) 由顶点 a 出发进行的深度优先遍历已经完成的顶点(所有的邻接点都已经被访问过,如遍历路线为 a—>c—>e—>h—>d—>f—>i,其中的顶点 d、h 和 e 是遍历任务已经完成的顶点,但不是顶点 a 到顶点 i 路径上的顶点)一定不是顶点 a 到顶点 i 路径上的顶点。因此在遍历的过程中,凡是该点的所有邻接点都被访问过,但是还没到达目的地 i,该顶点必须被删除。

【算法 6.11】

```
void DFSearchPath( MGraph G ,int v, int s, char PATH[], int visited[], int * found)
{   //从第 v 个顶点出发递归深度优先遍历图 G,
//求得一条从 v 到 s 的简单路径,并记录在 PATH 中
    visited[v-1]=1;                              //访问第 v 个顶点
    Append(PATH, G.vertex[v-1]);                 //第 v 个顶点加入路径
    for (j=0; j<G.vexNum && !(* found); j++)
       if (G.arcs[v-1][j]==1)
          if(j+1==s)
          {
              * found=1;
              Append(PATH, G.vertex[j]);
          }
          else if(visited[j]==0)DFSearchPath (G, j+1, s, PATH, visited, found);
          //从路径上删除顶点 v
    if (!(* found))Delete (PATH);
}
```

其中:函数 Append()和函数 Delete()分别对应遍历过程中对保存路径字符串的插入和删除。

例 6-9:求无向图的顶点 v_i 和 v_j 之间的最短路径(分支数最少),见图 6-20。

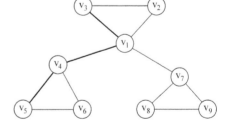

图 6-20　图中顶点 V_3 到 V_5 的最短路径示意图

【分析】 由于广度优先搜索访问顶点的次序是按"路径长度"渐增的次序,所以求路径长度最短的路径可以基于广度优先搜索遍历进行。

　　思路：本问题的求解转变成：从 v_3 出发进行 BFS，让进入队列的结点既能完成按层遍历，又能记住从 v_3 出发到 v_5 的路径，因此进入队列的结点必须记住与它邻接的上一层的顶点，出队列时不做删除，而是让队头指针记住当前出队列的结点。当遍历到 v_5 时，从最后一个结点，依次取结点的 prior，得到的就是从 v_3 到 v_5 的一条最短路径。

　　队列进行如下改动：

（1）队列的结点类型为：

prior	data	next

　　其中 prior 记进队列时的队头指针 Q. front，next 记后继结点指针，data 存放顶点值。

（2）进队列时，生成新结点的 prior 记住队头指针，next 为空。

（3）出队列时，结点并不真正从队列删除，而是改变队头指针 Q. front，用 Q. front 记住出队列的结点指针。

　　图 6-20 的广度优先遍历对应的进队列和出队列的顺序为：v_3 进 v_3 出 v_1 进 v_2 进 v_1 出 v_4 进 v_7 进 v_2 出 v_4 出 v_5 进。队列的变化见图 6-21。

【算法 6.12】

```
int BFSearchPath (MGraph G, int vi,int vj, Queue * Q)
{   /*初始化各顶点的访问标志,设置为未访问*/
    for ( i=0; i<G.vexNum; i++) visited[i]=0;
    InitQueue(Q);
    /*不考虑其他的连通分量,因为所求的顶点必定与 vi 在同一个连通分量中 */
    EnQueue (Q, vi ); visited[vi]=1;
    while(!QueueEmpty(Q))
    {
        DeQueue(Q,&v);                        /* v 出队 */
        for( w=0; w<G.vexNum; w++)
            if (G.arcs[v][w] && !visited[w] )
            {
                visited[w]=1; EnQueue(Q, w);
                if(w==vj)break;
            }
        if(w>=G.vexNum)continue;
    }
}
```

其中的进队列和出队列函数如下：

```
void EnQueue ( Queue  * Q, QelemType e )
{
    p=(PtrQnode)malloc(sizeof(Qnode)); p->data=e; p->next=NULL;
    p->prior=Q->front;
    Q->rear->next=p;   Q->rear=p;
}
void DeQueue(Queue * Q,QelemType * e)
```

```
{      * e =Q->front->next->data;
       Q->front=Q->front->next;
}
```

图 6-21　用队列保存从 v_3 到 v_5 的一条最短路径示意图

6.5　图的连通性

6.5.1　无向图的连通分量和生成树

生成树可以保证连通分量中的全部顶点是连通的,并且边数是最少的,因而在实际应用中相当广泛。连通的无向图对应一棵生成树;非连通的无向图对应生成森林,见图 6-22。

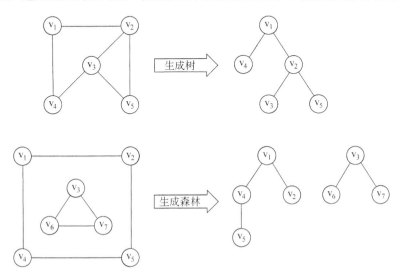

图 6-22　生成树与生成森林示意图

图的生成树不唯一,从不同的顶点出发可得到不同的生成树;用不同的搜索方法可得到不同的生成树,如深度优先搜索生成树、广度优先搜索生成树。深度优先搜索生成树是由深度优先遍历中按深度方向走过的边组成。广度优先搜索生成树是由广度优先遍历中按层从上到下走过的边组成,见图 6-23 中的顶点和加粗的边构成的树。

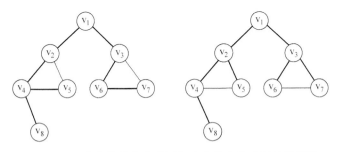

图 6-23　深度优先搜索生成树和广度优先生成树的示意图

6.5.2　最小生成树及应用

对于连通网,可能存在多棵不同的生成树,它们的共同特点是包含了图中所有的 n 个顶点和图中的 n−1 条边。在这些生成树中,必定存在一棵 n−1 条边的权值之和是最小的生成树,称为最小生成树。

最小生成树在实际应用中处处可见。如问题 1 中的天然气管道的路线设计,其实质就是求出连通各个小区网图的最小生成树。只有按照最小生成树来设计管道的铺设,才能使造价达到最低。求解连通网的最小生成树算法分别由普里姆和克鲁斯卡尔提出。

1. 普里姆算法(prim)

已知网 N=(V,E),普里姆算法的求解过程是最小生成树不断壮大的过程。

假设:U 集合存放的是最小生成树上的顶点,TE 是最小生成树的边集合。V 是图中顶点的集合,V-U 是图中剩余顶点的集合。

prim 算法可用下述过程描述,其中用 w_{uv} 表示顶点 u 与顶点 v 边上的权值。

(1) U={u1},TE={};

(2) while (U≠V)
```
    {
        (u,v)=min{W_uv;u∈U, v∈V-U }
        TE=TE+{(u, v)}; U=U+{v}
    }
```

(3) 结束。

图 6-24 (a)所示一个网,按照 prim 方法,从顶点 v_1 出发,该网的最小生成树的产生

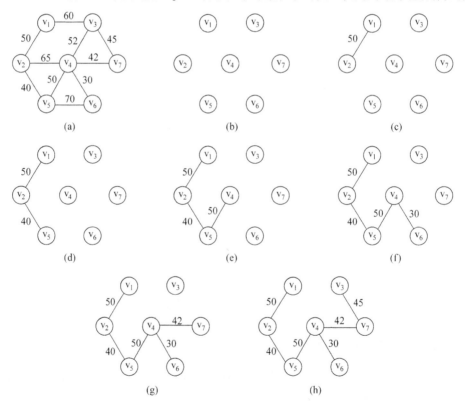

图 6-24　prim 算法构造最小生成树的过程示意图

过程如图 6-24 (b)、(c)、(d)、(e)、(f)和(g)所示。

为了实现 prim 算法,需设置一个辅助的一维结构体数组 lowcost,结构体数组元素由三个数据成员组成。第一个成员保存边依附的第 1 个顶点的序号,即已选上的顶点序号;第二个成员保存边依附的第 2 个顶点的序号,即待选顶点的序号,第三个成员保存集合 V-U 中各顶点与集合 U 中各顶点构成的边中具有最小权值边的权值。当权值为 0,表示该边已选上。

假设图 6-24 所示网的邻接矩阵存储结构为:

(1) 存放顶点的一维数组

v1	v2	v3	v4	v5	v6	v7

(2) 存放顶点关系和权值的二维数组(10000 表示不存在邻接关系)

	v1(0)	v2(1)	v3(2)	v4(3)	v5(4)	v6(5)	v7(6)
v1(0)	0	50	60	10 000	10 000	10 000	10 000
v2(1)	50	0	10 000	65	40	10 000	10 000
v3(2)	60	10 000	0	52	10 000	10 000	45
v4(3)	10 000	65	52	0	50	30	42
v5(4)	10 000	40	10 000	50	0	70	10 000
v6(5)	10 000	10 000	10 000	30	70	0	10 000
v7(6)	10 000	10 000	45	42	10 000	10 000	0

(3) 顶点数＝7,边数＝10

下面给出借助 lowcost 数组得到最小生成树的过程。

一维结构体数组 lowcost 的数组元素类型定义如下:

```
typedef struct
{
    int vi;            //存放生成树上顶点的下标
    int vj;            //存放待选顶点的下标
    int weigth;        //存放待选边上的权
}LowCost;
```

(1) 初始化。假设初始状态时,U＝{v_1}(v_1 为出发的顶点,在顶点数组中对应下标 0),这时有 lowcost[0].vi＝0;lowcost[0].vj＝0;lowcost[0].weigth＝0;它表示顶点 v_1 已加入集合 U 中,其余权值取自于邻接矩阵的第 0 行,见表 6-3。

表 6-3　选第 2 个顶点

选第 1 条边	Lowcost							U	TE	V-U
边依附的第 1 个顶点的下标(生成树上的点)	0	0	0	0	0	0	0			
边依附的第 2 个顶点的下标(待选点)	0	1	2	3	4	5	6	v_1		v_2, v_3, v_4, v_5, v_6, v_7
权值	0	**50**	60	10 000	10 000	10 000	10 000			
邻接矩阵的第 0 行	0	50	60	10 000	10 000	10 000	10 000			

(2) 在非 0 的权值中找到最小值 50,该边对应的第 2 个顶点下标为 1,表示顶点 v_2 被选上,U 集合增加一个顶点 v_2,边集合 TE 增加一条边(v_1,v_2),V-U 减少一个顶点 v_2。将 lowcost 数组中的 50 变为 0,用邻接矩阵的第 1 行的权值更新 lowcost 数组中的非 0 权值,更新的代码是:

```
for(j=0,j<G.vexNum;j++)
    if(G.arcs[1][j]<lowcoat[j].weigth)
    {
        lowcoat[j].weigth=G.arcs[1][j]; lowcoat[j].vi=1;
    }
```

结果见表 6-4。

表 6-4　选第 3 个顶点

选第 2 条边	Lowcost							U	TE	V-U
边依附的第 1 个顶点的下标(生成树上的点)	0	**0**	0	1(0)	1(0)	0	0			
边依附的第 2 个顶点的下标(待选点)	0	**1**	2	3	4	5	6	v_1, v_2	$(v_1,$ $v_2)$	v_3, v_4, v_5, v_6, v_7
权值	0	0	60	10 000	10 000	10 000	10 000			
更新后的权值	0	0	60	**65**	**40**	10 000	10 000			
邻接矩阵的第 1 行	50	0	10 000	65	40	10 000	10 000			

(3) 在非 0 的权值中找到最小值 40,该边对应的第 2 个顶点下标为 4,表示顶点 v_5 被选上,U 集合增加一个顶点 v_5,边集合 TE 增加一条边(v_2,v_5),V-U 减少一个顶点 v_5。将 lowcost 数组中的 40 变为 0,用邻接矩阵的第 4 行的权值更新 lowcost 数组中的非 0 权值,更新的代码是:

```
for(j=0,j<G.vexNum;j++)
    if(G.arcs[4][j]<lowcoat[j].weigth)
    {
        lowcoat[j].weigth=G.arcs[4][j];
        lowcoat[j].vi=4;
    }
```

结果见表 6-5。

表 6-5　选第 4 个顶点

选第 3 条边	Lowcost							U	TE	V-U
边依附的第1个顶点的下标(生成树上的点)	0	0	0	4(1)	1	4(0)	0	$v_1,v_2,$ v_5	(v_1,v_2) (v_2,v_5)	$v_3,v_4,$ v_6,v_7
边依附的第 2 个顶点的下标(待选点)	0	1	2	3	4	5	6			
权值	0	0	60	65	0	10 000	10 000			
更新后的权值	0	0	60	**50**	0	70	10 000			
邻接矩阵的第 4 行	10 000	40	10 000	50	0	70	10 000			

（4）在非 0 的权值中找到最小值 50，该边对应的第 2 个顶点下标为 3，表示顶点 v_4 被选上，U 集合增加一个顶点 v_4，边集合 TE 增加一条边（v_5,v_4），V-U 减少一个顶点 v_4。将 lowcost 数组中的 50 变为 0，用邻接矩阵的第 3 行的权值更新 lowcost 数组中的非 0 权值，更新的代码是：

```
for(j=0,j<G.vexNum;j++)
    if(G.arcs[3][j]<lowcoat[j].weigth)
    {
        lowcoat[j].weigth=G.arcs[3][j];
        lowcoat[j].vi=3;
    }
```

结果见表 6-6。

表 6-6　选第 5 个顶点

选第 4 条边	Lowcost							U	TE	V-U
边依附的第1个顶点的下标(生成树上的点)	0	**0**	3(0)	**4**	**1**	3(4)	3(0)	$v_1,$ $v_2,$ $v_5,$ v_4	(v_1,v_2) (v_2,v_5) (v_5,v_4)	v_3,v_7
边依附的第 2 个顶点的下标(待选点)	0	**1**	2	**3**	**4**	5	6			
权值	0	0	60	0	0	70	10 000			
更新后的权值	0	0	52	0	0	**30**	42			
邻接矩阵的第 3 行	10 000	65	52	0	50	30	42			

（5）在非 0 的权值中找到最小值 30，该边对应的第 2 个顶点下标为 5，表示顶点 v_6 被选上，U 集合增加一个顶点 v_6，边集合 TE 增加一条边（v_4,v_6），V-U 减少一个顶点 v_6。将 lowcost 数组中的 30 变为 0，用邻接矩阵的第 5 行的权值更新 lowcost 数组中的非 0 权值，更新的代码是：

```
for(j=0,j<G.vexNum;j++)
    if(G.arcs[5][j]<lowcoat[j].weigth)
    {
        lowcoat[j].weigth=G.arcs[5][j];
        lowcoat[j].vi=5;
    }
```

结果见表 6-7。

表 6-7　选第 6 个顶点

选第 5 条边	Lowcost							U	TE	V-U
边依附的第 1 个顶点的下标(生成树上的点)	0	**0**	3	**4**	**1**	**3**	3	v₁, v₂, v₅, v₄, v₆	(v₁,v₂) (v₂,v₅) (v₅,v₄) (v₄,v₆)	v₃, v₇
边依附的第 2 个顶点的下标(待选点)	0	**1**	2	**3**	**4**	**5**	6			
权值	0	0	52	0	0	0	42			
更新后的权值	0	0	52	0	0	0	**42**			
邻接矩阵的第 5 行	10 000	10 000	10 000	30	70	0	10 000			

（6）在非 0 的权值中找到最小值 42，该边对应的第 2 个顶点下标为 6，表示顶点 v_7 被选上，U 集合增加一个顶点 v_7，边集合 TE 增加一条边 (v_4,v_7)，V-U 减少一个顶点 v_7。将 lowcost 数组中的 42 变为 0，用邻接矩阵的第 6 行的权值更新 lowcost 数组中的非 0 权值，更新的代码是：

```
for(j=0,j<G.vexNum;j++)
    if(G.arcs[6][j]<lowcost[j].weigth)
    {
        lowcoat[j].weigth=G.arcs[6][j];
        lowcoat[j].vi=6;
    }
```

结果见表 6-8。

表 6-8　选第 7 个顶点

（6）	Lowcost							U	TE	V-U
边依附的第 1 个顶点的下标(生成树上的点)	0	0	6(3)	4	1	3	3	v₁, v₂, v₅, v₄, v₆, v₇	(v₁,v₂) (v₂,v₅) (v₅,v₄) (v₄,v₆) (v₄,v₇)	v₃
边依附的第 2 个顶点的下标(待选点)	0	1	2	3	4	5	6			
权值	0	0	52	0	0	0	0			
更新后的权值	0	0	**45**	0	0	0	0			
邻接矩阵的第 6 行	10 000	10 000	45	42	10 000	10 000	0			

（7）在非 0 的权值中找到最小值 45，该边对应的第 2 个顶点下标为 2，表示顶点 v_3 被选上，U 集合增加一个顶点 v_3，边集合 TE 增加一条边（v_7,v_3）。V-U 减少一个顶点 v_3，为空。将 lowcost 数组中的 45 变为 0，此时 lowcost[i]. weigth 均为 0，算法结束。（lowcost[i]. vi，lowcost[i]. vj），$i \neq 0$，对应最小生成树的 条边的两个顶点的下标，见表 6-9。

表 6-9 最终结果

（7）	Lowcost							U	TE	V-U
边依附的第 1 个顶点的下标（生成树上的点）	0	0	6	4	1	3	3	v_1,v_2,v_5,v_4,v_6,v_7,v_3	（v_1,v_2）（v_2,v_5）（v_5,v_4）（v_4,v_6）（v_4,v_7）（v_7,v_3）	为空
边依附的第 2 个顶点的下标（待选点）	0	1	2	3	4	5	6			
权值	**0**	**0**	**0**	**0**	**0**	**0**	**0**			

【算法 6.13】 prim 算法。

```
void prim(MGraph G)
{   /* 用 Prim 方法建立有 n 个顶点的邻接矩阵存储结构的网图的最小生成树 */
    int mincost,i,j,k;
    /* 从序号为 0 的顶点出发生成最小生成树 */
    //创建 lowcost 数组
    LowCost * lowcost=( LowCost * ) malloc(sizeof(LowCost) * G.vexNum);
    for (i=0;i<G.vexNum;i++)              /* 初始化 */
    {
        lowcost[i].vi=0;
        lowcost[i].vj=i;
        lowcost[i].weigth=G.arcs[0][i];
    }
    lowcost[0].weigth=0;
    for (i=1;i<G.vexNum;i++)
    {   //找最小的权值和当前最小权值的边的顶点 */
        mincost=MAXCOST;                  /* MAXCOST 为一个极大的常量值 */
        for(j=0;j<G.vexNum;j++)
            if (lowcost[j].weigth <mincost && lowcost[j].weigth!=0)
            {
                mincost=lowcost[j].weigth;
                k=j;
            }
        /* 输出生成树上的一条边 */
        printf(G.vexs[lowcost[k].vi+1], G.vexs[lowcost[k].vj+1],mincost);
        lowcost[k].weigth=0;
         for(j=0;j< G.vexNum;j++)         //更新权值
            if(G.arcs[k][j]<lowcost[j].weigth )
```

```
                    {
                        lowcost[j].weigth=G.arcs[k][j];
                        lowcost[j].vi=k;
                    }
                }
            }
```

prim 算法中出现了两个循环次数为 n 的嵌套循环,时间复杂度为 $O(n^2)$。

上述算法中用到的辅助数组 lowcost[i].vj 存放的是待选顶点的下标,可以不要,直接用数组 lowcost 的下标代替。即 lowcost 的类型定义为:

```
typedef struct
{
    int vi;                          //存放生成树上顶点的下标
    int weigth;                      //存放待选边上的权
}LowCost;
```

上述算法改为:

【算法 6.14】

```
void prim(MGraph G)
{   /*用 Prim 方法建立有 n 个顶点的邻接矩阵存储结构的网图的最小生成树*/
    int mincost,i,j,k;
    /*从序号为 0 的顶点出发生成最小生成树*/
    //创建 lowcost 数组
    LowCost * lowcost=( LowCost * ) malloc(sizeof(LowCost) * G.vexNum);
    for (i=0;i<G.vexNum;i++)              /*初始化*/
    {
        lowcost[i].vi=0;
        lowcost[i].weigth=G.arcs[0][i];
    }
    lowcost[0].weigth=0;
     for (i=1;i< G.vexNum;i++)
    {   //找最小的权值和当前最小权值的边的顶点*/
        mincost=MAXCOST;                 /*MAXCOST 为一个极大的常量值*/
        for(j=0;j<G.vexNum;j++)
            if (lowcost[j].weigth <mincost && lowcost[j].weigth! =0)
            {
                mincost=lowcost[j].weigth;   k=j;
            }
            /*输出生成树上的一条边*/
            printf(G.vexs[lowcost[k].vi+1], G.vexs[k+1],mincost);
            lowcost[k].weigth=0;
            for(j=0;j<G.vexNum;j++)          //更新权值
                if(G.arcs[k][j]<lowcost[j].weigth )
```

```
        {
            lowcost[j].weigth=G.arcs[k][j];
            lowcost[j].vi=k;
        }
    }
}
```

2. 克鲁斯卡尔（Kruskal）算法

为使生成树上边的权值之和最小,显然,其中每一条边的权值应该尽可能地小。克鲁斯卡尔算法的思想是:先构造一个只含 n 个顶点的子图 SG,然后从权值最小的边开始,若它的添加不使 SG 中产生回路,则在 SG 上加上这条边,如此重复,直至加上 n−1 条边为止。

克鲁斯卡尔算法的求解过程是连通分量不断合并的过程。

初始:n 个顶点组成 n 个连通分量;

循环处理:在两个连通分量中选择一条边(u', v');

选择条件:权值最小边的两个顶点属于两个不同的连通分量,即不使 SG 产生回路;

循环结束条件:只有一个连通分量。

如图 6-25 所示的克鲁斯卡尔算法构造的最小生成树。

算法描述如下:

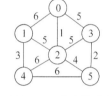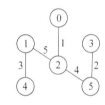

图 6-25　克鲁斯卡尔算法构造的最小生成树

```
构造非连通图 ST= ( V,{ } );
k=i=0;
while (k<n-1)
{
    ++i;
    从边集 E 中选取第 i 条权值最小的边(u,v);
    并且(u,v)的两个顶点属于不同的两个连通分量,则输出边(u,v);
    且 k++;
}
```

图 6-25 所示网的克鲁斯卡尔算法构造最小生成树的过程见表 6-10。

表 6-10　克鲁斯卡尔算法构造最小生成树的过程

连通分量	待　选　边	选边条件,权值最小, 不构成回路	生成树上的边
{0},{1},{2},{3}, {4},{5}	(0,1)权 6　**(0,2)权 1** (0,3)权 5　(1,2)权 5 (1,4)权 3　(2,3)权 5 (2,4)权 6　(2,5)权 4 (3,5)权 2　(4,5)权 6	(0,2)权 1	(0,2)

连通分量	待　选　边	选边条件,权值最小, 不构成回路	生成树上的边
{0,2},{1},{2},{3}, {4},{5}	(0,1)权6　(0,3)权5 (1,2)权5　(1,4)权3 (2,3)权5　(2,4)权6 (2,5)权4　**(3,5)权2** (4,5)权6	(3,5)权2	(0,2) (3,5)
{0,2},{1},{2},{3, 5},{4}	(0,1)权6　(0,3)权5 (1,2)权5　**(1,4)权3** (2,3)权5　(2,4)权6 (2,5)权4　(4,5)权6	(1,4)权3	(0,2) (3,5) (1,4)
{0,2},{3,5},{1,4}	(0,1)权6　(0,3)权5 (1,2)权5 (2,3)权5　(2,4)权6 **(2,5)权4**　(4,5)权6	(2,5)权4	(0,2) (3,5) (1,4) (2,5)
{0,2,3,5},{1,4}	(0,1)权6　(0,3)权5 **(1,2)权5**　(2,3)权5 (2,4)权6　(4,5)权6	(1,2)权5	(0,2) (3,5) (1,4) (2,5)(1,2)
{0,1,4,2,3,5}	(0,1)权6　(0,3)权5 (2,3)权5 (2,4)权6　(4,5)权6		

克鲁斯卡尔构造最小生成树的算法如下:
【算法 6.15】

```
#define MaxSize 20
#define MAXCOST 10000
typedef char ZFC[MaxSize];
void Kruskal (MGraph G)
{   /*用克鲁斯卡尔求解有 n 个顶点的邻接矩阵存储结构的网图的最小生成树 * /
/ *从序号为 0 的顶点出发 * /
    int i,j,k,t,p,q,x[MaxSize][4];
    ZFC c[MaxSize];                      //存放连通分量
    //初始化每个连通分量
    for(i=0;i<G.vexNum;i++)
    {
        c[i][0]=i+48;                    //将顶点的下标,转换成字符存入字符串 c[i]
        c[i][1]=0;                       //存入字符串结束标志
    }
    //提取边
    for(i=0,k=0;i< G.vexNum;i++)
        for(j=i;j< G.vexNum;j++)
            if(G.arcs[i][j]!=0 && G.arcs[i][j]!=MAXCOST)
            {
```

```
            x[k][0]=i;                //存放一条边依附的一个顶点编号
            x[k][1]=j;                //存放一条边依附的另一个顶点编号
            x[k][2]=G.arcs[i][j];     //存放边上的权值
            x[k][3]=0;                //存放访问标志
            k++;
        }
    //对边从小到大排序
    for(i=0;i<G.arcNum;i++)
        for(j=0;j<G.arcNum-1-i;j++)
            if(x[j][2]>x[j+1][2])
                for(p=0;p<4;p++)
                {
                    t=x[j][p];
                    x[j][p]=x[j+1][p];
                    x[j+1][p]=t;
                }
    //依次找最短的边,如果依附边的两个顶点不在同一个连通分量,将两个连通分量
      合并
    for(i=0,k=0;i<G.arcNum;i++)
    {
        p=find(c,G.vexNum,x[i][0]+48);
                                //判断顶点 x[i][0]所属的连通分量
        q=find(c,G.vexNum,x[i][1]+48);
                                //判断顶点 x[i][1]所属的连通分量
        if(p!=q)               //合并
        {
            strcat(c[p],c[q]);
            c[q][0]=0;          //置 c[q]为空串
            k++;
            x[i][3]=1;          //置访问标志为 1
        }
        if(k==G.vexNum-1)break;
    }
    printf("最小生成树的边为:\n");
    printf("%7s%7s%6s\n","顶点","顶点","权值");
    for(i=0;i<G.arcNum;i++)
        if(x[i][3]==1)
            printf("%7c%7c%6d\n",G.vertex[x[i][0]],
                G.vertex[x[i][1]],x[i][2]);
}
```

其中函数 find()为判断顶点属于哪个连通分量,算法如下:

```
int find(ZFC * s,int n,char c)
{
```

```
for(i=0;i<n;i++)
    for(j=0;j< strlen(s[i]);j++)if(s[i][j]==c)return i;
return -1;
}
```

一般来讲,由于普里姆算法的时间复杂度为 $O(n^2)$,则适于稠密图;而克鲁斯卡尔算法需对 e 条边按权值进行排序,其时间复杂度为 $O(e\log e)$,则适于稀疏图。

6.6　最　短　路　径

实际应用中,常见的问题有:从 A 地到 B 地的中转站少,花费少,时间少,速度快,路程短等等。这些都属于图中最短路径的问题范畴。本节将讨论带权有向图,并称路径上的第一个顶点为源点,最后一个顶点为终点。下面讨论两种最常见的最短路径问题。

6.6.1　求从某个源点到其余各点的最短路径

问题:给定有向图 $G=(V,E)$ 和源点 v_0,e 上的权值为 $W(e)$,求从 v_0 到 G 中其余各顶点的最短路径。常见三种情形:

① 没有路径;② 只有一条路径;③ 存在多条路径,必有一条最短。

设源点为 v_0,G 的存储结构为邻接矩阵。

解决方案:

- 直观的方法:将两点之间的所有路径都求出来,然后求最短的一条,显然效率较低。
- 迪杰斯特拉(Dijkstra)给出了一个按路径长度递增的次序求从源点到其余各点最短路径的算法——效率高,见图 6-26。

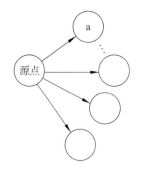

图 6-26　一个源点到其他顶点的最短路径

按路径长度递增的次序依次得到最短路径的分析如下:

(1) 长度最短的路径:从源点到其余各点的路径中,必然存在一条长度最短者。图 6-26 中所示这条长度最短的弧就是从源点到其余一个顶点 a 的最短路径。

(2) 长度次短的路径,从源点到某个顶点的路径可能有两种情况:

① 可能是从源点直接到该点的路径。

② 也可能是从源点到 a,再从 a 到该点的路径;

取①与②的小者作为源点到该点的路径长度。再对从源点到其余每个顶点的路径长度求最小值,即可得到长度次短的路径。

(3) 对长度再短的路径,依次类推。

如图 6-27 所示的带权有向图,从 v_0 到各点的最短路径。

存储结构:

① 图的存储结构:带权的邻接矩阵。

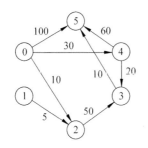

始点	终点	最短路径	路径长度
v_0	v_1	无	
	v_2	(v_0,v_2)	10
	v_3	(v_0,v_4,v_3)	50
	v_4	(v_0,v_4)	30
	v_5	(v_0,v_4,v_3,v_5)	60

图 6-27 图 G 从 v_0 到各点的最短路径

② 引进两个辅助数组来记源点 v_i（设其下标为 i）到其他顶点的路径长度和路径集合。

一维数组 dist：dist[i]表示当前求出的从源点到顶点 v_i 的路径长度。

二维数组 path：二维数组第 i 行 path[i]表示源点到 v_i 路径中所经过的顶点下标集合。

其初始状态为：若从源点 v_i 到 v_j 有弧，则 dist[j]为弧上的权值，即：

dist[j]＝G.arcs[i][j]；否则置 dist[j]为∞，并且：

path[j][0]＝i，path[j][k]＝−1，k＝1,…,G.vexNum−1；j!＝i；

算法描述：

为了使算法描述更加清晰，假设集合 S 存放的是已经找到最短路径的顶点，集合 T 存放的是未找到最短路径的顶点。

① 假设第一条最短路径为(v_i,v_j)，则 dist[j]＝min{dist[k] | v_k∈T}。

② 假设下一条长度次短的路径的终点是 v_m，则这条路径或者是(v_i,v_m)，长度是 dist[m]；或者是(v_i,v_j,v_m)，长度是 dist[m]＝dist[j]＋G.arcs[j][m]。所以有必要修改 T 集合顶点的距离和路径，即修改 dist[i]和路径 path[i]，i∈T。

```
dist[k]=min{dist[k], dist[j]+G.arcs[j][k]|j∈S,k∈T}
//将 path[j]中存放的路径顶点下标赋值到 path[k]中，再将下标 k 追加到最后
if(dist[k]==dist[j]+G.arcs[j][k]) path[k]=path[j]+k;
dist[m]=min{dist[k]|vk∈T}
```

③ 假设再下一条长度次短的路径的终点是 v_p，则这条路径或者是(v_i,v_p)，或者是(v_i,v_j,v_p)，或者是(v_i,v_j,v_m,v_p)。所以有必要修改 T 集合顶点的距离和路径，即修改 dist[i]和路径 path[i]，i∈T。

```
dist[k]=min{dist[k],dist[m]+G.arcs[m][k]|m∈S,k∈T}
//将 path[m]中存放的路径顶点下标赋值到 path[p]中，再将下标 p 追加到最后
if(dist[k]==dist[m]+G.arcs[m][k])path[k]=path[m]+k;
dist[p]=min{dist[k]|vk∈T}
```

重复执行上述操作，直到 dist 中的元素不是 0，就是∞。

下面给出图 6-27 从下标为 0 的源点出发到其余各个顶点最短路径的求解过程。表 6-11是图 6-27 对应的邻接矩阵。

表 6-11　图 6-27 对应的邻接矩阵

下标	0	1	2	3	4	5
0	0	∞	10	∞	30	100
1	∞	0	5	∞	∞	∞
2	∞	∞	0	50	∞	∞
3	∞	∞	∞	0	∞	10
4	∞	∞	∞	20	0	60
5	∞	∞	∞	∞	∞	0

设源点下标为 0，按递增的次序找 0 到其余顶点的最短路径。

用邻接矩阵的第 0 行对 dist 数组和 path 数组初始化。结果见表 6-12。

表 6-12　初始化

下标	0	1	2	3	4	5
dist	0	∞	10	∞	30	100
G.arcs[0]	0	∞	10	∞	30	100
path[0]	−1	−1	−1	−1	−1	−1
path[1]	0	−1	−1	−1	−1	−1
path[2]	0	2	−1	−1	−1	−1
path[3]	0	−1	−1	−1	−1	−1
path[4]	0	4	−1	−1	−1	−1
path[5]	0	5	−1	−1	−1	−1

（1）找从 0 开始的第 1 条最短路径。对 dist 的非零值和非∞求最小值为 10，并用 k 记下标 2。表示已经找到一条 0 到 2 的最短路径。用邻接矩阵的第 2 行对 dist 和 path 更新，置 dist[2]=0。

```
for(j=0;j<G.vexNum;j++)                    //更新 dist 和 path
    if(j!=2 && dist[j]!=0&&dist[j]!=∞)
        if(dist[2]+G.arcs[2][j]< dist[j])
        {
            dist[j]=dist[2]+G.arcs[2][j];    //更新距离
            //将 path[2]复制到 path[j]中
            for(m=0;m<G.vexNum;m++)path[j][m]=path[2][m];
            //找 path[j]的最后一个数据的下标,即第 1 个-1 的下标
            for(m=0;m<G.vexNum && path[j][m]!=-1;) m++;
            path[j][m]=j;                    //将下标 j 加到 path[j]的尾部
        }
dist[2]=0;
```

结果见表 6-13。

表 6-13 找第一条最短路径

(1)下标	0	1	2	3	4	5
dist	0	∞	**0(10)**	**60(∞)**	30	100
G. arcs[2]	∞	∞	0	50	∞	∞
path[0]	−1	−1	−1	−1	−1	−1
path[1]	0	−1	−1	−1	−1	−1
path[2]	**0**	**2**	−1	−1	−1	−1
path[3]	**0**	**2**	**3**	−1	−1	−1
path[4]	0	4	−1	−1	−1	−1
path[5]	0	5	−1	−1	−1	−1

(2) 找从 0 开始的第 2 条最短路径。对 dist 的非零值和非∞求最小值为 30,并用 k 记下标 4。表示已经找到一条 0 到 4 的最短路径。用邻接矩阵的第 4 行对 dist 和 path 更新,置 dist[4]=0。

```
for(j=0;j<G.vexNum;j++)                    //更新 dist 和 path
    if(j!=4 && dist[j]!=0&&dist[j]!=∞)
        if(dist[4]+G.arcs[4][j]< dist[j])
        {
            dist[j]=dist[4]+G.arcs[4][j];     //更新距离
            //将 path[4]复制到 path[j]中
            for(m=0;m< G.vexNum ;m++)path[j][m]=path[4][m];
            //找 path[j]的最后一个数据的下标,即第 1 个-1 的下标
            for(m=0;m< G.vexNum && path[j][m]!=-1;) m++;
            path[j][m]=j;                     //将下标 j 加到 path[j]的尾部
        }
dist[4]=0;
```

结果见表 6-14。

表 6-14 找第二条次短路径

(2)下标	0	1	2	3	4	5
dist	0	∞	0	**50(60)**	**0(30)**	**90(100)**
G. arcs[4]	∞	∞	∞	20	0	60
path[0]	−1	−1	−1	−1	−1	−1
path[1]	0	−1	−1	−1	−1	−1
path[2]	0	2	−1	−1	−1	−1

续表

（2）下标	0	1	2	3	4	5
path[3]	**0**	**4**	**3**	−1	−1	−1
path[4]	**0**	**4**	−1	−1	−1	−1
path[5]	**0**	**4**	**5**	−1	−1	−1

（3）找从 0 开始的第 3 条最短路径。对 dist 的非零值和非∞求最小值为 50，并用 k 记下标 3。表示已经找到一条 0 到 3 的最短路径。用邻接矩阵的第 3 行对 dist 和 path 更新，置 dist[3]=0。

```
for(j=0;j<G.vexNum;j++)                         //更新 dist 和 path
    if(j!=3 && dist[j]!=0&&dist[j]!=∞)
      if(dist[3]+G.arcs[3][j]<dist[j])
        {
            dist[j]=dist[3]+G.arcs[3][j];       //更新距离
            //将 path[3]复制到 path[j]中
            for(m=0;m< G.vexNum ;m++)path[j][m]=path[3][m];
            //找 path[j]的最后一个数据的下标,即第 1 个-1 的下标
            for(m=0;m<G.vexNum && path[j][m]!=-1;) m++;
             path[j][m]=j;                      //将下标 j 加到 path[j]的尾部
        }
dist[3]=0;
```

结果见表 6-15。

表 6-15　找第三条次短路径

（3）下标	0	1	2	3	4	5
dist	0	∞	0	**0(50)**	0	**60(90)**
G. arcs[3]	∞	∞	∞	0	∞	10
path[0]	−1	−1	−1	−1	−1	−1
path[1]	0	−1	−1	−1	−1	−1
path[2]	0	2	−1	−1	−1	−1
path[3]	**0**	**4**	**3**	−1	−1	−1
path[4]	0	4	−1	−1	−1	−1
path[5]	**0**	**4**	**3**	**5**	−1	−1

（4）找从 0 开始的第 4 条最短路径。对 dist 的非零值和非∞求最小值为 60，并用 k 记下标 5。表示已经找到一条 0 到 5 的最短路径。用邻接矩阵的第 5 行对 dist 和 path 更新，置 dist[5]=0。

```
for(j=0;j<G.vexNum;j++)                         //更新 dist 和 path
```

```
if(j!=5 && dist[j]!=0&&dist[j]!=∞)
    if(dist[5]+G.arcs[5][j]<dist[j])
    {
        dist[j]=dist[5]+G.arcs[5][j];                //更新距离
        //将 path[5]复制到 path[j]中
        for(m=0;m<G.vexNum ;m++)path[j][m]=path[5][m];
        //找 path[j]的最后一个数据的下标,即第 1 个-1 的下标
        for(m=0;m<G.vexNum && path[j][m]!=-1;) m++;
         path[j][m]=j;                               //将下标 j 加到 path[j]的尾部
    }
dist[5]=0;
```

结果见表 6-16。

表 6-16　找第四条次短路径

(4)下标	0	1	2	3	4	5
dist	0	∞	0	0	0	0(60)
G. arcs[5]	∞	∞	∞	∞	∞	0
path[0]	−1	−1	−1	−1	−1	−1
path[1]	0	−1	−1	−1	−1	−1
path[2]	0	2	−1	−1	−1	−1
path[3]	0	4	3	−1	−1	−1
path[4]	0	4	−1	−1	−1	−1
path[5]	0	4	3	5	−1	−1

（5）dist 数组中不存在非 0,又非∞的元素,结束。

dist 中有 4 个 0,说明从源点到 4 个其余顶点的最短路径已经找到。dist[1]为∞,说明源点到下标为 1 的顶点的最短路径不存在。

迪杰斯特拉算法如下:

【算法 6.16】

```
void  dijkstra(MGraph G, int v)
{
    int dist[MaxSize];
    int path[MaxSize][MaxSize];
    int i,j,k,m,min,n,flag;
    for(i=0;i<G.vexNum;i++)
        for(j=0;j<G.vexNum;j++) path[i][j]=-1;
        for(i=0;i<G.vexNum;i++)
        {   //以 10000 表示两个顶点之间不存在邻接关系
```

```
            dist[i]=G.arcs[v][i];
            if(dist[i]!=0 && dist[i]!=10000) path[i][0]=v;
        }
    n=0;flag=1;
    //从小到大找最短路径
    while(flag)
    {                                               //找 dist 的最小值
        k=0;min=10000;
        for(j=0;j<G.vexNum;j++)
            if(dist[j]!=0&&dist[j]<min){k=j;min=dist[j];}
                                                    //显示最短路径
        printf("第%d 条最短路径长度为%d--",++n,min);
        for(j=0;j<G.vexNum;j++)
        if(path[k][j]!=-1)printf("%d,",G.vexs[path[k][j]]);
        printf("\b)\n");
        //更新 dist 和 path
        for(j=0;j<G.vexNum;j++)                      //更新 dist 和 path
           if(j!=k && dist[j]!=0&&dist[j]!=10000)
                if(dist[k]+G.arcs[k][j]<dist[j])
                {
                    dist[j]=dist[k]+G.arcs[k][j];
                    //将 path[k]复制到 path[j]中
                    for(m=0;m<G.vexNum; m++)path[j][m]=path[k][m];
                    //找 path[j]的最后一个数据的下标,即第 1 个-1 的下标
                    for(m=0;m<G.vexNum && path[j][m]!=-1;) m++;
                    path[j][m]=j;                   //将下标 j 加到 path[j]的尾部
                }
            dist[k]=0;
            //判断路径是否求完,flag 为 1,表示继续求,否则完成
            flag=0;
            for(j=0;j<G.vexNum;j++)if(dist[j]!=0&&dist[j]<10000)flag=1;
    }                                               //while
}
```

从算法 6.16 中可以看到,其总的时间复杂度为 $T(n)=O(n^2)$。如果用带权的邻接表作为有向图的存储结构,则虽然修改 dist 的时间可以减少,但由于在 dist 数组中选择最小值的时间不变,所以总的时间仍为 $O(n^2)$。

6.6.2 每一对顶点之间的最短路径

一个解决办法是:每次以一个顶点为源点,重复执行 dijkstra 算法 n 次,$T(n)=O(n^3)$。

另一方法:由弗洛伊德(Floyd)提出,虽然 $T(n)=O(n^3)$,但形式较简单。

存储结构：

① 图的存储结构：带权的邻接矩阵。

② 引进两个辅助数组来记图中任意两点 v_i 到 v_j 的路径长度和路径集合。

二维数组 d：d[i][j]表示当前求出的 v_i 到 v_j 的路径长度。

二维数组 path：每个二维数组元素 path[i][j]是一个一维整型数组，存放当前 v_i 到 v_j 的路径所经过的顶点下标集合。

即：

```
#define   VNUM 20//图中顶点的最大数目
typedef   int   PATHINT[VNUM];          //PATHINT 是一个长度为 VNUM 的一维整型数组类型
/*二维数组 path 的数组元素类型为一维整型数组类型,每个数组元素是一个整型数组*/
PATHINT   path[VNUM][VNUM];
```

算法思想：

将开始的 d 记为 $d^{(-1)}$，开始的 path 记为 $path^{(-1)}$。

$d^{(-1)}[i][j] = G.arcs[i][j]$；$i, j = 0, \cdots, G.vexNum-1$；

如果 $d^{(-1)}[i][j] != \infty$，$path^{(-1)}[i][j] = \{i, j, -1, -1, \cdots, -1\}$；

否则 $path^{(-1)}[i][j] = \{-1, -1, -1, \cdots, -1, -1, \cdots, -1\}$；

$d^{(-1)}$ 的值不一定是最短路径长度。要求的最短路径长度，需进行 n 次试探。

$path^{(-1)}[i][j]$ 存放对应路径顶点的下标。

(1) 对每一条路径 $<v_i, v_j>$，首先考虑让路径经过顶点 v_0，比较路径 $<v_i, v_j>$ 和 $<v_i, v_0, v_j>$ 的长度，取其短者为当前求得的最短路径长度，记为 $d^{(0)}$。

(2) 在 $d^{(0)}$ 的基础上，对每一条路径，比较现有的路径长度和让路径经过顶点 v_1 的路径长度的大小，用小者替换，可求得 $d^{(1)}$。

⋮

(n) 在 $d^{(n-2)}$ 的基础上，对每一条路径，比较现有的路径长度和让路径经过顶点 v_{n-1} 的路径长度的大小，用小者替换，可求得 $d^{(n-1)}$。

如果从顶点 v_i 到顶点 v_j 的路径经过一个新顶点 v_k 能使路径长度缩短，则按下面的计算公式修改：

$$d^{(k)}[i][j] = d^{(k-1)}[i][k] + d^{(k-1)}[k][j]$$
$$path^{(k)}[i][j] = path^{(k-1)}[i][k] + path^{(k-1)}[k][j]$$

$d^{(-1)}, d^{(0)}, \cdots, d^{(k)}, \cdots, d^{(n-1)}$ 的递推关系是：

$$d^{(-1)}[i][j] = G.arcs[i][j]$$
$$d^{(k)}[i][j] = \min\{d^{(k-1)}[i][j], d^{(k-1)}[i][k] + d^{(k-1)}[k][j]\}$$
$$0 \leqslant k \leqslant n-1$$

其中，$d^{(k)}[i][j]$ 是从 v_i 到 v_j 的中间顶点的序号不大于 k 的最短路径的长度。

如图 6-28 所示的求解过程。

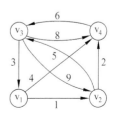

图 6-28　一个有向网

（1）初始化，结果见表 6-17。

表 6-17　初始化

$d^{(-1)}$	$0(v_1)$	$1(v_2)$	$2(v_3)$	$3(v_4)$	$path^{(-1)}$	$0(v_1)$	$1(v_2)$	$2(v_3)$	$3(v_4)$
$0(v_1)$	0	**1**	∞	**4**	$0(v_1)$		0,1		0,3
$1(v_2)$	∞	0	**5**	**2**	$1(v_2)$			1,2	1,3
$2(v_3)$	**3**	**9**	0	**8**	$2(v_3)$	2,0	2,1		2,3
$3(v_4)$	∞	∞	**6**	0	$3(v_4)$			3,2	

（2）用经过 v_1 的路径更新上一次的路径，得到 $d^{(0)}$ 和 $path^{(0)}$：

$$d^{(0)}[i][j] = \min\{d^{(-1)}[i][j], d^{(-1)}[i][0] + d^{(-1)}[0][j]\}$$

$$if(d^{(0)}[i][j] == d^{(-1)}[i][0] + d^{(-1)}[0][j])$$

$$path^{(0)}[i][j] = path^{(-1)}[i][0] + path^{(-1)}[0][j]$$

结果见表 6-18。

表 6-18　让 $d^{(-1)}$ 中的所有路径经过 v_1

$d^{(0)}$	$0(v_1)$	$1(v_2)$	$2(v_3)$	$3(v_4)$	$path(0)$	$0(v_1)$	$1(v_2)$	$2(v_3)$	$3(v_4)$
$0(v_1)$	0	**1**	∞	**4**	$0(v_1)$		0,1		0,3
$1(v_2)$	∞	0	**9**	**2**	$1(v_2)$			1,2	1,3
$2(v_3)$	**3**	**4(5)**	0	**7(8)**	$2(V_3)$	2,0	<u>2,0,1</u>		<u>2,0,3</u>
$3(v_4)$	∞	∞	**6**	0	$3(v_4)$			3,2	

（3）用经过 v_2 的路径更新上一次的路径，得到 $d^{(1)}$ 和 $path^{(1)}$：

$$d^{(1)}[i][j] = \min\{d^{(0)}[i][j], d^{(0)}[i][1] + d^{(0)}[1][j]\}$$

$$if(d^{(1)}[i][j] == d^{(0)}[i][1] + d^{(0)}[1][j])$$

$$path^{(1)}[i][j] = path^{(0)}[i][1] + path^{(0)}[1][j]$$

结果见表 6-19。

表 6-19　让 $d^{(0)}$ 中的所有路径经过 v_2

$d^{(1)}$	$0(v_1)$	$1(v_2)$	$2(v_3)$	$3(v_4)$	$path(1)$	$0(v_1)$	$1(v_2)$	$2(v_3)$	$3(v_4)$
$0(v_1)$	0	1	**10(∞)**	**3(4)**	$0(V_1)$		0,1	<u>0,1,2</u>	<u>0,1,3</u>
$1(v_2)$	∞	0	**9**	**2**	$1(V_2)$			1,2	1,3
$2(v_3)$	**3**	**4**	0	**6(7)**	$2(V_3)$	2,0	2,0,1		<u>2,0,1,3</u>
$3(v_4)$	∞	∞	**6**	0	$3(V_4)$			3,2	

（4）用经过 v_3 的路径更新上一次的路径，得到 $d^{(2)}$ 和 $path^{(2)}$：

$$d^{(2)}[i][j] = \min\{d^{(1)}[i][j], d^{(2)}[i][2] + d^{(1)}[2][j]\}$$

$$if(d^{(2)}[i][j] == d^{(1)}[i][2] + d^{(1)}[2][j])$$

$$path^{(2)}[i][j] = path^{(1)}[i][2] + path^{(1)}[2][j]$$

结果见表 6-20。

表 6-20　让 $d^{(1)}$ 中的所有路径经过 v_3

$d^{(2)}$	$0(v_1)$	$1(v_2)$	$2(v_3)$	$3(v_4)$	$path^{(2)}$	$0(v_1)$	$1(v_2)$	$2(v_3)$	$3(v_4)$
$0(v_1)$	0	**1**	**10**	**3**	$0(v_1)$		0,1	0,1,2	0,1,3
$1(v_2)$	**12(∞)**	0	**9**	**2**	$1(v_2)$	**1,2,0**		1,2	1,3
$2(v_3)$	**3**	**4**	0	**6**	$2(v_3)$	2,0	2,0,1		2,0,1,3
$3(v_4)$	**9(∞)**	**10(∞)**	6	0	$3(v_4)$	**3,2,0**	**3,2,0,1**	3,2	

（5）用经过 v_4 的路径更新上一次的路径,得到 $d^{(3)}$:

$$d^{(3)}[i][j]=\min\{d^{(2)}[i][j],\ d^{(2)}[i][3]+d^{(1)}[3][j]\}$$
$$if(d^{(3)}[i][j]==d^{(2)}[i][3]+d^{(2)}[3][j])$$
$$path^{(3)}[i][j]=path^{(2)}[i][3]+\ path^{(2)}[3][j]$$

结果见表 6-21。

表 6-21　让 $d^{(2)}$ 中的所有路径经过 v_4

$d^{(3)}$	$0(v_1)$	$1(v_2)$	$2(v_3)$	$3(v_4)$	$path^{(3)}$	$0(v_1)$	$1(v_2)$	$2(v_3)$	$3(v_4)$
$0(v_1)$	0	1	**9(10)**	3	$0(v_1)$		0,1	**0,1,3,2**	0,3
$1(v_2)$	**11(2)**	0	**8(9)**	2	$1(v_2)$	**1,3,2,0**		**1,3,2**	1,3
$2(v_3)$	3	4	0	6	$2(v_3)$	2,0	2,0,1		2,0,1,3
$3(v_4)$	9	10	6	0	$3(v_4)$	3,2,0	3,2,0,1	3,2	

其中 path[i][j][k] 中的非负数即为最短路径的顶点下标。

弗洛伊德算法如下:

【算法 6.17】

```
#define  MaxSize  20                //图中顶点的最大数目
typedef  int  PATHINT[MaxSize];
void floyd(MGraph G)
{
    int i,j,k,m,n,p;
    int d[MaxSize][MaxSize];
    PATHINT path[MaxSize][MaxSize];
    /*对数组 d 和 path 初始化*/
    for (i=0; i<G.vexNum; i++)
        for (j=0; j<G.vexNum; j++)
        {
            d[i][j]=G.arcs[i][j];
            for(k=0;k<G.vexNum; k++) path[i][j][k]=-1;
        }
```

```
printf("\ndist 的初值\n");
for (i=0; i<G.vexNum; i++)
{
    for (j=0; j<G.vexNum; j++) printf("%6d",d[i][j]);
    printf("\n");
}
/* 存放初始路径 */
for (i=0; i<G.vexNum; i++)
    for (j=0; j<G.vexNum; j++)
        if (d[i][j]!=10000 && d[i][j]!=0)
        {
            path[i][j][0]=i;
            path[i][j][1]=j;
        }
printf("\npath 的初值\n");
for (i=0; i< G.vexNum; i++)
{
    for (j=0; j<G.vexNum; j++)
    {
        for (k=0; path[i][j][k]!=-1; k++)printf("%d,",path[i][j][k]);
        if(k!=0)printf("\b");
        printf("\t\t");
    }
    printf("\n");
}
for (k=0; k<G.vexNum; k++)
{
    for (i=0; i<G.vexNum; i++)
        for (j=0; j<G.vexNum; j++)
            if (d[i][k]+d[k][j]<d[i][j])
            {
                d[i][j]=d[i][k]+d[k][j];
                /* 将 path[i][k]中存放的路径存入 path[i][j] */
                for (m=0;m<G.vexNum && path[i][k][m]!=-1;m++)
                    path[i][j][m]=path[i][k][m];
                /* 将 path[k][j]中存放的路径存入 path[i][j] */
                for (n=1;n<G.vexNum;m++,n++)
                    path[i][j][m]=path[k][j][n];
            }
    printf("\ndist 的第%d次迭代结果\n",k+1);
    for (m=0; m< G.vexNum; m++)
    {
        for (n=0; n<G.vexNum; n++) printf("%6d",d[m][n]);
```

```
        printf("\n");
    }
    printf("\npath 的第%d次选代结果\n",k+1);
    for (i=0; i<G.vexNum; i++)
    {
        for (j=0; j<G.vexNum; j++)
        {
            for(m=0; path[i][j][m]!=-1;m++)
                printf("%d,",path[i][j][m]);
            if(m!=0)printf("\b");
            printf("\t\t");
        }
        printf("\n");
    }
}
```

6.7　有向无环图及其应用

一个无环的有向图称为有向无环图(Directed Acycline Graph),简称 DAG。有向无环图在实际应用中非常广泛。

1. 有向无环图是描述含有公共子式的表达式的有效工具

例如：表达式((a+b) * (b * (c+d)+(c+d) * e) * ((c+d) * e)

可以用前面讨论的表达式二叉树来表示,如图 6-29 所示。仔细观察该表达式,发现表达式中有一些相同的子表达式,如(c+d)和(c+d) * e 等,它们在表达式二叉树中重复出现,浪费存储空间;若用有向无环图存储,则可实现对相同子式的共享,从而节省存储空间。例如图 6-30 所示为表示同一表达式的有向无环图。基于有向无环图的表达式计算在本节的案例实现中介绍。

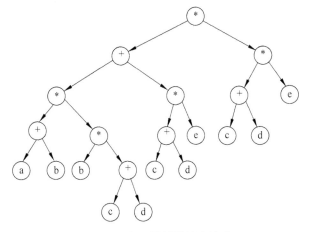

图 6-29　用二叉树描述表达式

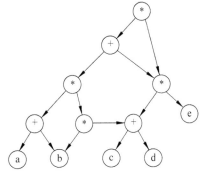

图 6-30　用有向无环图描述表达式

2. 有向无环图是描述一项工程或系统地进行过程控制的有效工具

几乎所有的工程(project)都可分为若干个称作活动(activity)的子工程,而这些子工程之间,通常受着一定条件的约束,如其中某些子工程的开始必须在另一些子工程完成之后。对整个工程和系统,人们关心的是两个方面的问题:一是工程能否顺利进行;二是估算整个工程完成所必需的最短时间。这样的问题可以通过对有向图进行拓扑排序和求解关键路径来解决。

6.7.1 拓扑排序

1. AOV 网

所有的工程或者某种流程可以分为若干个小的工程或阶段,这些小的工程或阶段就称为活动。若以图中的顶点表示活动,有向边表示活动之间的优先关系,则这样的用顶点表示活动的有向图简称为 AOV 网(Activity On Vertex Network)。在 AOV 网中,若从顶点 i 到顶点 j 有一条有向路径,则 i 是 j 的前驱;j 是 i 的后继。若<i,j>是网中一条弧,则 i 是 j 的直接前驱;j 是 i 的直接后继。

例如,计算机专业的学生必须完成一系列规定的基础课和专业课才能毕业。制订教学计划时按照怎样的顺序来安排这些课程呢?这个问题可以被看成是一个大的工程,其活动就是学习每一门课程。计算机专业的部分课程的关系如图 6-31 所示。

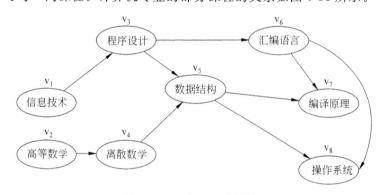

图 6-31   一个 AOV-网例子

从图 6-31 可以看出,信息技术、离散数学是独立于其他课程的基础课,而有的课却需要有先行课程,例如,学完程序设计和离散数学后才能学数据结构,先行条件规定了课程之间的优先关系。若课程 i 为课程 j 的先行课,则必然存在有向边<i,j>。在安排学习顺序时,必须保证在学习某门课之前,已经学习了其先行课程。

为了保证各个活动的安排顺序是合理的,对给定的 AOV 网应首先判定网中是否存在环。如果存在环,则表示活动之间的关系矛盾,活动安排不合理,需重新调整。检测的办法是对有向图构造其顶点的拓扑有序序列,若 AOV 网中所有顶点都在它的拓扑有序序列中,则该 AOV 网中必定不存在环。

2. 拓扑序列的定义

设图 G 是一个具有 n 个顶点的有向图,包含图 G 的所有 n 个顶点的一个序列是 v_{i1},

$v_{i2}, \cdots, v_{in}$，当满足下面条件时该序列称为图 G 的一个拓扑序列：

① 在 AOV 网中，若存在一条弧 $<i,j>$，即顶点 i 优先于顶点 j，则在拓扑序列中顶点 i 一定排在顶点 j 的前面；

② 对于网中原来没有优先关系的顶点 i 与顶点 j，在拓扑序列中也建立一个先后关系，或者顶点 i 优先于顶点 j，或者顶点 j 优先于 i。

如图 6-31 所示的两个拓扑序列为：$v_1 v_3 v_2 v_4 v_5 v_6 v_7 v_8$；$v_2 v_1 v_3 v_5 v_4 v_7 v_6 v_8$。

图 6-31 中的 v_1、v_2 没有优先关系，在第 1 个序列中，v_1 在 v_2 的前面；在第 2 个序列中，v_1 在 v_2 的后面。v_1、v_3 之间存在弧 $<v_1,v_3>$，则 v_1 在两个序列中，均出现在 v_3 的前面。

构造拓扑序列的过程称为拓扑排序。

显然，对于任何一项工程中各个活动的安排，必须按拓扑有序序列中的顺序进行才是可行的。

3．拓扑序列的特点

（1）一个有向图的拓扑序列一般不唯一。

（2）有向无环图一定存在拓扑序列。

4．拓扑排序的算法描述

（1）在有向图中选一个没有前驱的顶点（入度为 0）且输出；

（2）从图中删除该顶点以及以该顶点为弧尾的所有弧。

重复上述两步，直至全部顶点均已输出。

图 6-32 给出了在一个 AOV 网上实施上述步骤的过程。

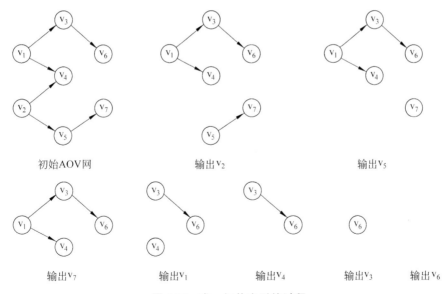

图 6-32　求一拓扑序列的过程

这样得到的一个拓扑序列为：$v_2, v_5, v_7, v_1, v_4, v_3, v_6$。

5．拓扑排序算法的实现

由于入度为零的顶点就是没有前驱的顶点，为了表示删除以该顶点为弧尾的弧，每输出一个入度为 0 的顶点，都必须将以该顶点为弧尾的弧头顶点的入度减 1。

为了实现上述算法，对 AOV 网采用邻接表存储方式，并且在邻接表中顶点结点中增加一个记录顶点入度的数据域，即顶点结构设为：

count	vertex	firstedge

其中，vertex、firstedge 的含义如前所述；count 为记录顶点入度的数据域。边结点的结构同前所述。图 6-32 中的 AOV 网的邻接表如图 6-33 所示。

为了合理有效地处理入度为 0 的顶点，将入度为 0 的顶点的序号依次进栈，栈不为空，栈顶元素出栈；输出出栈元素；将出栈元素为弧尾的弧头顶点入度减 1；将新的入度为 0 的顶点依次进栈，直至栈为空。图 6-32 所示的一个 AOV 网的求解拓扑序列时栈的变化见表 6-22。

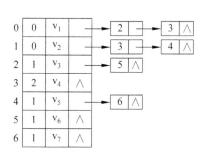

图 6-33 图 6-32 所示的一个 AOV 网的邻接表

表 6-22 求解拓扑序列时栈的变化

栈	各个顶点的度							拓扑序列
入度为 0 的顶点 v_1、v_2 的序号进栈。 `1` `2`	v_1 0	v_2 0	v_3 1	v_4 2	v_5 1	v_6 1	v_7 1	
v_2 出栈，v_4 和 v_5 的入度减 1，v_5 入度为 0，v_5 的序号进栈。 `1` `5`	v_1 0	v_2 0	v_3 1	v_4 1	v_5 0	v_6 1	v_7 1	v_2
v_5 出栈，v_7 的入度减 1，v_7 的入度为 0，v_7 的序号进栈。 `1` `7`	v_1 0	v_2 0	v_3 1	v_4 1	v_5 0	v_6 1	v_7 0	v_2 v_5
v_7 出栈 `1`	v_1 0	v_2 0	v_3 1	v_4 1	v_5 0	v_6 1	v_7 0	v_2 v_5 v_7
v_1 出栈，v_3 和 v_4 的入度减 1，v_3、v_4 的入度为 0，v_3、v_4 的序号进栈。 `3` `4`	v_1 0	v_2 0	v_3 0	v_4 0	v_5 0	v_6 1	v_7 0	v_2 v_5 v_7 v_1
v_4 出栈 `3`	v_1 0	v_2 0	v_3 0	v_4 0	v_5 0	v_6 1	v_7 0	v_2 v_5 v_7 v_1 v_4
v_3 出栈，v_6 的入度减 1，v_6 的入度为 0，v_6 的序号进栈。 `6`	v_1 0	v_2 0	v_3 0	v_4 0	v_5 0	v_6 0	v_7 0	v_2 v_5 v_7 v_1 v_4 v_3
v_6 出栈，栈空，算法结束。 ` `								v_2 v_5 v_7 v_1 v_4 v_3 v_6

以邻接表为存储结构的有向图的拓扑排序算法如下。

【算法 6.18】

```
int top_sort(ALGraph G)                          //ALGraph 为带入度的邻接表类型
{
    InitStack(s); m=0;                           //初始化栈 s
    for(i=0;i<G.vexNum;i++)
    if(G.adjlist[i].id==0) Push(s,i);
    while(!EmptyStack(s))
    {
        v=Pop(s); printf(G.adjlist[v].vertex);
        m=m+1;  p=G.adjlist[v].firstarc;
        while(p!=NULL)
        {
                w=p->adjvex;  G.adjlist[w].id--;
                if(G.adjlist[w].id==0) Push(s,w);
                p=p->nextarc;
        }
    }
    if (m<n) return 0;
    else   return  1;
}                                                //top_sort
```

6.7.2 关键路径

1. AOE 网

与 AOV 网相对应的是 AOE 网(Activity On Edge),即边表示活动的网。AOE 网是一个带权的有向无环图,其中,顶点表示事件,弧表示活动,权表示活动持续的时间。在 AOE 网中的一些活动可以并行地进行。AOE 网中没有入度的顶点称为始点(或源点),没有出度的顶点称为终点(或汇点)。

AOE 网的性质:

(1) 只有在某顶点所代表的事件发生后,从该顶点出发的各项活动才能开始;

(2) 只有在进入某顶点的各项活动都结束,该顶点所代表的事件才能发生。

AOE 网可以回答下列问题:

(1) 完成整个工程至少需要多少时间?

(2) 为缩短完成工程所需的时间,应当加快哪些活动?

2. 关键活动与关键路径的概念

假设 AOE 网表示一个施工流图,弧上的权值表示完成该项子工程所需时间,因此:

- 该工程中的"关键活动"是:影响整个工程完成期限的子工程项。
- 整个工程完成的最短时间是:从 AOE 网的源点到汇点的最长路径长度——关键

路径。

- 只有在"关键活动"按期完成的基础上,才能保证整个工程按期完成。

3. 如何求关键活动

如图 6-34 所示,活动 a_i 关联的顶点为 j、k,其中 ve(j)、vl(k)分别为顶点 j、k 的最早和最迟发生时间,ee(i)、el(i)分别为活动 a_i 的最早开始和最迟开始时间,其含义和计算公式如下所述。

- "事件(顶点)"的最早发生时间 ve(k)是指从源点开始到顶点 k 的最长路径长度。这个长度决定了所有从顶点 k 发出的活动能够开工的最早时间。即:ve(k)=从源点到顶点 k 的最长路径长度,见图 6-35。

其中,ve(源点)=0;ve(k)=Max{ve(j)+weight(<j, k>)}。

图 6-35 中的 ve(k)=Max{ve(m)+5,ve(n)+7}。

- "事件(顶点)"的最迟发生时间 vl(k)是指在不推迟整个工期的前提下,事件 k 允许的最晚发生时间。即:vl(k)=从顶点 k 到汇点的最短路径长度,见图 6-35。

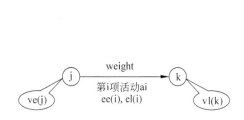

图 6-34　第 i 项活动示意图

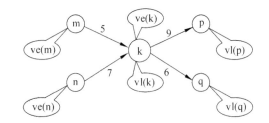

图 6-35　求解 ve(k)和 vl(k)的示意图

其中,vl(汇点)=ve(汇点);vl(k)=Min{vl(j)-weight(<k, j>)}。

图 6-35 中的 vl(k)=Min{vl(p)-9,vl(q)-6}。

- 假设第 i 条弧为<j,k>,则第 i 项活动(弧)a_i 的最早开始时间 ee(i),应等于事件 j 的最早发生时间。即 ee(i)=ve(j)。
- 假设第 i 条弧为<j,k>,则第 i 项活动(弧)a_i 的最晚开始时间 el(i),是指在不推迟整个工期的前提下,a_i 必须开始的最晚时间。即:el(i)=vl(k)-weight (<j,k>)。

4. 求关键路径的算法描述

(1) 输入顶点和弧信息,建立其带入度的邻接表;

(2) 计算每个顶点的入度;

(3) 对其进行拓扑排序;

(4) 排序过程中求顶点的 ve[i];

(5) 将得到的拓扑序列进栈;

(6) 按逆拓扑序列求顶点的 vl[i];

(7) 计算每条弧的 ee[i]和 el[i],找出 ee[i]==el[i]的关键活动。

计算各顶点的 ve 值在拓扑排序的过程中进行,需对拓扑排序的算法作如下修改:

① 在拓扑排序之前设初值,令 ve[i]＝0(1≤i≤n);

② 在拓扑排序的算法中增加一个计算 vj 的直接后继 vk 的最早发生时间的操作:

若 ve[j]＋weight(＜j,k＞)＞ve[k],则 ve[j]＋weight(＜j,k＞)➡vc[k]。

③ 为计算各顶点的 vl 值,在拓扑排序算法中需记下逆拓扑有序序列,因此增设一个栈存放拓扑有序序列。

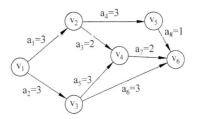

图 6-36　一个 AOE 网

例 6-10:求图 6-36 所示的 AOE 网的关键路径。

(1) 拓扑序列为:$v_1 v_3 v_2 v_5 v_4 v_6$。

(2) 按拓扑排序求 ve:

顶　点	v_1	v_3	v_2	v_5	v_4	v_6
ve	0	3	3	6	6	8

(3) 按拓扑逆序求 vl:

顶点	v_1	v_3	v_2	v_5	v_4	v_6
vl	0	3	4	7	6	8

(4) 求 ee(i) 和 el(i):

活　动	a_1	a_2	a_3	a_4	a_5	a_6	a_7	a_8
ee	0	0	3	3	3	3	6	6
el	1	0	4	4	3	5	6	7

关键活动是:a_2、a_5、a_7。

关键路径为:$v_1 －＞v_3 －＞v_4 －＞v_6$。

求关键路径的算法如下。

【算法 6.19】　求关键路径的算法。

```
void critical_path(ALGraph G)                //ALGraph 为代入度的邻接表类型
{   //为求 ve[i],用栈 s1 存放入度为 0 的顶点序号;
    //为求 vl[i],用栈 s2 存放拓扑序列的顶点序号;
    for(i=0;i<G.vexNum;i++)ve[i]=0;
    initStack(s1); initStack(s2);
    for(i=0;i<G.vexNum;i++)
        if(G.adjlist[i].id==0)push(s1,i);     //入度为 0 的顶点序号入栈
    //按拓扑序列求各顶点的 ve 值
    while (!emptyStack(s1))
    {
        j=pop(s1);                            //取拓扑序列顶点序号
        push(s2,j);                           //存拓扑序列顶点序号
```

```
        p=G.adjlist[j].firstarc;
        while (p!=NULL)
        {
            k=p->adjvex; G.adjlist[k].id--;
            if(G.adjlist[k].id==0)push(s1,k);
            if(ve[j]+p->weight>ve[k])ve[k]=ve[j]+p->weight ;
            p=p->nextarc;
        }  //end_while (p!=NULL)
    } //end_while(!emptyStack(s1)),求 Ve[j]完成
    for(i=0;i<G.vexNum;i++)vl[i]=ve[G.vexNum-1];    //初始化 vl[i]=ve[n]
    //按逆拓扑序列求各顶点的 vl 值
    while(!emptyStack(s2))
    {
        j=pop(s2);  p=G.adjlist[j].firstarc;
        while(p!=NULL)
        {
            k=p->adjvex;
            if(vl[k]-p->weight )<vl[j]) vl[j]=vl[k]-p->weight );
            p=p->nextarc;
        }                                       //end_while (p!=NULL)
    }                           //end_while(!emptyStack(s2)),求 Vl[j]完成
    //已知 ve[i]、vl[i],求 ee 和 el
    for(j=0;j<G.vexNum;j++)
    {
        p=G.adjlist[j].firstarc;
        while( p!=NULL)
        {
            k=p->adjvex;
            ee=ve[j]; el=vl[k]-p->weight ;
            if(ee==el) tag='√';                 //标志关键活动
            else tag=' ';
            printf(j,k,p->weight,ee,el,tag) ;
            p=p->nextarc;
        }                                       //end_while
    }                                           //end_for
}                                               //critical_path
```

本章开头提及的问题 2 的解决方案就是求 AOE 网的关键路径。

6.7.3 案例实现：教学计划编排系统

教务管理系统中,必不可少的一项任务是教学计划的安排。每个专业针对培养目标,设置了多门课程,很多课程之间存在先导课程和后续课程的关系。在教学计划的安排中,必须保证任何一门课程的先导课程必须先于它开课,这样才能确保知识体系的连贯性。为了解决这一问题,我们可以将课程名视为有向无环图的顶点数据,有向无环图中的一条

弧的弧尾视为先导课程,弧头视为后续课程,全部课程的先后顺序可用有向无环图的拓扑排序得到。如果拓扑排序不能求得拓扑序列,则说明教学计划的安排有问题,需重新修订,否则安排合理。有了拓扑序列,按照学期数以及每门课程的课时数,对拓扑序列中的课程进行合理分段,即可得到各个学期的执行教学计划。

教学计划编排的源程序如下:

```c
#include <stdio.h>
#include <string.h>
#define MaxSize 100                              //图的最大顶点数
typedef struct ArcNode
{
    int adjvex;
    struct ArcNode * next;
} ArcNode;
typedef struct VertexNode
{
    char vertex[30];                             //课程名称
    int   time;                                  //学时数
    int in;                                      //入度
    ArcNode * firstedge;                         //边表的头指针
} VertexNode;
typedef  struct ALGraph
{
    VertexNode adjlist[MaxSize];
    int vexNum, arcNum;
} ALGraph;
//顺序栈的数据类型
typedef struct
{
    int elem[MaxSize];
    int top;
    int stacksize;
}Stack;
//有关顺序栈的一组操作
void initStack(Stack * S)
{
    S→top=-1;
    S→stacksize=MaxSize;
}
void push(Stack * S,int p)
{
    if(S→top<S→stacksize-1)
    {
        S→top++;
```

```
        S→elem[S→top]=p;
    }
}
void pop(Stack * S,int * p)
{
    if(S→top!=-1)
    {
        * p=S→elem[S→top];
        S→top--;
    }
}
int empty(Stack S)
{
    if(S→top==-1)return 1;
    else return 0;
}
//创建邻接表
void creatALgraph(ALGraph * G)
{
    int i,j,k;
    ArcNode * s;
    printf("请输入课程数和弧数(用空格隔开):");
    scanf("%d%d",&G→vexNum,&G→arcNum);
    fflush(stdin);                                      //清空缓冲区
    //输入顶点信息,初始化边表
    for(i=0;i<G→vexNum;i++)
    {
        printf("请输入第%d门课程的名称和学时数:",i+1);
        scanf("%s%d",G→adjlist[i].vertex,&G→adjlist[i].time);
        fflush(stdin);
        G→adjlist[i].firstedge=NULL;
    }
    //输入边的信息存储在边表中
    for(k=0; k<G→arcNum; k++)                           //用头插法建链表
    {
        printf("请输入第%d条弧的弧尾和弧头的序号(用空格隔开):",k+1);
        scanf("%d%d",&i,&j);
        s=( ArcNode * )malloc(sizeof(ArcNode)); s->adjvex=j-1;   //新建结点
        s->next=G→adjlist[i-1].firstedge;
        G→adjlist[i-1].firstedge=s;
    }
}
//计算顶点入度
void FindiInDegree(ALGraph * G)
```

```
{
    int k,i; ArcNode * p;
    for(k=0;k<G→vexNum;k++)
    {
        G→adjlist[k].in=0;
        for(i=0;i<G→vexNum;i++)
        {
            p=G→adjlist[i].firstedge;
            while(p)
            {
                if(p->adjvex==k)(G→adjlist[k].in)++;
                p=p->next;
            }                                           //while(p)
        }
    }                                                   //for(k)
}
//求拓扑序列
int TopologicalSort(ALGraph G,int index[])
{
    Stack S; int count=0,i,k,w,x[10]; ArcNode * p;
    FindiInDegree(&G);
    initStack(&S);
    for(i=0,k=0;i< G.vexNum;i++)
        if(G.adjlist[i].in==0)
        {
            x[k++]=i;                                   //记录哪些课程的入度为 0
            push(&S,i);
        }
        if(k!=0)
        {
            printf("\n 如下的课程可以排在同一个学期:\n");
            for(i=0;i< k;i++) printf("《%s》",G.adjlist[x[i]].vertex);
        }
        while(!empty(S))
        {
            pop(&S,i);
            index[count++]=i;
            w=0;
            for(p=G.adjlist[i].firstedge;p;p=p->next)
            {
                k=p->adjvex;
                if(!(--G.adjlist[k].in))
                {
                    x[w++]=k;                           //记录哪些课程的入度为 0
```

```
                    push(&S,k);
                }
            } //for
            if(w!=0)
            {
                printf("\n 如下的课程可以排在同一个学期:\n");
                for(i=0;i< w;i++)printf("《%s》",G.adjlist[x[i]].vertex);
            }
        } //while
        if(count< G.vexNum) return 0;
        else return 1;
}
//显示课程的拓扑顺序
void dispAov(ALGraph G)
{
    printf("\n 课程的顺序为:\n");
    for(int i=0;i<G.vexNum;i++)
    {
        printf("%2d:%14s(%3d)    ",i+1,G.adjlist[i].vertex,G.adjlist[i].time);
        if((i+1)%2==0)printf("\n");
    }
}
void main()
{
    int index[MaxSizev];
    ALGraph G;
    creatALgraph(&G);
    if(TopologicalSort(G,index)==0)printf("课程安排有问题!\n");
    else dispAov(G);
}
```

以图 6-31 为例,程序的运行结果如下:

请输入课程数和弧数(用空格隔开):8 9
请输入第 1 门课程的名称和学时数:信息技术 30
请输入第 2 门课程的名称和学时数:高等数学 90
请输入第 3 门课程的名称和学时数:C 程序设计 56
请输入第 4 门课程的名称和学时数:离散数学 60
请输入第 5 门课程的名称和学时数:数据结构 64
请输入第 6 门课程的名称和学时数:汇编程序设计 48
请输入第 7 门课程的名称和学时数:编译原理 48
请输入第 8 门课程的名称和学时数:操作系统 64
请输入第 1 条弧的弧尾和弧头的序号(用空格隔开):1 3
请输入第 2 条弧的弧尾和弧头的序号(用空格隔开):2 4
请输入第 3 条弧的弧尾和弧头的序号(用空格隔开):3 6

请输入第 4 条弧的弧尾和弧头的序号(用空格隔开)：3 5

请输入第 5 条弧的弧尾和弧头的序号(用空格隔开)：4 5

请输入第 6 条弧的弧尾和弧头的序号(用空格隔开)：5 7

请输入第 7 条弧的弧尾和弧头的序号(用空格隔开)：5 8

请输入第 8 条弧的弧尾和弧头的序号(用空格隔开)：6 7

请输入第 9 条弧的弧尾和弧头的序号(用空格隔开)：6 8

如下的课程可以排在同一个学期：《信息技术》《高等数学》

如下的课程可以排在同一个学期：《离散数学》

如下的课程可以排在同一个学期：《C 程序设计》

如下的课程可以排在同一个学期：《数据结构》《汇编程序设计》

如下的课程可以排在同一个学期：《操作系统》《编译原理》

课程的顺序为：

1：信息技术(30)　　　2：高等数学(90)

3：C 程序设计(56)　　4：离散数学(60)

5：数据结构(64)　　　6：汇编程序设计(48)

7：编译原理(48)　　　8：操作系统(64)

运行结果分析：从图 6-31 可以看出,《C 程序设计》与《离散数学》这两门课程既可以开在同一学期,也可以开在不同学期。但程序的执行结果是两门课程开在不同的学期,原因是同时满足入度为零的课程如果不止一门时,根据拓扑排序算法,入度为零的课程是同时入栈的,而每出一次栈,就要判断是否有新的入度为零的课程,如果有,就进栈。所以对运行结果需要进一步分析,结合课程的学时数和平均周学时统一考虑,才能使得教学计划的安排相对合理。

6.7.4　案例实现：基于有向无环图的表达式计算

对于图 6-30 用有向无环图描述的表达式可以用图的邻接表存储。图中的顶点如果是运算符,则一定有两个邻接点;如果是运算对象,一定没有邻接点。为了进行分步计算,在表头结点增加一个存放计算结果的数据域和一个标志是否已完成计算的标志量(初始化为 0,计算完成改为 1),每次从第一个表头结点开始扫描,如果表头结点是运算符,标志域为 0,分别判断它的两个邻接点对应的表头结点,如果邻接的表头结点是运算符,看标志域是否为 1,如果为 1,表示该运算符已经完成运算,其结果存放在数据域;如果邻接的表头结点是运算对象,其标志域如果为 0,从键盘读入数据,存放到数据域,并将标志域改为 1。如果表头结点为运算符的两个邻接点的标志域均为 1,则进行相应的运算,并将计算结果存储在表头结点的数据域,并将标志域改为 1。直到所有表头结点的标志域均为 1,此时第一个表头结点的数据域存放的即是表达式的计算结果。图 6-30 所示表达式的邻接表存储示意图见图 6-37。

源程序如下：

```
#define MaxSize 50            //图的最大顶点数
#include <stdio.h>
```

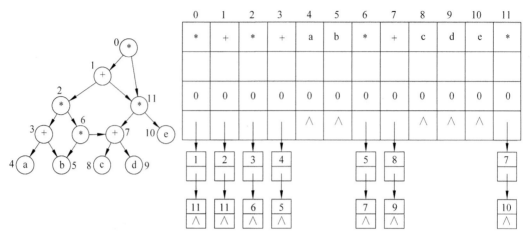

图 6-37   有向无环图描述的表达式存储示意图

```c
#include <stdlib.h>
#include <conio.h>
typedef struct ArcNode
{
    int adjvex;                    /*弧所指向的顶点的位置*/
    struct ArcNode * nextArc;      /*指向下一条弧的指针*/
} ArcNode;                         //边结点类型
typedef struct VertexNode
{
    char vertex;
    double data;                   //存放计算结果
    int tag;                       //存放是否完成计算的标记,为0未计算,为1已计算
    ArcNode * firstArc;
} VertexNode;                      //表头结点类型
typedef  struct ALGraph
{
    VertexNode adjlist[MaxSize];
    int vexNum, arcNum;
} ALGraph;                         //图的邻接表类型
void  build_adjlist(ALGraph * G)
{
    int vi,vj; ArcNode * p;
    printf("请输入顶点数和弧数:\n");
    scanf("%d%d",&G->vexNum,&G->arcNum);        //顶点个数和弧数
    getchar();
    printf("请输入%d个顶点数据:",G->vexNum);
    for(int i=0;i<G->vexNum;i++)
    {
        scanf("%c",&G->adjlist[i].vertex);
```

```
        G->adjlist[i].tag=0;
        G->adjlist[i].firstArc=NULL;
    }
    getchar();
    for(int k=0;k<G->arcNum;k++)
    {
        printf("请输入第%d 条边的两个邻接点的序号(从 0 开始):",k+1);
        scanf("%d%d",&vi,&vj);                    //读入一对顶点序号
        getchar();
        p=( ArcNode * )malloc(sizeof(ArcNode));    //生成结点
        p->adjvex=vj;
        p->nextArc=G->adjlist[vi].firstArc;
        G->adjlist[vi].firstArc=p;
    }
} //build_adjlist
int IN(char c)                                //用于判断顶点是否是运算符
{
    if(c=='+'||c=='-'||c==' * '||c=='/')return 1;
    return 0;
}
void dispAlgraph(ALGraph G)
{
    int i;ArcNode * p;
    for(i=0;i<G.vexNum;i++)
    {
        if(G.adjlist[i].tag==1)
            printf("%2d%10c%10.2f%3d----",i,G.adjlist[i].vertex,
                    G.adjlist[i].data,G.adjlist[i].tag);
        else
            printf("%2d%10c%10s%3d----",i,G.adjlist[i].vertex,
                    " ",G.adjlist[i].tag);
        p=G.adjlist[i].firstArc;
        while(p)
        {
            printf("%5d",p->adjvex);
            p=p->nextArc;
        }
        printf("\n");
    }
    printf("\n");
}
void cal_exp_aov (ALGraph G)
{   //G 的存储结构为邻接矩阵
    ArcNode * p, * q; int i,flag=1;double n1,n2;
```

```
while(flag)
{
    for(i=0;i<G.vexNum;i++)
    {
        if(IN(G.adjlist[i].vertex))
        {
            if(G.adjlist[i].tag==0)
            {
                p=G.adjlist[i].firstArc; q=p->nextArc;
                if(IN(G.adjlist[q->adjvex].vertex)&&G.adjlist[q->adjvex].
                tag==1)
                    n1=G.adjlist[q->adjvex].data;
                else if(IN(G.adjlist[q->adjvex].vertex)==
                        0&&G.adjlist[q->adjvex].tag==0)
                {
                    printf("请输入变量%c的值=",G.adjlist[q->adjvex].vertex);
                    scanf("%lf",&n1);
                    G.adjlist[q->adjvex].data=n1;
                    G.adjlist[q->adjvex].tag=1;
                }
                if(IN(G.adjlist[p->adjvex].vertex)&&G.adjlist[p->adjvex].tag==1)
                    n2=G.adjlist[p->adjvex].data;
                else if(IN(G.adjlist[p->adjvex].vertex)==
                        0&&G.adjlist[p->adjvex].tag==0)
                {
                    printf("请输入变量%c的值=",G.adjlist[p->adjvex].vertex);
                    scanf("%lf",&n2);
                    G.adjlist[p->adjvex].data=n2;
                    G.adjlist[p->adjvex].tag=1;
                }
                if(G.adjlist[p->adjvex].tag==1&&G.adjlist[q->adjvex].tag==1)
                {
                    n1=G.adjlist[p->adjvex].data;
                    n2=G.adjlist[q->adjvex].data;
                    switch(G.adjlist[i].vertex)
                    {
                        case '+':G.adjlist[i].data=n1+n2;break;
                        case '-':G.adjlist[i].data=n1-n2;break;
                        case '*':G.adjlist[i].data=n1*n2;break;
                        case '/':G.adjlist[i].data=n1/n2;break;
                    }
                    G.adjlist[i].tag=1;
                }
        }                                  //if(G.adjlist[i].tag==0)
```

```
        }                              //if(IN(G.adjlist[i].vertex))
    }                                  //for
    flag=0;
    for(i=0;i<G.vexNum;i++)
        if(IN(G.adjlist[i].vertex)&&G.adjlist[i].tag==0){flag=1; break;}
    }                                  //while
    dispAlgraph(G);
    printf("result=%7.2f\n",G.adjlist[0].data);
}                                      //cal_exp_aov
void main()
{
    ALGraph G;
    build_adjlist(&G);
    cal_exp_aov(G);
}
```

以表达式((a＋b)＊(b＊(c＋d)＋(c＋d)＊e))＊((c＋d)＊e)为例,运行结果如下:

请输入顶点数和弧数:
12 14
请输入 12 个顶点数据:＊＋＊＋ab＊＋cde＊
请输入第 1 条边的两个邻接点的序号(从 0 开始):0 1
请输入第 2 条边的两个邻接点的序号(从 0 开始):0 11
请输入第 3 条边的两个邻接点的序号(从 0 开始):1 2
请输入第 4 条边的两个邻接点的序号(从 0 开始):1 11
请输入第 5 条边的两个邻接点的序号(从 0 开始):2 3
请输入第 6 条边的两个邻接点的序号(从 0 开始):2 6
请输入第 7 条边的两个邻接点的序号(从 0 开始):3 4
请输入第 8 条边的两个邻接点的序号(从 0 开始):3 5
请输入第 9 条边的两个邻接点的序号(从 0 开始):6 5
请输入第 10 条边的两个邻接点的序号(从 0 开始):6 7
请输入第 11 条边的两个邻接点的序号(从 0 开始):7 8
请输入第 12 条边的两个邻接点的序号(从 0 开始):7 9
请输入第 13 条边的两个邻接点的序号(从 0 开始):11 7
请输入第 14 条边的两个邻接点的序号(从 0 开始):11 10
请输入变量 a 的值=1
请输入变量 b 的值=2
请输入变量 c 的值=3
请输入变量 d 的值=4
请输入变量 e 的值=5

```
0    *    2695.00    1----    11    1
1    +      77.00    1----    11    2
2    *      42.00    1----     6    3
3    +       3.00    1----     5    4
4    a       1.00    1----
```

```
5        b         2.00      1----
6        *        14.00      1----        7      5
7        +         7.00      1----        9      8
8        c         3.00      1----
9        d         4.00      1----
10       e         5.00      1----
11       *        35.00      1----       10      7
result=2695.00
```

运行结果分析：从邻接表的存储结构中，很容易看到分步计算的结果。对每个二元运算符，它的两个运算对象的结果，可通过运算符的出度表找到对应的表头结点，再从表头结点的数据域中获取计算结果。如下标为 6 的乘号，它的两个邻接点分别是下标为 7 的表头结点和下标为 5 的表头结点，这两个表头结点的数据域存放的数据分别是 7 和 2，计算的结果是 14。

6.8　本章小结

图形结构是一种比树形结构更复杂的非线性结构。在树形结构中，结点间具有分支层次关系，每一层上的结点只能和上一层中的至多一个结点相关，但可能和下一层的多个结点相关。而在图形结构中，任意两个顶点之间都可能相关，即顶点之间的邻接关系可以是任意的。因此，图形结构被用于描述各种复杂的数据对象，在自然科学、社会科学和人文科学等许多领域有着非常广泛的应用。常见的有无向图、有向图、无向网和有向网。

图（网）的存储结构必须考虑顶点、顶点的关系、顶点数和边（弧）数的存储。最常用的存储结构是邻接矩阵和邻接表表示法。

图的遍历有深度优先遍历和广度优先遍历，基于深度优先遍历算法可以求图上任意两点的路径；基于广度优先遍历算法可以求图上任意两点的最短路径（边最少）。图的很多应用都是基于图的遍历算法。

连通图的最小生成树是图的极小连通分量，它包含图的所有顶点和连接它们的 n−1 条边，并且 n−1 条边的权值之和达到最小。求最小生成树的算法有普里姆和克鲁斯卡尔两种算法。普里姆算法是通过找顶点得到边，适于稠密图；克鲁斯卡尔是通过找边得到顶点，适于稀疏图。最小生成树往往用于解决各种具有网络结构的部署问题，如交通网、通信网和生活设施网等。

有向网的最短路径求解在实际应用中十分广泛，如交通网的查询。常用算法有两种，一种是求图上任意一个顶点到其余各个顶点的最短路径的迪杰斯特拉算法；另一种是求图上所有顶点到其余各个顶点的最短路径的弗洛伊德算法。弗洛伊德算法相当于调用 n 次迪杰斯特拉算法。

拓扑排序常用于检查 AOV 网或 AOE 网的有效性，只要拓扑排序的序列不能包括图上的所有顶点，即可说明 AOV 网或 AOE 网存在安排上的不合理。对于 AOE 网，根据拓扑排序的正序和逆序可以求出顶点的 ve 和 vl，从而求出活动的 ee 和 el，满足 ee 和 el 相等的活动就是关键活动，关键活动组成的最长路径是整个工期需要的最短时间。能否使工期提前,需对关键活动做进一步的分析。

6.9 习题与实验

一、单选题

1. 在一个图中,所有顶点的度数之和等于图的边数的_____倍。
   (A) 1/2   (B) 1   (C) 2   (D) 4

2. 在一个有向图中,所有顶点的入度之和等于所有顶点的出度之和的_____倍。
   (A) 1/2   (B) 1   (C) 2   (D) 4

3. 有 8 个顶点的无向图最多有_____条边。
   (A) 14   (B) 28   (C) 56   (D) 112

4. 有 8 个顶点的无向连通图最少有_____条边。
   (A) 5   (B) 6   (C) 7   (D) 8

5. 有 8 个顶点的有向完全图有_____条边。
   (A) 14   (B) 28   (C) 56   (D) 112

6. 用邻接表表示图进行广度优先遍历时,通常是采用_____来实现算法的。
   (A) 栈   (B) 队列   (C) 树   (D) 图

7. 用邻接表表示图进行深度优先遍历时,通常是采用_____来实现算法的。
   (A) 栈   (B) 队列   (C) 树   (D) 图

8. 已知图的邻接矩阵如下,根据算法思想,则从顶点 0 出发按深度优先遍历的结点序列是_____。
   (A) 0 2 4 3 1 5 6   (B) 0 1 3 5 6 4 2   (C) 0 4 2 3 1 6 5 (D) 0 1 3 4 2 5 6
   根据算法,则从顶点 0 出发,按广度优先遍历的结点序列是_____。
   (A) 0 2 4 3 6 5 1   (B) 0 1 3 6 4 2 5   (C) 0 4 2 3 1 5 6 (D) 0 1 2 3 4 6 5

$$
\begin{bmatrix}
0 & 1 & 1 & 1 & 1 & 0 & 1 \\
1 & 0 & 0 & 1 & 0 & 0 & 1 \\
1 & 0 & 0 & 0 & 1 & 0 & 0 \\
1 & 1 & 0 & 0 & 1 & 1 & 0 \\
1 & 0 & 1 & 1 & 0 & 1 & 0 \\
0 & 0 & 0 & 1 & 1 & 0 & 1 \\
1 & 1 & 0 & 0 & 0 & 1 & 0
\end{bmatrix}
$$

9. 已知图的邻接表如下所示,根据算法,则从顶点 0 出发按广度优先遍历的结点序列是

    (A) 0 3 2 1   (B) 0 1 2 3
    (C) 0 1 3 2   (D) 0 3 1 2

10. 深度优先遍历类似于二叉树的_____。

（A）先序遍历　　　　（B）中序遍历　　　　（C）后序遍历　　　　（D）层次遍历

11. 广度优先遍历类似于二叉树的_____。

（A）先序遍历　　　　（B）中序遍历　　　　（C）后序遍历　　　　（D）层次遍历

12. 任何一个无向连通图的最小生成树_____。

（A）只有一棵　　　（B）一棵或多棵　　　（C）一定有多棵　　　（D）可能不存在

二、填空题

1. 图有_____、_____等存储结构,遍历图有_____、_____等方法。

2. 有向图 G 用邻接表矩阵存储,其第 i 行的所有元素之和等于顶点 i 的_____。

3. 如果 n 个顶点的图是一个环,则它有_____棵生成树。

4. n 个顶点 e 条边的图,若采用邻接矩阵存储,则空间复杂度为_____。

5. n 个顶点 e 条边的图,若采用邻接表存储,则空间复杂度为_____。

6. 设有一稀疏图 G,则 G 采用_____存储较省空间。

7. 设有一稠密图 G,则 G 采用_____存储较省空间。

8. 图的逆邻接表存储结构只适用于_____图。

9. 图的深度优先遍历序列_____唯一的。

10. n 个顶点 e 条边的图采用邻接矩阵存储,深度优先遍历算法的时间复杂度为_____;若采用邻接表存储时,该算法的时间复杂度为_____。

11. n 个顶点 e 条边的图采用邻接矩阵存储,广度优先遍历算法的时间复杂度为_____;若采用邻接表存储,该算法的时间复杂度为_____。

12. 图的 BFS 生成树的树高比 DFS 生成树的树高_____。

13. 用普里姆(Prim)算法求具有 n 个顶点 e 条边的图的最小生成树的时间复杂度为_____;用克鲁斯卡尔(Kruskal)算法的时间复杂度是_____。

14. 若要求一个稀疏图 G 的最小生成树,最好用_____算法来求解。

15. 若要求一个稠密图 G 的最小生成树,最好用_____算法来求解。

16. 用 Dijkstra 算法求某一顶点到其余各顶点间的最短路径是按路径长度_____的次序来得到最短路径的。

17. 拓扑排序算法是通过重复选择具有_____个前驱顶点的过程来完成的。

三、算法设计题

1. 下面的邻接表表示一个给定的无向图 G。

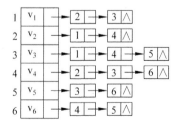

（1）写出该图的邻接矩阵。

（2）给出从顶点 v_1 开始深度优先搜索法进行遍历时的顶点序列。

（3）给出从顶点 v_1 开始广度优先搜索法进行遍历时的顶点序列。

2. 已知无向图采用邻接表存储方式：

（1）删除边(i,j)的算法；　　　　　　（2）增加一个顶点的算法。

3. 下图是一个无向带权图。

（1）写出它的邻接表；　　　　　　　　（2）写出它的邻接矩阵；

（3）分别用 prim 和 kruskal 算法逐步构造出最小生成树。

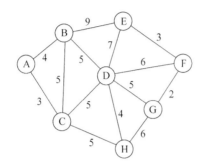

4. 写出求从某个源点到其余各顶点最短路径的 Dijkstra 算法。要求说明主要的数据结构及其作用，最后针对所给有向图,利用该算法,求 v_0 到各顶点的最短距离和路径,即填写下表：

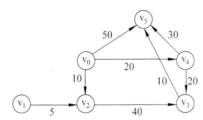

（1）dijkstra 算法。

终　　点	从 V_0 到各终点的 dist 的值和最短距离和路径				
v_1					
v_2					
v_3					
v_4					
v_5					
v_j					

（2）flloyd 算法。要求写出每一步的距离矩阵和路径矩阵。

5. 对下图编写算法实现图的拓扑排序。

（1）写出邻接表（包括入度）。

（2）根据书上的算法,写出栈的变化以及拓扑序列。

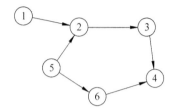

6. 假设以邻接矩阵作为图的存储结构,编写算法判别在给定的有向图中是否存在一个简单有向回路,若存在,则以顶点序列的方式输出该回路(找到一条即可)。(注:图中不存在顶点到自己的弧)

7. 对于以下 AOE 网络,计算各顶点的最早和最迟发生时间、各条弧的最早和最迟发生时间,并列出关键路径的各条弧。

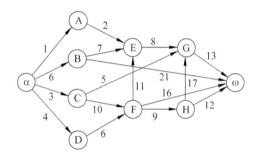

四、上机实验题目

1. 一家石油公司在 6 个地点有储油罐(a,b,c,d,e,f),现要在这些储油罐之间建造若干输油管道,以便在这些储油罐之间调配石油,并顺带向沿途的客户供出。因为建造输油管十分昂贵,所以公司希望建造尽可能少的输油管。另一方面,每条输油管在向客户提供油时都会产生些利润,公司希望所产生的总利润最大。由于各种原因(如地形、距离等),并非在任意两个储油罐之间都可以建造输油管,6 个储油罐及它们之间可以建造的输油管如下图所示,顶点表示储油罐,边表示可能建造的输油管,边上的权表示相应输油管所产生的利润。假设每条输油管的建造费用都相同,编程实现为该公司设计最佳的建造输油管的方案。(提示:将边上的利润值变成负数求最小生成树)。

要求用普里姆算法和克鲁斯卡尔算法分别实现。

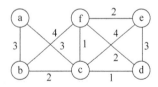

2. 编程实现迪杰斯特拉算法和弗洛伊德算法。(数据自行模拟)

3. 编程求解本章问题 2 的关键路径。

## 第7章

查　找

在程序设计中,建立合理的数据结构是非常必要的。前面章节,通过典型案例的分析,介绍了几种基本数据结构,包括：线性表、栈、队列、树、图等,详细阐述了它们的逻辑结构、存储结构,以及基本运算的实现。但在实际问题中,很多应用涉及的数据之间的关系是松散的,没有明确的制约关系,仅仅是数据类型相同,属于同一个集合。对于集合这种数据结构,往往需要解决的问题是：合理存储集合中的数据,提高查找效率。本章将介绍程序设计中涉及到的另外一个重要技术问题——查找,包括基于查找表的各种常用的查找算法,以及对算法性能的详细分析。

7.1　问题的提出

查找(Searching)又称检索,就是从一个数据元素集合中找出符合某种条件的特定数据元素。日常生活中,人们离不开查找工作。如在电话号码簿中查找某人的电话号码信息；在图书馆中查找某本书的馆藏信息；在人事信息库中,根据给定的人员名字查找其详细的个人信息记录。这些查找工作都需要在大量的信息中进行,利用传统的手工查询方法很难完成,借助于计算机的自动查询方式已经成为目前信息查询和信息检索的主流方式。由于查找运算使用频率高,且非常耗时,算法的效率直接影响到计算机的使用效率,因此,选择一种有效的查找算法对于提高工作效率是非常重要的。

借助于计算机进行查找,首先需要将原始数据按照一定的组织和存储方式存入到计算机中,然后根据指定的条件查找满足条件的数据。第 2 章中,我们讨论过学生信息表的查找算法,假定给出的学生信息表如表 7-1 所示：

表 7-1　学生信息表

学号	姓名	性别	年龄	籍贯
10001	王小丽	女	18	北京市
10002	李东东	男	18	河南省
10003	张一毛	男	19	湖南省

如果将该表进行顺序存储,并按照指定学号进行查询,则相关的数据类型定义及查找算法实现如下：

【算法 7.1】

```
typedef struct student
{
    char no[10];                        //学号
    char name[10];                      //姓名
    char sex;                           //性别
    int age;                            //年龄
    char birthplace[10];                //籍贯
} ElemType;
typedef struct sqlist
{
    ElemType * elem;
    int length;
    int size;
} SqList;
int Find(SqList sl,char * no)
{   //数据元素从 1 号单元开始存放,0 号单元留空
    for(int i=sl.length;i>=1; i--)
        if(strcmp(sl.elem[i].sNo,no)==0)
        {
            printf("找到的学生信息是\n%s\t%s\t%c\t%d\t%s\n",
                    sl.elem[i].sNo,sl.elem[i].sName,sl.elem[i].sex,
                    sl.elem[i].age,sl.elem[i].birthplace);
            return 1;
        }
    if(i<1)
    {
    printf("没有该记录!");
    return 0;
    }
}
```

以上算法是将数据组织为顺序存储结构,并按给定的学号在表中顺序查询其对应的学生信息,称之为顺序查找。除此之外,还可以将数据组织为二叉树表结构,并在其上进行相应的查找。相同数据元素的集合,由于选用的存储结构不同,设计出的查找算法也不相同。相应地,各个算法的性能也不尽相同。在实际使用中,我们可以根据具体问题的查找应用需求,选定不同的数据存储结构,设计合适有效的查找算法。

7.2　基本概念与描述

7.2.1　查找的基本概念

查找表(Search Table)——由相同类型的数据元素(或记录)构成的集合。由于集合中的数据元素除了同属于一个集合外,元素之间不存在其他的制约关系,因此查找表是一

种非常灵活的数据结构。

对查找表进行的操作通常有：

（1）查询某个特定数据元素是否存在于查找表中；

（2）查询某个特定数据元素的各种属性；

（3）在查找表中删除某个已经存在的数据元素；

（4）在查找表中插入一个新的数据元素。

如果查找表只需进行操作（1）或操作（2），则查找表的内容不会发生变化，我们称之为"静态查找表"；如果需要对查找表进行操作（3）或操作（4），则查找表的内容将会发生变化，我们称之为"动态查找表"。

为了使我们的查找更具通用性，不妨假设查找表中的数据元素（记录）是由多个数据项组成，即数据元素是结构体类型。其中，有些数据项可以唯一标识一条记录，有些数据项则可以标识多条记录。

为了更好地描述查找表及其查找算法，下面引入一些概念。

关键字（Key）：是数据元素（或记录）中某个数据项的值，用它来标识特定的数据元素。例如学生信息表 7-1 中，每一条学生记录包含 5 个数据项，其中"姓名"数据项可以作为记录的关键字，用于标识某个或某几个学生记录。

主关键字（Primary Key）：是唯一标识某个数据元素（或记录）的关键字。如上述学生记录中，学号能够唯一标识一条记录，因此，它可以作为主关键字；而姓名、年龄、性别都不能够唯一标识一条记录，它们只是关键字而不是主关键字。

次关键字（Secondary Key）：能标识多个数据元素的关键字。如上述学生记录中的性别、可以标识所有的男同学记录或所有女同学记录。

查找（Searching）：根据某个给定值和给定的查找条件，在查找表中查找是否存在符合条件的数据元素（或记录）。若表中存在这样的记录，则**查找成功**，可以输出该记录的全部信息，或者指出记录在查找表中的位置；若表中不存在符合条件的记录，则称**查找不成功**，给出"查找失败"的提示信息或者用"空"指针表示。

7.2.2　性能分析

通常，按照关键字在查找表中进行查找，进行的基本操作是"将记录的关键字与给定值进行比较"。这是一项非常耗时的操作，表中数据元素的排列方式和所选择的查找算法都将影响算法的性能。我们可以通过估算查找过程中"给定值与关键字的比较次数"来衡量一个查找算法的优劣。为此，引入平均查找长度的概念。

平均查找长度（Average Search Length，ASL）：查找过程中，给定值和关键字进行比较的平均次数，或者说给定值与关键字"比较次数的期望值"。

对于含有 n 个记录的查找表，查找成功时的平均查找长度为：

$$ASL = \sum_{i=1}^{n} P_i C_i$$

其中，p_i 表示查找表中第 i 个记录的查找概率，且 $\sum_{i=1}^{n} P_i = 1$，一般情况下，均认为对每个记录的查找概率相等，即 $P_i = \dfrac{1}{n}$；c_i 表示找 到查找表中第 i 个记录时，关键字与给定值比较的次数，具体值与查找方法以及存储结构有关。

7.2.3 内部查找和外部查找

查找经常被分为内部查找和外部查找两种情况。如果查找表中的记录很多，而且每个记录都非常大，则有必要把这些记录存储到磁盘等外部存储器上，这种情况下的查找称为"外部查找"。如果所有记录都存储到计算机内存中，这种情况下的查找称之为"内部查找"。本书中，我们只考虑内部查找，外部查找算法超出了本书范围，不再讲解。

7.2.4 C语言描述

为了用 C 语言描述各种查找算法，我们建立一些适用于本章算法的约定。本章算法中用到的记录类型（结构体类型）可以定义如下：

```
typedef struct
{
    KeyType key;                    //关键字
    ...                            //其他信息
}ElemType;
```

在查找过程中，经常需要将关键字与给定值进行比较，如果关键字是数值，则需要进行数值之间的比较，只要使用">"、"=="或"<"这样的关系运算符即可。如果关键字是字符串，则需要使用 string. h 库中包含的函数 strcmp()进行字符串之间的比较。为了更灵活地实现各种类型数据之间的比较，可以进行如下宏定义：

关键字是数值类型时，宏的声明方式：

```
#define  EQ(a,b)   ((a)==(b))
#define  LT(a,b)   ((a)<(b))
#define  GT(a,b)   ((a)>(b))
```

关键字是字符串类型，宏的声明方式：

```
#define  EQ(a,b)   (!strcmp((a),(b)))
#define  LT(a,b)   (strcmp((a),(b))<0)
#define  GT(a,b)   (strcmp((a),(b))>0)
```

7.3 线性表查找

线性表查找指的是将查找表中的数据元素人为地附加一种关系，即一对一的线性关系，将基于查找表的查找转换为基于线性表的查找。在线性表上进行查找，包括链表上的查找算法和顺序表上的查找算法实现。本节主要讨论顺序存储的线性表上各种查找算法的实现，包括：顺序查找、折半查找以及分块查找，并在本节最后实现基于顺序存储的学生信息表查询系统。

基于顺序存储的查找表类型定义如下：

```
typedef struct
{
    ElemType * elem;                    /*数组基址*/
    int   length;                       /*表长度*/
    int   size;                         /*表的容量*/
}SSTable;
```

例如：

```
SSTable st;
```

变量 st 在初始化后，可以存放查找表的记录。

为了方便描述查找算法，记录通常从 st. elem[1] 开始存放，st. elem[0] 不存储表中的数据，留作他用。

7.3.1　顺序查找

顺序查找是一种最基本的查找方法。其查找思路为：从表的一端开始，将给定值与表中各记录的关键字进行逐个比较，若找到关键字等于给定值的记录，则查找成功，并给出该记录在表中的位置；若整个表检测完，仍未找到关键字与给定值相等的记录，则查找失败，给出失败信息。7.1 节中示例的算法 7.1 即为顺序存储结构上实现的顺序查找算法。由于在每次循环中，既要判断值是否相等，又要判断下标是否越界，查找效率并不高。显然，如果能将判断条件中的越界条件去掉，将会有效提高查找效率。

对算法 7.1 进行改进：设数据元素从下标为 1 的数组单元开始存放，0 号单元存放待查数据的关键字，即设 st. elem[0]. key＝kval，称为监视哨；查找时，从最后一个记录开始比较。这样每循环一次只需要进行元素的比较，不需要判断是否越界。这种顺序查找通常称为"带岗哨的顺序查找"，查找过程见图 7-1。为了简单清楚起见，在所有的示意图中我们只给出记录的关键字。

下标	0(岗哨)	1	2	3	4	5	6
关键字	60	09	12	40	60	70	50

查找60：50!=60, 70!=60, 60==60返回位置4，查找成功。

下标	0(岗哨)	1	2	3	4	5	6
关键字	90	09	12	40	60	70	50

查找90：50!=90, 70!=90, 60!=90,40!=90, 12!=90, 09!=90,90==90
返回位置0，查找不成功。

图 7-1　带岗哨的查找过程

改进后的算法如 7.2 所示。

【算法 7.2】

```
int SeqSearch(SSTable st, KeyType k)
```

```
{   /*在表 st 中查找关键字为 k 的记录,若找到,返回该记录在数组中的下标,否则返回 0 */
    st.elem[0].key=k;                              /*存放监测岗哨*/
    for(i=st.length; !EQ(st.elem[i].key ,k); i--);    /*从表尾端开始向前查找*/
    return i;
}
```

算法执行后,非 0 返回值表示查找成功时记录在表中的位置,0 返回值表示查找失败。设置了监视哨,即使查找失败,也能在监视哨位置找到关键字值为 k 的记录。由此,不必在循环中进行越界检查(i≥1),从而使得查找成功和查找失败的处理保持一致。

【性能分析】 上述算法中,对于包含 n 个记录的表,若待查记录在 st. elem[n]处,则查找成功时需要和给定值比较 1 次,即 $c_n=1$;若待查记录在表中 st. elem[i]处,查找成功时需进行 n−i+1 次比较,即 $c_i=n-i+1$。设对表中每个记录的查找概率相等,即 $P_i=\dfrac{1}{n}$,则在等概率查找的情况下,查找成功时的平均查找长度为:

$$ASL = \sum_{i=1}^{n} P_i C_i = \sum_{i=1}^{n} \frac{1}{n}(n-i+1) = \frac{n+1}{2}$$

可见,在查找成功时的平均比较次数约为表长的一半。

查找不成功时,在等概率的情况下,对任意 n 个待查找的数,比较次数都是 n+1 次。因此,查找不成功时的平均查找长度为:ASL=(1/n)×n×(n+1)=n+1。本算法中,基本操作就是关键字的比较。因此,查找长度的量级就是查找算法的时间复杂度,为 O(n)。

例 7-1:对于图 7-1 所示的顺序表,用带岗哨的查找算法,查找成功时的 ASL 和查找不成功时的 ASL 分别为:

$$ASL_{succ} = (1+2+3+4+5+6)/6 = 21/6$$
$$ASL_{unsucc} = 7 \times 6/6 = 42/6 = 7$$

许多情况下,查找表中每条记录的查找概率是不相等的。为了提高查找效率,通常可以采用简单的优化方法:如果从表尾开始查找,则将查找概率较高的记录放在表的高端,查找概率较低的记录放在表的低端。

顺序查找算法的优点是:对表中数据元素的存储结构没有要求,可以进行顺序存储,也可以进行链式存储。顺序查找算法的缺点是:当表长 n 很大时,平均查找长度很大,查找效率相应降低。有关线性链表上顺序查找算法的实现,读者可以自己完成。

7.3.2 二分查找

顺序查找算法虽然实现简单,但当表中数据较多时,并不是非常有效的算法。下面讨论的二分查找是一种效率较高的查找算法。

二分查找(Binary Search)又称折半查找。它要求查找表顺序存储,且表中的数据元素按关键字值有序排列。

二分查找的基本思想是:设顺序表按关键字值从小到大有序,取中间元素作为比较对象,若给定值与表中间记录的关键字相等,则查找成功;若给定值小于中间记录的关键字值,则在表的左半区间查找;若给定值大于中间记录的关键字值,则在表的右半区间查找。重复上述过程,直到查找成功或失败(子表为空)。

在查找时,通常设 low 和 high 指示查找区间的下界和上界,用 mid 指示查找区间的中间位置,即 mid=(low+high)/2。假设表长为 n,则在查找开始时,查找区间为[1,n],即设 low=1,high=n。

现给定一组关键字序列(05,13,19,21,37,56,64,75,80,88,92),我们分别介绍查找关键字值为 64 和 55 所标识记录的具体过程。

查找关键字 64 的过程如下:

表长 n=11,在查找开始时,设 low=1,high=11,而 mid=(1+11)/2=6。如下所示:

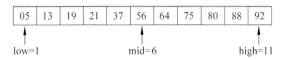

由于 st.elem[mid].key=56,小于待查记录关键字 64,所以在右半区间查找。此时,重设查找区间:low=mid+1=7,high 值不变,则 mid=(7+11)/2=9。如下所示:

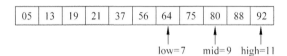

由于 st.elem[mid].key=80＞64,因此继续在左半区间查找。此时 high=mid−1=8,low 的值不变,新的查找区间为[7,8],mid=(7+8)/2=7。如下所示:

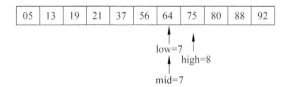

由于 st.elem[mid].key=64,与给定值相同,则查找成功。

查找关键字 55 的过程:

查找开始时,设 low=1,high=11,mid=(1+11)/2=6。如下所示:

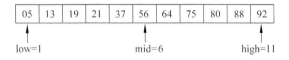

由于 st.elem[mid].key=56,大于待查记录关键字 55,所以在左半区间查找。此时,重设查找区间:high=mid−1=5,low 的值不变,mid=(1+5)/2=3。如下所示:

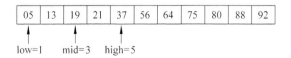

由于 st.elem[mid].key=19＜55,因此继续在右半区间查找。此时查找区间为 low=

mid+1=4,high 的值不变,mid=(4+5)/2=4。如下所示:

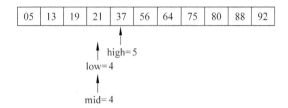

由于 st. elem[mid]. key=21<55,继续在右半区间查找。此时,low=mid+1=4+1 =5,high 不变,mid=(5+5)/2=5。如下所示:

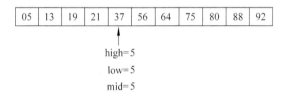

由于 st. elem[mid]. key=37< 55,继续在右半区间查找。high 不变,low=mid-1, 出现 low>high,因此查找失败。

上述二分查找算法可描述如下:

【算法 7.3】

```
int BiSearch(SSTable st, KeyType k)
{   /*用二分法在查找表 st 中查找关键字值为 k 的记录,若找到,返回该记录在数组中的下标,
       否则返回 0*/
    low=1;
    high=st.length;
    while(low<=high)
    {
        mid= (low+high)/2;
        if(EQ(st.elem[mid].key ,k))return mid;
        else if( LT((st.elem[mid].key ,k)) low=mid+1;        //右半区间
        else high=mid-1;                                      //左半区间
    }
    return 0;
}                                                            //BiSearch
```

从二分查找的过程可得知,在有序表上进行二分查找可以转换为在其左半区间或者右半区间对应的子表上进行二分查找,因此,可以用递归算法实现。算法 7.4 给出了该递归算法的描述。

【算法 7.4】

```
int BiSearch(SSTable st, KeyType k, int low, int high)
{
    if (low>high)return(0);
    mid= (low+high) / 2;
```

```
if(EQ(st.elem[mid].key,k))return(mid);
else if( LT((st.elem[mid].key,k))return(BiSearch(st, k, mid+1, high);
else    return(BiSearch(st, k, low, mid-1);
}                                                          //BiSearch
```

【性能分析】 从二分查找过程看,以查找表的中间位置记录为比较对象,并以中间点将表分割为两个子表,在相应的子表中继续这种操作。如前所述,在长度为 11 的有序表上进行二分查找,为了找到第 6 个元素需要进行 1 次比较;为了找到第 3 或者第 9 个元素需要进行 2 次比较;为了找到第 1、4、7 或 10 个元素需要进行 3 次比较;为了找到第 2、5、8 或 11 个元素,需要进行 4 次比较。该查找过程,可用二叉树来描述,称之为二叉查找判定树。

二叉查找判定树的构造方法: 将当前查找区间的中间位置序号作为二叉判定树的根,左半区间所有数据元素在表中的位序作为左子树,右半区间中所有数据元素的位序作为右子树,左子树和右子树又分别是子表对应区间的二叉查找判定树。例如,长度为 11 的有序表对应的二叉判定树形式如图 7-2 所示。

对任意一棵包含 n 个结点的二叉树,它的空指针域的个数为 n+1,可以用方框表示。这些方框出现在二叉查找判定树的最下两层,如图 7-3 所示。我们称方框表示的结点为外部结点,与之对应的圆形结点为内部结点。

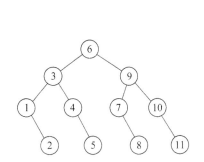

图 7-2 长度为 11 的有序表对应
         的查找判定树

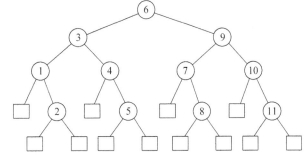

图 7-3 查找性能分析

从二叉判定树可知,对有 n 个元素的有序表,查找成功有 n 种情况,对应图 7-3 中的圆形结点。此时,恰好走了一条从根结点到所找元素对应结点的路径,与表中关键字进行比较的次数即为该结点在树中的层次。由于具有 n 个结点的判定树的高度为 $\lfloor \log_2 n \rfloor + 1$,因此,二分查找在查找成功时与给定值进行比较的关键字个数至多为 $\lfloor \log_2 n \rfloor + 1$。查找不成功有 n+1 种情况,对应图 7-3 中的方框,此时的查找过程就是走了一条从根结点到外部结点的路径,与给定值进行比较的次数等于该路径上的内部结点个数,最多也不会超过 $\lfloor \log_2 n \rfloor + 1$。从图 7-4 中的二叉判定树,很容易求出查找成功时的 ASL 和查找不成功时的 ASL,分别为:

$$ASL_{succ} = (1 + 2 \times 2 + 4 \times 3 + 4 \times 4)/11 = 33/11$$
$$ASL_{unsucc} = (4 \times 3 + 8 \times 4)/12 = 44/12$$

为了方便讨论平均查找长度,设二叉判定树中的结点总数为 $n=2^h-1$,则判定树可以近似为高度 $h=\log_2(n+1)$ 的满二叉树。由于第 k 层上有 2^{k-1} 个结点,而查找第 k 层的某个结点需要比较 k 次,则在等概率情况下,查找成功时的平均查找长度为:

$$ASL_{bs} = \frac{1}{n}\sum_{i=1}^{n}C_i = \frac{1}{n}\Big[\sum_{j=1}^{h}j\times 2^{j-1}\Big] = \frac{n+1}{n}\log_2(n+1)-1$$

当 n 值较大时,查找成功时的平均查找长度 $ASL\approx\log_2(n+1)-1$。

查找不成功共有 n+1 种情况,按照最坏的情况考虑,每次需要比较的次数均可近似为树的高度。因此,在等概率情况下,二分查找不成功的平均查找长度为:$ASL\approx\log_2(n+1)$。

由此可见,二分查找比顺序查找的效率要高。如表长 n=127 时,顺序查找成功的 ASL=64,而二分查找成功的 ASL=6。由于二分查找要求查找表按关键字有序排列并且顺序存储,因此当在表中进行插入或删除操作时,需要移动大量的元素。此外,预排序处理需要较高的时间代价。由此可见,当有序表一旦建立又经常需要对其进行查找操作时,选用二分查找算法比较合适。

7.3.3　分块查找

当查找表中的数据量很大时,用前述的顺序查找算法效率是很低的。如果能将数据分块,并建立数据块的索引,那么在查找时,就可以先根据索引找到数据块,再在数据块内进行查找。如此操作,将会大大提高查找效率。例如,书的目录就是一张索引表。当我们要找书中某部分内容时,首先在目录中找到该部分内容所对应的起始页码,然后从此页码开始逐页查找。显然,如果书没有目录,则只能从第 1 页开始进行查找,查找效率将会非常低。

上面所描述的查找方法,即为分块查找,又称为索引顺序查找,是顺序查找的一种改进方法。分块查找要求将查找表分成若干块,各块之间按关键字值大小有序,各块之内不要求有序。所谓块间有序,即每一块中所有记录的关键字值均大于(升序)或小于(降序)与之相邻的前一块中记录的最大关键字的值。

为了实现分块查找,除查找表之外,还需建立一张索引表。查找表中的每个块在索引表中有一个索引项。索引项包括两个字段:关键字字段(存放对应该块中的最大关键字值)、指针字段(存放指向对应块的指针)。

例 7-2:关键字集合为:(22,5,13 ,8,9,20,33,42,44,38,24,48,60,58,74,65,86,53),建立该查找表的索引表。

将该查找表分为三块,各块最大关键字值依次为 22,48,86,各块中第一个记录在查找表中的位置依次为 1、7、13。注意:第二块中记录的最小关键字值 24 大于第一块中的最大关键字 22,第三块中记录的最小关键字值 53 大于第二块中的最大关键字 48。对应于查找表的索引表如图 7-4 所示,块间关键字保持升序。

分块查找过程分为两步:首先,根据给定值在索引表中查找索引项,确定其在查找表中所在的查找分块。由于索引项按关键字字段有序,因此此步骤采用顺序查找或二分查找方法都可;其次,在查找到的分块内进行查找,确定给定值在查找表中的位置。此步骤只能采用顺序查找方法。

例如,要在表中找 k=38 的记录。先将 k 依次和索引表中的各个最大关键字进行比

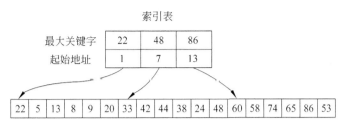

图 7-4 带索引的顺序表

较,由于 22＜k＜48,所以记录若存在必在第二块中;然后从第二块的起始地址开始顺序查找,直到找到 k＝st. elem[10]. key 时,查找成功。

如果查找 k＝59 的记录,先在索引表中进行顺序查找或二分查找,由于 48＜k＜86,则该记录若存在,必在查找表的第三块中;然后在第三块中进行顺序查找,直到表尾,没有找到值等于 k 的关键字,则查找失败。

【性能分析】 分块查找的平均查找长度应该是索引表查找与块内查找的平均查找长度之和,即 $ASL＝ASL_b＋ASL_w$。其中,ASL_b 为在索引表内查找的平均查找长度,ASL_w 为在块内查找时的平均查找长度。一般情况下,可将长度为 n 的表均匀地分成 b 块,每块含有 s 个数据元素,即 $b＝\lceil\frac{n}{s}\rceil$。在等概率下,块内记录的查找概率为 $1/s$,每块查找的概率为 $1/b$。若采用顺序查找方法确定记录所在的块,则分块查找的平均查找长度为

$$ASL＝\frac{1}{b}\sum_{j=1}^{b}j+\frac{1}{s}\sum_{i=1}^{s}i＝\frac{b+1}{2}+\frac{s+1}{2}＝\frac{1}{2}\left(\frac{n}{s}+s\right)+1$$

可见,其平均查找长度不仅和表长有关,还和块内元素的个数有关。当 $s＝\sqrt{n}$ 时,ASL 具有最小值 $\sqrt{n}+1$,这时的查找性能比顺序查找好很多,但仍然远低于二分查找。如果通过二分查找确定记录所在的块,则 $ASL\approx\log_2\left(\frac{n}{2}+1\right)+\frac{s}{2}$。

需要说明的是,为了提高查找效率,尽量使分块均匀划分。但在实际应用中,分块大小并不一定相同,但块间必须保持有序。

下面,对本节中的 3 种查找方法进行性能比较。

设查找表长度 n＝10 000,则顺序查找成功的 $ASL＝\frac{n+1}{2}\approx5000$;

折半查找成功的 $ASL＝\frac{n+1}{n}\log_2(n+1)-1\approx14$;

分块查找成功的 $ASL＝\frac{1}{2}\left(\frac{n}{s}+s\right)+1\approx100$。

由上可知,有序表上的二分查找效率最高。但仍然存在以下两点不足:

(1) 查找表的预排序需要耗费较高的时间代价;

(2) 在表中进行插入或删除操作时,需要移动大量的元素。

7.3.4 案例实现：基于顺序查找的学生信息表查询

学生信息描述如表 7-1 所示。对学生信息表进行查找的条件可以是学号、姓名等。下面将以学生学号作为关键字，完整地描述学生信息表查询管理系统。

源程序如下：

```c
#include "stdio.h"
#include "malloc.h"
#include "string.h"
#include "conio.h"
//宏定义:
#define EQ(a,b) (!strcmp((a),(b)))
#define LT(a,b) (strcmp((a),(b))<0)
#define MAXSIZE 100
//查找表定义:
typedef struct
{
    char no[10];
    char name[10];
    char sex[2];
    int age;
    char birthplace[10];
}STU;
typedef STU ElemType;
typedef struct
{
    ElemType * elem;                    /* 数组基址 */
    int       length;                   /* 表长度 */
}SSTable;
//关键字类型定义:
typedef char KeyType[10];
//各功能函数声明:
int CreateTable(SSTable * st);          //创建查找表
//初始条件:无
//操作结果:st 存在并且包含多个学生记录,学生记录按学号有序排列
int OutTable(SSTable sl);               //浏览查找表
//初始条件:st 存在
//操作结果:输出学生记录,学生记录按学号有序排列
void OutElem(SSTable st,int pos);       //浏览某条记录
//初始条件:st 存在
//操作结果:输出位序为 pos 的学生记录
int SeqSearch(SSTable st, KeyType k);   //顺序查找
//初始条件:st 存在,k 存在
//操作结果:如果 st 中存在关键字为 k 的记录,返回 k 在 st 中的位置;否则,返回 0
```

```
int BiSearch(SSTable st, KeyType k);              //二分查找
//初始条件：st 存在并且按学号有序排列,k 存在
//操作结果：如果 st 中存在关键字为 k 的记录,返回 k 在 st 中的位置;否则,返回 0
int menu();                                       //操作菜单
void main()
{
    int flag,num; SSTable st; char no[10];
    while(1)
    {
        num=menu();
        switch(num)
        {
            case 0: free(st.elem);                //释放空间
                    exit(0);
            case 1: flag=CreateTable(&st);
                    if(flag) printf("创建成功!");
                    else printf("创建失败!");
                    printf("输入回车键继续...");
                    getch();
                    break;
            case 2: flag=OutTable(st);
                    if(!flag) printf("表为空!");
                    printf("输入回车键继续...");
                    getch();
                    break;
            case 3: printf("输入学号:");
                    scanf("%s",no); getchar();
                    flag=SeqSearch(st,no);   //顺序查找
                    if(flag)
                    {   printf("查找成功!\n");
                        OutElem(st,flag);
                    }
                    else printf("查找失败!");
                    printf("输入回车键继续...");
                    getch();
                    break;
            case 4: printf("输入学号:");
                    scanf("%s",no); getchar();
                    flag=BiSearch(st,no);    //二分查找
                    if(flag)
                    {   printf("查找成功!\n");
                        OutElem(st,flag);
                    }
                    else printf("查找失败!");
```

```
                            printf("输入回车键继续...");
                            getch();
                            break;
            }                               //switch
        }                                   //while
}
/* 其他函数的定义 */
int menu()                          //操作菜单
{
    int n;
    while(1)
    {
        system("cls");
        printf("/******学生信息管理系统*****/\n");
        printf("\n/******本系统基本操作如下:\n/");
        printf("/******0:退出\n/******1:创建\n/******2:浏览/\n");
        printf("/******3:按学号进行顺序查找\n/******4:按学号进行二分查找/\n");
        printf("请输入操作提示:(0~4)");
        scanf("%d",&n); getchar();
        if(n>=0&&n<=4)return n;
        else {printf("输入编号有误,重新输入!\n"); getch();}
    }
}
int CreateTable(SSTable * st)       //创建有序查找表
{
    st->elem=new ElemType[MAXSIZE];
    if(!(st->elem))return 0;
    printf("输入表的长度:");
    scanf("%d",&st->length);
    if(st->length >MAXSIZE)
    {
        printf("表需要空间太大,发生溢出!");
        return 0;
    }
    printf("请按照学号的升序输入学生信息\n");
    for(int i=1;i<st->length+1; i++)
    {
        printf("输入学号 姓名 性别 年龄 籍贯\n");
        scanf("%s%s%s%d%s",st->elem[i].no,st->elem[i].name,st->elem[i].sex,
                &st->elem[i].age,st->elem[i].birthplace);
    }
    return 1;
}
int OutTable(SSTable st)
```

```
{
    if(!st.length)return 0;
    printf("表如下(包含%d个记录):",st.length);
    printf("\n学号\t姓名\t性别\t年龄\t籍贯\n ");
    for(int i=1;i<st.length+1;i++)
    {
        printf("%s\t%s\t%s\t%d\t%s\n",st.elem[i].no,st.elem[i].name,
                st.elem[i].sex,st.elem[i].age,st.elem[i].birthplace);
    }
    return 1;
}
void OutElem(SSTable st,int pos)
{
    int i=pos;
    printf("\n学号\t姓名\t性别\t年龄\t籍贯\n ");
    printf("%s\t%s\t%s\t%d\t%s\n",st.elem[i].no,st.elem[i].name,st.elem[i].sex,
            st.elem[i].age,st.elem[i].birthplace);
}
int SeqSearch(SSTable st, KeyType k)
{   /*在表 st 中查找关键字为 k 的记录,若找到,返回该记录在数组中的下标,否则返回 0 */
    strcpy(st.elem[0].no,k);/*存放岗哨*/
    /*从表尾端开始向前查找*/
    for( int i=st.length; !EQ(st.elem[i].no ,k); i--);
    return i;
}
int BiSearch(SSTable st, KeyType k)
{   /*用二分法在查找表 tb 中查找关键字值为 k 的记录,若找到,返回该记录在数组中的下标,
        否则返回 0 */
    int low=1,mid;
    int high=st.length;
    while(low<=high)
    {
        mid= (low+high)/2;
        if(EQ(st.elem[mid].no ,k))return mid;
        else    if( LT(st.elem[mid].no ,k))low=mid+1;
        else    high=mid-1;
    }
    return 0;
}                                  //BiSearch
```

如果学生信息表中的记录按学号分块有序排列(如同一个专业多个班级的学生记录表),则可以进行分块查找。其中一个班的学生记录在一个块内,块间按学号升序排列。读者可以自己完成学生信息表的分块查找算法。

7.4　树表查找

　　在线性表上实现查找算法,通常较为简单。然而,如果需要频繁对表进行动态修改(插入和删除),这类算法却不太适用。本节将介绍一类基于动态树表的查找算法,即将查找表的数据元素人为地附加一种一对多的树形结构关系,其特点是:对于给定的关键字值,若在树中存在该关键字记录,则查找成功;否则,将该关键字记录插入到树中。由于查找表是在查找过程中动态生成的,因此称之为动态查找表。常见的动态树表包括二叉排序树、二叉平衡树以及 B 树等。

7.4.1　二叉排序树

1. 二叉排序树的定义

　　二叉排序树(Binary Sort Tree)又称二叉查找树,它或者是一棵空树,或者是具有下列性质的二叉树:若左子树不空,则左子树上所有结点的值均小于根结点的值;若右子树不空,则右子树上所有结点的值均大于根结点的值;左子树和右子树也分别是二叉排序树。图 7-5 所示的二叉树即是一棵二叉排序树。

　　二叉排序树的特点是:对其进行中序遍历,可得到一个按关键字值有序的序列。由此可见,对于无序序列,可通过构造一棵二叉排序树使之成为有序序列。

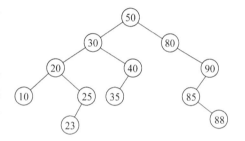

图 7-5　二叉排序树

　　通常,可选择二叉链表作为二叉排序树的存储结构,定义如下:

```
typedef struct BSTNode
{
    ElemType       data;          //ElemType 为记录类型
    struct BSTNode * lchild;
    struct BSTNode * rchild;
}BSTNode, * BSTree;
```

2. 二叉排序树的查找

　　二叉排序树的查找过程为:若查找树为空,则查找失败;若查找树为非空,将给定值 k 与查找树的根结点关键字值进行比较,若相等,则查找成功;否则,若 k 小于根结点关键字值,在左子树上进行查找;若 k 大于根结点的关键字值,则在右子树上进行查找。可以看出,该查找过程是一个递归过程,可用递归算法来实现。此外,为了得到正确的返回值,在查找成功时需记住关键字所在结点的地址,查找不成功时则需记住查找路径上最后一个结点的地址。

　　查找过程示意图见图 7-6。

　　查找 35:查找过程中需比较的关键字依次为 $50->30->40->35$,此时查找成功,并记住了关键字 35 所在结点的地址。图 7-6 带箭头的实线标出了该查找路径。

查找 95：查找过程中需比较的关键字依次为 $50->80->90$,此时查找不成功,并记住了关键字 90 所在结点的地址。图 7-6 带箭头的虚线标出了该查找路径。

从图 7-6 查找过程可见,二叉排序树的查找过程将会生成一条查找路径。查找成功：从根结点出发,沿着左分支或右分支逐层向下直至关键字等于给定值的结点。查找不成功：从根结点出发,沿着左分支或右分支逐层向下直至指针指向空树为止。

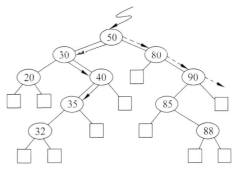

图 7-6 查找过程示意图

二叉排序树的删除操作必须建立在查找成功之上,此时需记住被查找关键字所在结点的地址；而插入操作必须建立在查找不成功之上,此时则需记住查找路径上的最后一个结点的地址。

对图 7-6,查找成功时的 $ASL=(1+2\times 2+3\times 3+2\times 4+2\times 5)/10=32/10$。在图中,将所有查找不成功时的外部结点补上,即考虑每个结点不存在的左右孩子,它们所在的层次 -1 就是查找不成功的比较次数。查找不成功时的 $ASL=(1\times 2+4\times 3+2\times 4+4\times 5)/11=42/11$。

二叉排序树的查找算法如下：

【算法 7.5】

```
int BSTSearch(BSTree bt,KeyType k,BSTree * p,BSTree * f)
{   /* 在根指针 bt 所指二叉排序树中递归地查找其关键字等于 k 的数据元素,若查找成功,则返
       回指针 p 指向该数据元素的结点,并返回 1,否则表明查找不成功,指针 p 指向查找路径上
       访问的最后一个结点,并返回函数值为 0,指针 f 指向当前访问结点的双亲,其初始调用值
       为 NULL * /
    if (!bt)
    {
        * p= * f;
        return 0;
    }
    else if(EQ(bt->data.key, k))
    {
        * p=bt;
        return 1;
    }
    else if(LT(bt->data.key, k)) return(BSTSearch (bt->rchild,k,p,&bt));
    else return(BSTSearch (bt->lchild,k,p,&bt));
}                                    //BSTSearch
```

3. 二叉排序树的插入与构造

根据动态查找表的定义,二叉排序树"插入"操作的具体过程为：若二叉排序树为空,

则插入结点作为新的根结点;若二叉排序树非空,而插入结点关键字值小于根结点关键字值,则将其插入到左子树;若插入结点关键字值大于或等于根结点关键字值,则将其插入到右子树。新插入结点一定是作为叶子结点添加上去的,并成为查找路径上最后一个结点的左孩子或右孩子。

插入操作是构造二叉排序树的基本操作。对于给定的关键字序列,构造二叉排序树的方法是:每读入一个关键字,生成一个结点,并按关键字值的大小将其插入到当前二叉排序树中,直到所有关键字结点全部插入,二叉排序树构造完毕。

例 7-3:给定关键字序列{45,24,53,12,14,90 },试构造一棵二叉排序树(见图 7-7)。

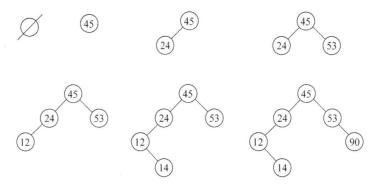

图 7-7　构造二叉排序树的过程

二叉排序树的插入算法描述如下:

【算法 7.6】

```
void BSTInsert(BSTree * bt, ElemType e )
{   /* 当二叉排序树中不存在关键字等于 e.key 的数据元素时,插入元素值为 e 的结点,并返回
       1;否则,不进行插入,并返回 0 */
    if (!(* bt))
    {
        s=(BSTree)malloc(sizeof(BSTNode));          //为新结点分配空间
        s->data=e;
        s->lchild=s->rchild=NULL;
        * bt=s;                                     //插入 s 为新的根结点
    }
    else if ( LT(e.key, (* bt)->data.key) )
        BSTInsert(&((* bt)->left), e);              //将 s 插入到 * bt 的左子树
    else
        BSTInsert(&((* bt)->right), e);             //将 s 插入到 * bt 的右子树
}                                                   //Insert BST
```

如果将待插入结点作为形参,也可以如下描述插入函数:

【算法 7.7】

```
void InsBstree(BSTree * bt,BSTree s)
{   //将指针 s 所指的结点插入到根指针为 * bt 的二叉排序树中
```

```
    if (* bt==NULL) * bt=s;                          //若 * bt 为空树,则 s 为根
    else if (LT(s->data.key,(* bt)->data.key)) InsBstree(&((* bt)->lchild),s);
    else insBstree( &((* bt)->rchild), s);
}                                                    //InsBstree
```

基于算法 7.7,构造二叉排序树的算法描述如下:

【算法 7.8】

```
void CrtBstree(BSTree * root)
{   //输入一个关键字序列,生成一棵二叉排序树的二叉链表结构
    * root=NULL;
    scanf("%d", &n);                                 //读入关键字个数
    for(int i=0; i<n; i++)
    {
        scanf(x);                                    //读入待插入结点的值 x;
        s= (BSTree)malloc(sizeof(BSTNode));          //生成新结点
        s->data=x;
        s->lchild=NULL;
        s->rchild=NULL;
        InsBstree(root, s);
    }
}                                                    //crt_bstree
```

4. 二叉排序树的删除

"删除"操作在查找成功之后进行。删除二叉排序树上某个结点之后,仍然需要保持二叉排序树的特性。设待删结点为 * p(p 为指向待删结点的指针),其双亲结点为 * f,以下分三种情况进行讨论。

(1) * p 结点为叶结点。

由于删去叶结点后不影响整棵树的特性,所以,只需将被删结点的双亲结点相应指针域置为空。操作如下: f—>lchild=NULL; 或 f—>rchild=NULL;

(2) * p 结点只有右子树或只有左子树。

只需将其双亲结点的相应指针置为"指向被删除结点的左子树或右子树"。右子树为空时只需重接它的左子树,如图 7-8(a),(b)所示。左子树为空时只需重接它的右子树,如图 7-8(c),(d)所示。

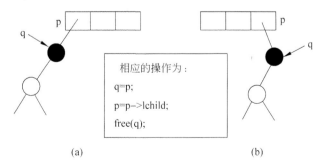

图 7-8   被删除结点只有左子树或右子树

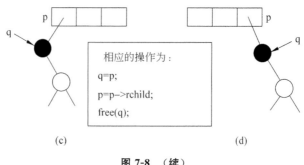

相应的操作为：

q=p;

p=p->rchild;

free(q);

(c)   (d)

图 7-8   （续）

（3）*p 结点既有左子树又有右子树。

可先按中序遍历的有序性进行相应的调整，然后再进行删除。通常有如下 4 种方法。

方法 1：找到结点 *p 在中序遍历中的直接前趋结点 *s，把 *s 的值赋给 *p，然后删除 *s。由于 *s 是 *p 左子树中最右下的结点，因此，*s 必是叶子结点或只有左子树的结点，如图 7-9 所示。*s 的删除方法见上述（1）或（2）。

方法 2：找到结点 *p 在中序遍历中的直接后继结点 *s，把 *s 的值赋给 *p，然后删除 *s。由于 *s 是 *p 右子树中最左下的结点，因此，*s 必是叶子结点或只有右子树的结点，如图 7-10 所示。*s 的删除方法见（1）或（2）。

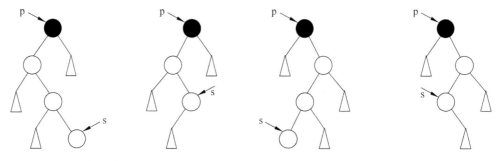

图 7-9   被删结点既有左子树又
有右子树（方法 2）

图 7-10   被删结点既有左子树又
有右子树（方法 1）

方法 3：将待删除结点 *p 的右子树链接到它的中序前趋结点（即左子树中最右下结点）*s 的右孩子指针域上，然后把它的左子树链接到其双亲结点的左（或右）孩子域上。由于 *s 是 *p 左子树中最右下的结点，因此，*s 必是叶子结点或只有左子树的结点，如图 7-11(a)和(b)所示。对应的(c)和(d)分别为删除后的状态。其中，虚线表示删除后的指针变化。

方法 4：将待删除结点 *p 的左子树链接到它的中序后继结点（即右子树中最左下结点）*s 的左孩子指针域上，然后把它的右子树链接到其双亲结点的左（或右）孩子域上。由于 *s 是 *p 右子树中最左下的结点，因此，*s 必是叶子结点或只有右子树的结点，如图 7-12(a)和(b)所示。对应的图 7-11(c)和(d)分别为删除后的状态。其中，虚线表示删除后的指针变化。

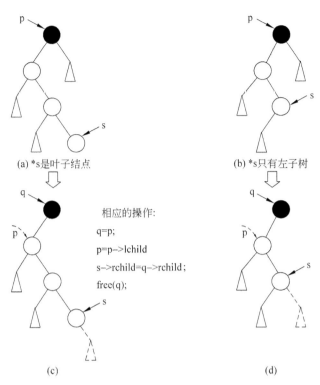

(a) *s是叶子结点　　　　　　(b) *s只有左子树

相应的操作:
q=p;
p=p->lchild
s->rchild=q->rchild;
free(q);

(c)　　　　　　　　　　　　(d)

图 7-11　被删结点既有左子树又有右子树（方法 3）

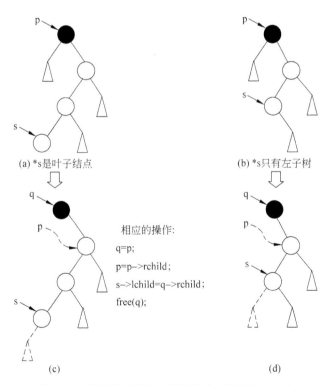

(a) *s是叶子结点　　　　　　(b) *s只有左子树

相应的操作:
q=p;
p=p->rchild;
s->lchild=q->rchild;
free(q);

(c)　　　　　　　　　　　　(d)

图 7-12　被删结点既有左子树又有右子树（方法 4）

下面给出完整的删除算法,此处第 3 种情况采用方法 1。

【算法 7.9】

```
int DelBstree(BSTree * bt, KeyType k)
{   /* 若二叉排序树 T 中存在其关键字等于 k 的数据元素,则删除该数据元素结点,并返回函数
       值 1,否则返回函数值 0 */
        if (!(* bt)) return 0;                  //不存在关键字等于 kval 的数据元素
        else
        {
          if ( EQ ((* bt)->data.key,k))         //找到关键字等于 key 的数据元素
          {
              Delete (* bt);
              return 1;
          }
          else if ( LT(k, (* bt)->data.key)) return DelBstree ( &((* bt)->lchild), k);
          else return DelBstree (&((* bt)->rchild),k);
        }
}                                               //DelBstree
```

其中,Delete 函数定义如下:

```
void Delete ( BiTree * p )
{   //从二叉排序树中删除结点 p,并重接它的左子树或右子树
    if (!(* p)->rchild)
    {
        q= * p;
        * p=(* p)->lchild;
        free(q);
    }
    else if (!(* p)->lchild)
    {
        q= * p;
        * p=(* p)->rchild;
        free(q);
    }
    else
    {
        q= * p; s=(* p)->lchild;            //s 指向被删结点的中序前驱,q 指向 s 的双亲
        while (s->rchild)
        {
            q=s;
            s=s->rchild;
        }
        (* p)->data=s->data;
        if (q != * p ) q->rchild=s->lchild;
        else q->lchild=s->lchild;           //重接 * q 的左子树
        free(s);
```

```
    }
}//Delete
```

【性能分析】　在二叉排序树中进行查找,实际上是走了一条从根结点到所找结点的路径,比较次数等于结点所在的层数。因此,与二分查找类似,无论查找是否成功,与给定值比较的次数都不会超过树的高度。但不同于二分查找的是:在长度为 n 的有序表上进行二分查找的判定树形态是唯一确定的,且左右子树结点数目基本均匀;但二叉排序树的形态与插入结点的顺序相关,不同的插入顺序可能导致的形态差异很大。如下例:给定关键字序列(45,24,53,12,37,90),构造的二叉排序树如图 7-13(a)所示;若给定的关键字序列为(12,24,37,45,53,90),则构造的二叉排序树形态如图 7-13(b)所示。可见,虽然两个关键字序列中的值相同,但因为这些值的排列顺序不同,即得到了完全不同形态的二叉排序树。

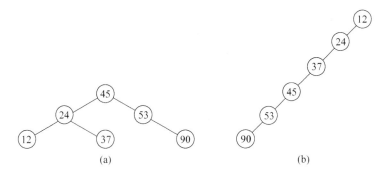

图 7-13　不同关键字序列对应的二叉排序树

两棵二叉树上查找成功的平均查找长度分别为:
$$ASL_a = (1 + 2 \times 2 + 3 \times 3)/6 = 14/6$$
$$ASL_b = (1 + 2 + 3 + 4 + 5 + 6)/6 = 21/6$$

由此可见,在具有 n 个结点的二叉排序树上进行查找的平均查找长度和二叉排序树的形态密切相关。当关键字值有序时,构造的二叉排序树是一棵单枝树,与顺序查找的时间复杂度相同,为 $O(n)$,这是最差的情况。最好的情况是二叉排序树形态与二分查找的判定树形态相同,时间复杂度为:$O(\log_2 n)$。

下面讨论一般情况。

不失一般性,假设长度为 n 的序列中有 k 个关键字小于第一个关键字,则必有 $n-k-1$ 个关键字大于第一个关键字,由此构造的二叉排序树的平均查找长度是 n 和 k 的函数。假设 n 个关键字出现的 n! 种排列的可能性相同,则含 n 个关键字的二叉排序树的平均查找长度 $ASL = P(n) = \dfrac{1}{n} \sum\limits_{k=0}^{n-1} P(n,k)$,在等概率情况下,

$$P(n,k) = \sum_{i=1}^{n} p_i c_i = \frac{1}{n} \sum_{i=1}^{n} c_i = \frac{1}{n} \Big(C_{root} + \sum_{L} c_i + \sum_{R} c_i \Big)$$

$$= \frac{1}{n} (1 + k(P(k)+1) + (n-k-1)P((n-k-1)+1))$$

$$= 1 + \frac{1}{n}(k \times P(k) + (n-k-1) \times P(n-k-1))$$

由此，

$$P(n) = \frac{1}{n}\sum_{k=0}^{n-1}\left(1 + \frac{1}{n}(k \times P(k) + (n-k-1) \times P(n-k-1))\right)$$

$$= 1 + \frac{2}{n^2}\sum_{k=1}^{n-1}(k \times P(k))$$

可类似于解差分方程，此递归方程有解：

$$P(n) = 2\frac{n+1}{n}\log n + C, \quad \text{其中 } C \text{ 是一个常量。}$$

7.4.2 平衡二叉树

对同一组关键字，由于输入顺序不同，创建的二叉排序树形态不一，高度相差甚远，ASL 的值大小不同，使得查找性能存在很大的差异。如果在创建二叉排序树的过程中，不仅保持排序特性，而且使得任意结点的左右子树的高度之差不超过 1，即可以保证对任意一组关键字构建的二叉排序树高度最低。这样的二叉排序树称为平衡二叉排序树。

平衡二叉排序树（AVL 树），简称为平衡二叉树。它或者是一棵空树，或者是具有下列性质的二叉排序树：左子树与右子树高度之差的绝对值不超过 1，且其左右子树都是平衡二叉树。如果将每个结点左右子树的高度差定义为该结点的平衡因子。则由定义可知，平衡二叉树中每个结点的平衡因子只可能取 $-1, 0, 1$ 三个值之一。

一棵具有 n 个结点的平衡二叉树，其高度 h 为：$\log_2(n+1) \leqslant h \leqslant 1.4404\log_2(n+2) - 0.328$。

由 h 的取值范围可知，最坏情况下，AVL 树的高度约为 $1.44\log_2 n$，而完全平衡的二叉树高度约为 $\log_2 n$，因此 AVL 树是接近最优的，其平均查找长度与 $\log_2 n$ 同数量级。

如图 7-14(a)、(b)、(c)、(d)所示是平衡二叉树，图 7-14(e)、(f)、(g)不是平衡二叉树。

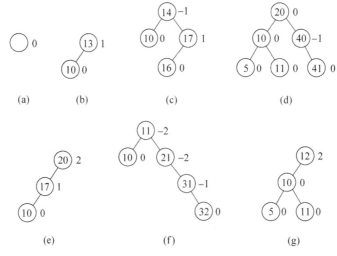

图 7-14　几种不同形态的二叉排序树

构建平衡二叉树的基本思想是：每当在二叉排序树中插入一个结点时，立即检查是否失去了平衡；若是，则找出最小不平衡子树，在保持二叉排序树特性的基础上，调整子树中结点之间的链接关系，使之成为新的平衡子树。所谓**最小不平衡子树**，即指从插入结点到根的路径上，离插入结点最近，且平衡因子绝对值大于 1 的结点作为根的子树。如图 7-14(f)中，32 是最后插入的结点，则最小不平衡子树是 21 为根的子树，只需调整该子树使其变为平衡，则整棵二叉排序树即为平衡。

平衡二叉树的类型描述如下：

```
typedef struct AVLNode
{
    ElemType        data;
    int             bf;                    //结点的平衡因子
    struct AVLNode  * lchild, * rchild;    //左、右孩子指针
}AVLNode, * AVLTree;
```

为了便于讨论，设由于插入导致的最小不平衡子树的根结点为 A，阴影表示插入的结点，则调整方式可归结为以下 4 种。

1. LL 型调整

由于在 A 的左子树的左子树上插入了新结点，而使得 A 的平衡因子由 1 增至 2，导致以 A 为根的子树失去平衡。如图 7-15 所示，图 7-15(a)是插入之前的平衡子树，A_R、B_L 和 B_R 子树高度均为 h(h≥0)，结点 A 和结点 B 的平衡因子分别为 1 和 0。图 7-15(b)是插入结点之后的情况，阴影部分表示插入结点的位置，A 的平衡因子变为 2，以 A 为根的子树失衡。此时需以 B 为轴心，进行一次顺时针旋转操作，使之达到平衡，如图图 7-15(c)所示。具体调整规则是：将 A 的左孩子 B 代替 A 成为根结点，将结点 A 作为 B 的右子树的根结点，B 的右子树 B_R 链接为 A 的左子树。

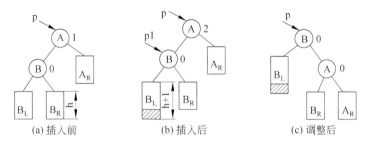

|(a) 插入前|(b) 插入后|(c) 调整后|

图 7-15　LL 型调整

具体调整步骤是：①用指针 p1 记住根结点 A 的左子树；②B 结点的右子树 B_R 挂接到结点 A 的左子树；③将结点 A 挂接到 B 结点的右子树；④将结点 A 和结点 B 的平衡因子修改为 0；⑤将原指向结点 A 的指针修改为指向新的根结点 B。算法见 7.10。

【算法 7.10】

```
void LL_Rotate(AVLTree * T)
{  //对 * T 为根的二叉树进行 LL 调整
```

```
    p1=(*T)->lchild;                         //①
    (*T)->lchild=p1->rchild;                 //②
    p1->rchild=*T;                           //③
    (*T)->bf=p1->bf=0;                       //④
    *T=p1;                                   //⑤
}                                            //LL_Rotate
```

从图 7-15 可以看出,调整前后对应的中序序列相同,为 $B_L BB_R AA_R$,保持了二叉排序树的性质。

2. RR 型调整

由于在 A 的右子树的右子树上插入了新结点,而使得 A 的平衡因子由 -1 增至 -2,导致以 A 为根的子树失去平衡。如图 7-16 所示,(a)是插入之前的平衡子树,A_L、B_L 和 B_R 子树高度均为 $h(h \geqslant 0)$。(b)是插入结点之后的情况,A 的平衡因子变为 -2,以 A 为根的子树失衡。此时需以 B 为轴心,进行一次逆时针旋转操作,使之达到平衡,如(c)所示。具体调整规则是:将 A 的右孩子 B 代替 A 成为根结点,将 A 结点作为 B 的左子树的根结点,B 的左子树 B_L 链接为 A 的右子树。

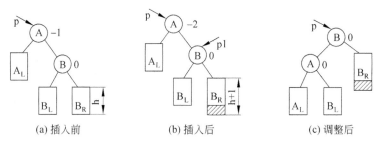

(a) 插入前   (b) 插入后   (c) 调整后

图 7-16　RR 型调整

此调整过程为:①用指针 p1 记住根结点 A 的右子树;②将 B 结点的左子树 B_L 挂接到结点 A 的右子树;③将结点 A 挂接到 B 结点的左子树;④将结点 A 和结点 B 的平衡因子修改为 0;⑤将原指向结点 A 的指针修改为指向新的根结点 B。算法见 7.11。

【算法 7.11】

```
void RR_Rotate(AVLTree *T)
{   //对 *T 为根的二叉树进行 RR 调整
    p1=(*T)->rchild;                         //①
    (*T)->rchild=p1->lchild;                 //②
    p1->lchild=*T;                           //③
    (*T)->bf=p1->bf=0;                       //④
    *T=p1;                                   //⑤
}                                            //RR_Rotate
```

从图 7-16 可以看出,调整前后对应的中序序列相同,为 $A_L AB_L BB_R$,保持了二叉排序树的性质。

3. LR 型调整

由于在 A 结点的左子树的右子树上插入结点,使得 A 的平衡因子由 1 增至 2,导致以 A 为根的子树失去了平衡。如图 7-17 所示，(a)、(d) 和 (g) 都表示插入之前的平衡子树，B_L、A_R 子树高度均为 $h+1$，C_L 和 C_R 子树高度为 $h(h \geqslant 0)$。有三种插入情况：第一种，在 C_L 上插入一个新结点，则插入之后的二叉树如 (b) 所示；第二种，在 C_R 上插入一个新结点，则插入之后的二叉树形态如 (e) 所示；第三种，如果插入结点之前的状态如图 7-17(g) 所示，则 B_L 深度必为 1，插入 C 之后的图示如 (h) 所示。对于第三种情况，插入后的二叉树显然保持平衡；对于前两种插入情况，A 的平衡因子都变为 2，以 A 为根的子树失衡。此时需以 C 为轴心，进行一次逆时针旋转，然后以 B 为轴心，再进行一次顺时针旋转，使之达到平衡，调整后的二叉排序树形态如图 7-17(c) 和 (f) 所示。具体调整规则是：将 A 的左孩子的右子树的根结点 C 提升为根结点，A 作为 C 的右子树的根结点，B 作为 C 的左子树的根结点，而 C 结点原来的左子树 C_L 作为 B 结点的右子树，C 结点原来的右子树 C_R 作为 A 结点的左子树。

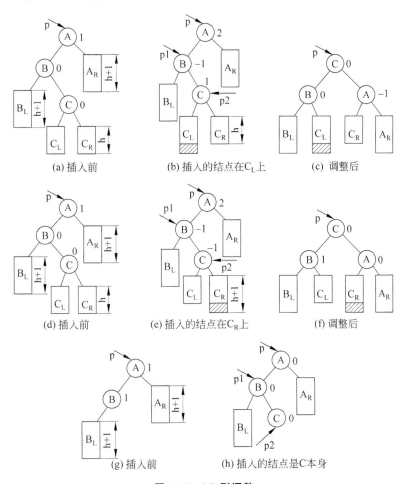

图 7-17　LR 型调整

此调整过程如下：①用 p1 记结点 B 的地址，用 p2 记结点 C 的地址；②将结点 C 的右子树挂接到结点 A 的左子树；③将结点 C 的左子树挂接到结点 B 的右子树；④将结点 B 挂接到的结点 C 的左子树；将结点 A 挂接到的结点 C 的右子树；⑤用指向子树根的指针 p 记住新的树根结点 C 的地址。

对结点 A、B 和 C 的平衡因子作如下修改：

（1）若旋转前，结点 C 的平衡因子为 1，即在结点 C 的左子树上插入，旋转后结点 A 的右子树没有变化，结点 A 的左子树是结点 C 的右子树，所以结点 A 的平衡因子为 -1；结点 B 的左子树没有变化，右子树是结点 C 原来的左子树，所以结点 B 的平衡因子为 0；结点 C 的左子树是以结点 B 为根的子树，右子树是以结点 A 为根的子树，所以结点 C 的平衡因子为 0；

（2）若旋转前，结点 C 的平衡因子为 -1，即在结点 C 的右子树上插入，则旋转后结点 A 的平衡因子为 0，结点 B 的平衡因子为 1，结点 C 的平衡因子为 0；

（3）若旋转前，结点 C 的平衡因子为 0，即结点 C 本身是插入的结点，不需要旋转，结点 A、B、C 的平衡因子均为 0。

【算法 7.12】

```
void LR_Rotate(AVLTree * T)
{   //对 p 为根的二叉树进行 LR 调整
    AVLTree p1,p2;
    p1=(* T)->lchild; p2=p1->rchild;                    //①
    p1->rchild=p2->lchild; (* T)->lchild=p2->rchild;    //②
    p2->lchild=p1;                                       //③
    p2->rchild=* T;                                      //④
    //修正调整后的平衡因子
    if(p2->bf==1){(* T)->bf=-1;p1->bf=0;}
    else if(p2->bf==0)(* T)->bf=p1->bf=0;
    else {(* T)->bf=0; p1->bf=1;}
    p2->bf=0;
    * T=p2;                                              //⑤
}                                                        //LR_Rotate
```

4. RL 型调整

由于在 A 结点的右子树的左子树上插入结点，使得 A 的平衡因子由 -1 增至 -2，导致以 A 为根的子树失去了平衡。如图 7-18 所示，图 7-18(a) 是插入之前的平衡子树，各子树高度与第三种调整方式中的子树相同。图 7-18(b) 是插入结点之后的情况，插入位置可能是 C_L 或者 C_R。A 的平衡因子变为-2，以 A 为根的子树失衡。此时需以 C 为轴心，进行一次顺时针旋转，然后以 A 为轴心，再进行一次逆时针旋转，使之达到平衡，如图 7-18(c) 所示。具体调整规则是：将 A 的右孩子的左子树的根结点 C 提升为根结点，A 作为 C 的左子树的根结点，B 作为 C 的右子树的根结点，而 C 结点原来的左子树 C_L 作 A 结点的右子树，C 结点原来的右子树 C_R 作为 B 结点的左子树。

RL 型的调整分析方法与 LR 型类似，调整过程如下：①用 p1 记结点 B 的地址，用 p2 记结点 C 的地址；②将结点 C 的左子树挂接到结点 A 的右子树；③将结点 C 的右子树挂接到结点 B 的左子树；④将结点 B 挂接到的结点 C 的右子树；将结点 A 挂接到的结点 C 的左子树；⑤用指向子树根的指针 p 记住新的树根结点 C。

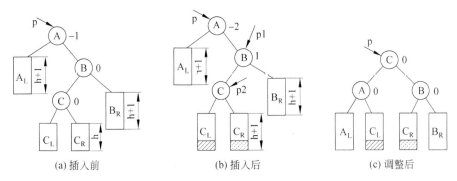

图 7-18　RL 型调整

对结点 A、B 和 C 的平衡因子作如下修改：

（1）若旋转前，结点 C 的平衡因子为 1，即在结点 C 的左子树上插入，旋转后结点 B 的右子树没有变化，结点 B 的左子树是结点 C 的右子树，所以结点 B 的平衡因子为 -1；结点 A 的左子树没有变化，右子树是结点 C 原来的左子树，所以结点 A 的平衡因子为 0；结点 C 的左子树是以结点 A 为根的子树，右子树是以结点 B 为根的子树，所以结点 C 的平衡因子为 0；

（2）若旋转前，结点 C 的平衡因子为 0，即结点 C 本身是插入的结点，则旋转后，结点 A、B、C 的平衡因子均为 0；

（3）若旋转前，结点 C 的平衡因子为 -1，即在结点 C 的右子树上插入，则旋转后结点 A 的平衡因子为 1，结点 B 的平衡因子为 0，结点 C 的平衡因子为 0。

【算法 7.13】

```
void RL_Rotate(AVLTree * T)
{   //对 p 为根的二叉树进行 LR 调整
    AVLTree p1,p2;
    p1=(* T)->rchild; p2=p1->lchild;                    //①
    p1->lchild=p2->rchild; (* T)->rchild=p2->lchild;    //②
    p2->rchild=p1;                                      //③
    p2->lchild= * T;                                    //④
    //修正调整后的平衡因子
    if(p2->bf==-1){(* T)->bf=1; p1->bf=0;}
    else if(p2->bf==0)(* T)->bf=p1->bf=0;
    else {(* T)->bf=0; p1->bf=-1;}
    p2->bf=0;
    * T=p2;                                             //⑤
} //RL_Rotate
```

1. 平衡二叉树的插入

平衡二叉树的插入与二叉排序树的插入相同，所不同的是插入新结点之后，有可能导致不平衡，需要在查找的路径上逆向回溯，找到最小的不平衡子树（一定在查找路径上），进行相应的平衡调整。

例 7-4：给定关键字序列 { 13,24,37,90,53,28,98 }，试构造一棵平衡二叉树（见图 7-19）。

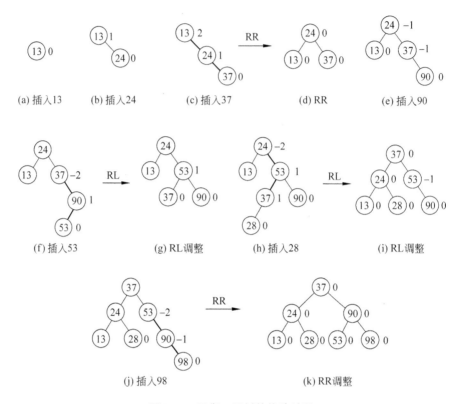

图 7-19 平衡二叉树的构造过程

由图 7-19 可以看出：平衡二叉树的构造过程是边插入、边调整。主要步骤为：

（1）按照二叉排序树的方法将新结点 * s 插入，结点 * s 一定是叶子结点。

（2）沿着查找路径逐层回溯，根据新插入的结点 * s 会使某些子树增高，可能需要修改新插入结点 s 祖先的平衡因子。

（3）回溯途中，一旦发现结点 * s 的某个祖先 p 失衡，即 p—>bf=1 变为 p—>bf=2 或 p—>bf=−1 变为 p—>bf=−2，则对 * p 为根的最小不平衡子树进行调整。

用整型变量 taller 的值表示插入结点后子树的高度变化。如果 taller=1，表示子树高度长高；如果 taller=0，表示子树高度没有变化。

平衡二叉树的插入算法如下。

【算法 7.14】

```
int insertAVL(AVLTree * T, AVLTree s,int * taller)
{
    if((*T)==NULL)                                    //空树
    {
        s->lchild=s->rchild=NULL; s->bf=0; * T=s; * taller=1;
    }
```

```
    else if(EQ(s->data.key,(*T)->data.key))  //不做插入
    {
        *taller=0; return 0;
    }
    else if(LT(s->data.key,(*T)->data.key))  //在左子树上插入
    {
        if(insertAVL(&(*T)->lchild,s,taller)==0)return 0;
        if(*taller==1)                        //已插入到*T的左子树中且左子树长高
            insLeftProcess(T,taller);
    }
    else                                      //在右子树上插入
    {
        if(insertAVL(&(*T)->rchild,s,taller)==0)return 0;
        if(*taller==1)                        //已插入到*T的右子树中且右子树长高
            insRightProcess(T,taller);
    }
    return 1;
}
```

其中,函数 insLeftProcess()为左处理,包括 LL 和 LR 处理;函数 insRightProcess()为右处理,包括 RR 和 RL 处理。

左处理对应的函数如下:

```
void insLeftProcess(AVLTree*T,int*taller)
{
    AVLTree p1;
    if((*T)->bf==0){(*T)->bf=1; *taller=1;}      //平衡,子树增高
    else if((*T)->bf==-1){(*T)->bf=0; *taller=0;} //平衡,子树未增高
    else //(*T)->bf==1
    {
        p1=(*T)->lchild;
        if(p1->bf==1)LL_Rotate(T);
        else if(p1->bf==-1)LR_Rotate(T);
        *taller=0;                                //子树未增高
    }
}
```

右处理对应的函数如下:

```
void insRightProcess(AVLTree*T,int*taller)
{
    AVLTree p1;
    if((*T)->bf==0){(*T)->bf=-1; *taller=1;}      //平衡,子树增高
    else if((*T)->bf==1){(*T)->bf=0; *taller=0;}  //平衡,子树未增高
    else                                          //(*T)->bf==-1
    {
        p1=(*T)->rchild;
```

```
        if(p1->bf==-1)RR_Rotate(T);
        else if(p1->bf==1)RL_Rotate(T);
        *taller=0;
    }
}
```

平衡二叉树的创建算法只需多次调用插入算法即可。

【性能分析】　在平衡树上进行查找的过程和二叉排序树相同,因此,查找过程中和给定值进行比较的关键字的个数不超过平衡树的深度。假设 N_h 表示深度为 h 的二叉平衡树所含的最小结点数,则显然,$N_0=0$,$N_1=1$,$N_2=2$,且 $N_h=N_{h-1}+N_{h-2}+1$,可以证明,当 $h\geqslant0$ 时,N_h 约等于 $\varphi^{h+2}/\sqrt{s}-1$,其中,$\varphi=(1+\sqrt{5})/2$,由此可以推导出:含有 n 个结点的平衡二叉树的最大高度为 $\log_\varphi(\sqrt{5}(n+1))-2$。因此,在平衡树上进行查找的时间复杂度为 $O(\log_2 n)$。

2. 平衡二叉树的删除

平衡二叉树的删除与二叉排序树的删除一样,需根据给定记录的关键字进行查找。如果找到,则删除。但是由于删除一个结点之后,有可能会导致失衡,需要在查找路径上逆向回溯,对出现的不平衡子树进行一次或多次平衡调整。

设 p 指向根结点,被删除的结点在 *p 的左子树上。下面给出各种删除情况的处理。阴影部分表示被删除的结点。

当在 *p 的左子树上删除一个结点后,如果出现不平衡,最小不平衡子树一定在与 *p 有关的右子树上,可能的情况有:

（1）删除前,p->bf=1;删除后,p->bf=0,*p 的高度降低,可能会使(*p)的双亲结点不平衡,需继续沿路径向上回溯,见图 7-20。

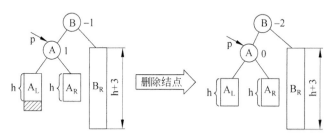

图 7-20　p->bf=1 时在 p 的左子树上删除结点,高度减 1,仍平衡

从图 7-20 中不难看出,*p 的左子树上删除一个结点后,由于 *p 的左子树高度降 1,使得 *p 的双亲结点 B 的左子树高度也降 1,从而导致结点 B 的平衡因子为 -2,需调整。

（2）删除前,p->bf=0;删除后,p->bf=-1,*p 的高度未降,回溯停止,见图 7-21。

（3）删除前,p->bf=-1;删除后,p->bf=-2,*p 的高度未降,*p 失衡,需调整,见图 7-22。

图 7-21　p－＞bf＝0 时在 p 的左子树上删除结点，高度未降，仍平衡

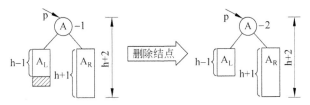

图 7-22　p－＞bf＝－1 时在 p 的左子树上删除结点，高度未降，不平衡

由于 * p 的右子树比左子树高，只能用 * p 的右子树上的某个结点作为 * p 的左子树根。假设 * p1 是 * p 的右子树的根，根据 * p1 的平衡因子，又可分为以下 3 种情况：

(1) p1－＞bf＝0，让 * p1 作树根，需做 RR 调整，见图 7-23。

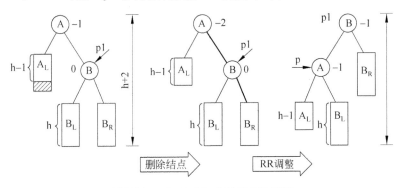

图 7-23　p1－＞bf＝0 时的 RR 调整

(2) p1－＞bf＝－1，让 * p1 作为树根，需做 RR 调整，见图 7-24 所示。

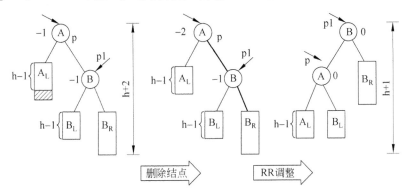

图 7-24　p1－＞bf＝－1 时的 RR 调整

（3）p1->bf=1，让 * p1 作为树根不能保证平衡，需根据 * p1 的左子树根 * p2 的平衡因子为-1、0、1，做不同的处理。

① 当 p2->bf=-1 时，删除结点后，p->bf=-2，对 * p、* p1 和 * p2 做 RL 调整，见图 7-25 所示。

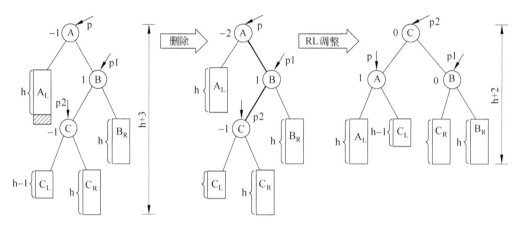

图 7-25　p2->bf=-1 时做 RL 调整

② 当 p2->bf=0 时，删除结点后，p->bf=-2，需对 * p、* p1 和 * p2 做 RL 调整，见图 7-26。

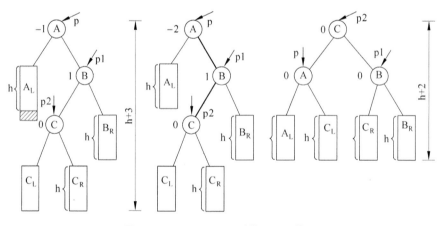

图 7-26　p2->bf=0 时做 RL 调整

③ 当 p2->bf=1 时，删除结点后，p->bf=-2，需对 * p、* p1 和 * p2 做 RL 调整，见图 7-27。

平衡二叉树的删除算法与二叉排序树的删除算法类似，只需将删除结点后的平衡处理加入到删除函数中即可。用整型变量 taller 的值表示删除结点后子树的高度变化。如果 taller=1，表示子树高度降低；如果 taller=0，表示子树高度没有变化。

平衡二叉树的删除算法如下：

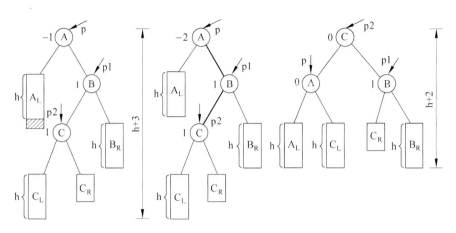

图 7-27　p2－＞bf＝1 时做 RL 调整

【算法 7.15】

```
int DeletAVL(AVLTree * T, keyType x,int * taller)
{
    int k;AVLTree q;
    if(* T==NULL)return 0;
    else if(LT(x,(* T)->data.key))
    {
        k=DeletAVL(&(* T)->lchild,x,taller);
        if(* taller==1)delLeftProcess(T,taller);        //需要左处理
        return k;
    }
    else if(GT(x,(* T)->data.key))
    {
        k=DeletAVL(&(* T)->rchild,x,taller);
        if(* taller==1)delRightProcess(T,taller);       //需要右处理
        return k;
    }
    else                                                //相等
    {
        q=* T;                                          //用 q 记住要删除的结点
        if((* T)->rchild==NULL)
        {
            (* T)=(* T)->lchild;                        //用 * T 的左子树根代替 * T
            delete q;
            * taller=1;                                 //树的高度降低
        }
        else if((* T)->lchild==NULL)
        {
```

```
            (*T)=(*T)->rchild;                //用*T的右子树根代替*T
            delete q;
            *taller=1;                        //树的高度降低
        }
        else                                  //*T的左右子树均不为空
        {
            Delete(q,&q->lchild,taller);      //在*q的左子树上进行删除
            if(*taller==1)delLeftProcess(&q,taller);
            *T=q;
        }
        return 1;
    }
}
```

其中,函数 delLeftProcess()为左处理函数,函数 delRightProcess()为右处理函数,函数 Delete()为删除结点的函数。

```
void Delete(AVLTree q, AVLTree *T, int *taller)
{   //*T是*q的左子树根
    if((*T)->rchild==NULL)
    {
        q->data.key=(*T)->data.key;
        q=(*T);
        (*T)=(*T)->lchild;
        delete q;
        *taller=1;
    }
    else
    {
        Delete(q,&(*T)->rchild,taller);
        if(*taller==1)delRightProcess(T,taller);
    }
}
void delLeftProcess(AVLTree *p,int *taller)
{
    AVLTree p1,p2;
    if((*p)->bf==1)                           //对应删除的第1种情况
    {
        (*p)->bf=0;
        *taller=1;
    }
    else if((*p)->bf==0)                      //对应删除的第2种情况
    {
```

```
        (*p)->bf=-1;
        *taller=0;
    }
    else                                //对应删除的第 3 种情况
    {
        p1=(*p)->rchild;
        if(p1->bf==0)                   //对应删除的第 3 种情况下的②
        {
            (*p)->rchild=p1->lchild;
            p1->lchild=*p;
            p1->bf=1; (*p)->bf=-1;
            *p=p1;
            *taller=0;
        }
        else if(p1->bf==-1)             //对应删除的第 3 种情况下的①
        {
            (*p)->rchild=p1->lchild;
            p1->lchild=*p;
            (*p)->bf=p1->bf=0;
            *p=p1;
            *taller=1;
        }
        else                            //对应删除的第 3 种情况下的③
        {
            p2=p1->lchild;
            p1->lchild=p2->rchild;
            p2->rchild=p1;
            (*p)->rchild=p2->lchild;
            p2->lchild=*p;
            if(p2->bf==0)
            {
                (*p)->bf=0;
                p1->bf=0;
            }
            else if(p2->bf==-1)
            {
                (*p)->bf=1;
                p1->bf=0;
            }
            else
            {
                (*p)->bf=0;
                p1->bf=-1;
```

```
            }
            p2->bf=0;
            *p=p2;
            *taller=1;
        }
    }
}
void delRightProcess(AVLTree * p,int * taller)
{
    AVLTree p1,p2;
    if((*p)->bf==-1)
    {
        (*p)->bf=0;
        *taller=-1;
    }
    else if((*p)->bf==0)
    {
        (*p)->bf=1;
        *taller=0;
    }
    else
    {
        p1=(*p)->lchild;
        if(p1->bf==0)
        {
            (*p)->lchild=p1->rchild;
            p1->rchild=*p;
            p1->bf=-1; (*p)->bf=1;
            *p=p1;
            *taller=0;
        }
        else if(p1->bf==1)
        {
            (*p)->lchild=p1->rchild;
            p1->rchild=*p;
            (*p)->bf=p1->bf=0;
            *p=p1;
            *taller=1;
        }
        else
        {
            p2=p1->rchild;
            p1->rchild=p2->lchild;
```

```
      p2->lchild=p1;
      (*p)->lchild=p2->rchild;
      p2->rchild= * p;
      if(p2->bf==0)
      {
          (*p)->bf=0;
          p1->bf=0;
      }
      else if(p2->bf==1)
      {
          (*p)->bf=-1;
          p1->bf=0;
      }
      else
      {
          (*p)->bf=0;
          p1->bf=1;
      }
      p2->bf=0;
      * p=p2;
      * taller=1;
    }
  }
}
```

例 7-5：在例 7-4 的平衡二叉树中作如图 7-28 的删除操作。

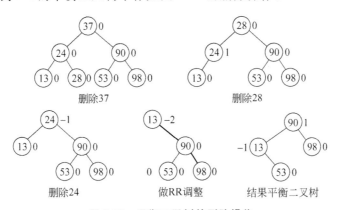

图 7-28   平衡二叉树的删除操作

例 7-6：对图 7-29 所示的平衡二叉树，删除结点 10，须向上回溯。

3. 平衡二叉树的查找

平衡二叉树的查找算法与二叉排序树的查找算法完全相同，平衡二叉树的查找成功时的 ASL 和查找不成功时的 ASL 的计算方法与二叉排序树完全相同，此处不

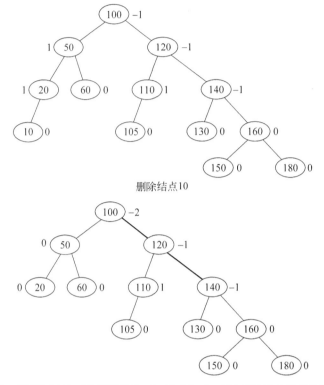

删除结点10

向上回溯，找到结点100，原平衡因子为-1，现变为-2，在结点100的右子树进行RR调整

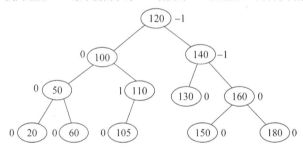

图 7-29　平衡二叉树的结点删除，需回溯的示意图

再介绍。

7.4.3　B-树和 B+树

1. B-树定义及其查找

定义：B-树(balanced tree)是一种平衡的多路查找树(又称为 B 树)，多用于操作系统和数据库中文件的多级索引组织。一棵 m 阶的 B-树，或者为空树，或为满足下列特性的 m 叉树：

（1）树中每个结点至多有 m 棵子树；

（2）若根结点不是叶子结点，则至少有两棵子树；

（3）除根结点之外的所有非终端结点至少有 $\lceil m/2 \rceil$ 棵子树；

（4）所有的非终端结点都包含以下信息数据：$(n, A_0, k_1, A_1, k_2, A_2, \cdots, k_n, A_n)$，其中：$k_i(i=1,2,\cdots,n)$ 为关键字，且 $k_i < k_{i+1}$，$A_i(i=1,2,\cdots,n)$ 为指向子树根结点的指针，且指针 A_{i-1} 所指子树中所有结点的关键字均小于 $k_i(i=1,2,\cdots,n)$，A_n 所指子树中所有结点的关键字均大于 k_n，$\lceil m/2 \rceil - 1 \leq n \leq m-1$，$n$ 为关键字的个数。

（5）所有的叶子结点都出现在同一层次上，并且不带信息（可以看作是外部结点或查找失败的结点，实际上这些结点不存在，指向这些结点的指针为空）。

如图 7-30 所示为一棵 4 阶的 B-树，其深度为 4。

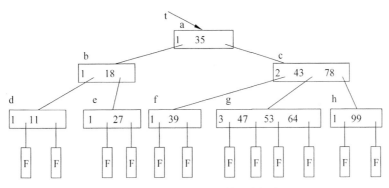

图 7-30　一棵 4 阶的 B-树

B-树上每个结点是多个关键字构成的有序表，其查找过程类似二叉排序树的查找。从根结点出发，在关键字有序表中进行查找，若找到，则查找成功；否则，确定待查找关键字所在的子树并继续查找，直到查找成功或查找失败（到达叶子结点）。可见，在 B-树上的查找过程是一个顺指针查找结点和在结点中查找关键字交叉进行的过程。例如，在图 7-30 所示的 B-树上查找关键字 53 的过程是：首先从根结点开始，由于 53>35，因此如果 53 存在则必在指针 A_1 所指的子树内；顺指针找到子树根结点 c，该结点有两个关键字，又 43<53<78，则若存在必在 c 结点中指针 A_1 所指的子树内；顺指针继续查找到结点 g，在该结点中找到关键字 53，查找成功。

B-树常用于当内存中不可能容纳所有数据记录时，在磁盘等直接存取设备上组织动态的查找表。具体如下：

（1）B-树的根结点可以始终置于内存中；

（2）其余非叶结点放置在外存上，每一结点可作为一个读取单位（页/块），选取较大的阶次 m，降低树的高度，减少外存访问次数；

（3）B-树的信息组织方法，常用的有两种：

① 每个记录的其他信息与关键字一起存储。查到关键字即可获取记录的完整信息。

② 将记录的外存地址（页指针）与关键字一起存储。查到关键字时，还需根据该页指针访问外存。

B-树结构的 C 语言描述如下：

```
//B-树结点和 B-树的类型
typedef struct BTNode
```

```
{
    int keynum;                      //结点中关键字个数,结点大小
    struct BTNode * parent;          //指向双亲结点的指针
    KeyType  key[m+1];               //存放关键字(0号单元不用)
    struct BTNode * ptr[m+1];        //子树指针向量,指向不同的子树
    Record * recptr[m+1];            //记录指针向量,指向每个记录的起始位置
} BTNode, * Btree;
//查找返回的结果类型
typedef struct
{
    Btree  pt;                       //指向找到的结点
    int    i;                        //在结点中的关键字序号
    int    tag;                      //1:查找成功;0:查找失败
}Result;
```

图 7-31 给出了一棵 5 阶的 B-树,试分析查找关键字 51 和关键字 80 的过程。

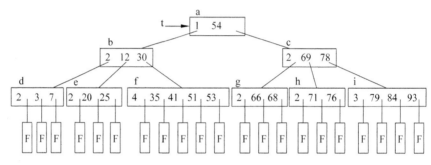

图 7-31　一棵 5 阶的 B-树

查找关键字 51:从根结点 a 出发,51<54,去结点 a 的第 1 棵子树根 b,51>30,去第 3 棵子树根 f,依次与结点 f 中的关键字 35、41 和 51 比较,找到。

查找关键字 80:从根结点 a 出发,80>54,去结点 a 的第 2 棵子树根 c,80>78,去结点 c 的第 3 棵子树根 i,依次与结点 i 中的关键字 79 和 84 比较,未找到。

B-树的查找操作的实现:

【算法 7.16】

```
Result SearchBTree(BTree T, KeyType K)
{  //在 m 阶 B 树 T 上查找关键字 K,返回结果(pt,i,tag)
   p=T; q=NULL; found=FALSE; i=0;            //初始化,p指向待查结点,q指向 * p的双亲
   while (p &&!found)
   {    //在 p->key[1..keynum]中查找 K, p->key[i]<=K<p->key[i+1]
       i=Search(p,K);
       if (i>0 && p->key[i]==K) found=TRUE;   //找到待查关键字
       else { q=p; p=p->ptr[i]; }
   }
```

```
        if (found) return (p,i,1);              //查找成功
        else return (q,i,0);                    //查找不成功,返回 K 的插入位置信息
}//SearchBTree
```

【性能分析】　B-树的查找是由两个基本操作交义进行的过程,即:在 B-树上找结点;在结点中找关键字。由于 B-树通常存储在外存上,因此"在 B-树上找结点"是在磁盘上进行的,即在磁盘上找到当前结点(算法中 p 所指结点),然后将结点信息读入内存,再对结点中的关键字有序表进行顺序查找或折半查找。由于在磁盘上读取结点信息比在内存中进行关键字查找耗时多,因此在磁盘上进行查找的次数(即 B-树的深度)是决定 B-树查找效率的首要因素。

类似于平衡二叉树的分析,讨论 m 阶 B-树各层的最少结点数。由 B-树定义:第一层至少有 1 个结点,第二层至少有 2 个结点,由于除根结点外的每个非终端结点至少有 $\lceil m/2 \rceil$ 棵子树,则第三层至少有 $2 \times \lceil m/2 \rceil$ 个结点,依次类推,第 $k+1$ 层至少有 $2 \times (\lceil m/2 \rceil)^{k-1}$ 个结点,为叶子结点。若 m 阶 B 树有 n 个关键字,则叶子结点(即查找不成功的结点)为 $n+1$,由此可得:$n+1 \geqslant 2 \times (\lceil m/2 \rceil)^{k-1}$,即:$k \leqslant \log_{\lceil m/2 \rceil} \left(\frac{n+1}{2} \right) + 1$。这就是说,在含有 n 个关键字的 B-树上进行查找时,从根结点到关键字所在结点的路径上涉及的结点数不超过 $\log_{\lceil m/2 \rceil} \left(\frac{n+1}{2} \right) + 1$。

2．B-树的插入和删除

(1) B-树的插入

在 B-树中进行插入,并不是在树中添加一个叶子结点,而是首先在最低层的某个非终端结点中添加一个关键字,若该结点的关键字个数不超过 $m-1$,则直接插入,否则对结点进行分裂操作(保证 $n \leqslant m-1$)。具体分裂过程如下:

设插入关键字的结点为 X,若该结点中已有 $m-1$ 个关键字,当再插入一个关键字后,X 结点中共有 m 个关键字,结点中含有的信息为:$((m, A_0, (k_1, A_1), (k_2, A_2), \cdots, (k_m, A_m))$。取中间关键字 $k_{\lceil m/2 \rceil}$ 上升到双亲结点,原结点分裂成两个结点 x'结点和 x"结点。x'结点中包含的信息有:$(\lceil m/2 \rceil - 1, A_0, (k_1, A_1), \cdots, (k_{\lceil m/2-1 \rceil}, A_{\lceil m/2-1 \rceil}))$,x"结点中包含的信息有:$(m - \lceil m/2 \rceil, A_{\lceil m/2 \rceil}, (k_{\lceil m/2+1 \rceil}, A_{\lceil m/2+1 \rceil}), \cdots, (k_m, A_m))$。将 $k_{\lceil m/2 \rceil}$ 给双亲结点,若双亲已满,用同样的方法继续分裂。分裂的过程可能会一直持续到树根,若根结点也需要分裂,则树高度加 1。可见,B-树是从底向上生长的。

构造一棵 B-树,即从空树起,逐个插入关键字而得到。

例如,图 7-32 所示为 3 阶的 B-树,依次插入关键字 28,25,78,7 的过程。

① 插入 28:通过查找确定 28 应插入到结点 e 中,由于插入之后结点 e 中的关键字数目不超过 2(即 $m-1$),故插入完成,见图 7-33。

② 插入 25:通过查找确定 25 应插入到结点 e 中,由于结点 e 的关键字个数超过 2,此时将结点 e 分裂为两个结点,关键字 28 上升到双亲结点 b 中,而关键字 38 及其前后两

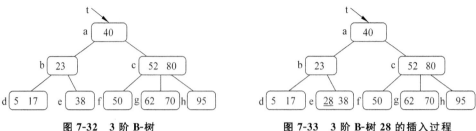

图 7-32　3 阶 B-树　　　　　　　　　图 7-33　3 阶 B-树 28 的插入过程

个指针存储到新生成的结点 e 中,同时将指向 e'的指针插入到其双亲结点 b 中。由于 b 结点中关键字的个数没有超过 2,则插入完成,见图 7-34。

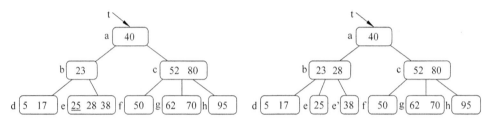

图 7-34　3 阶 B-树 25 的插入过程

③ 插入 78:进行结点分裂,生成新结点 g',70 上升到双亲结点 c 时,继续将之分裂为 c 和 c',见图 7-35。

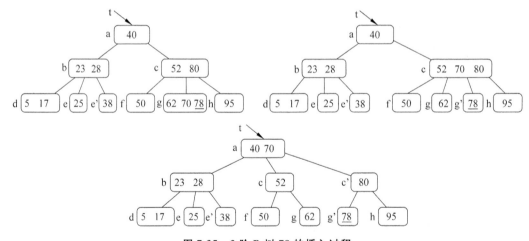

图 7-35　3 阶 B-树 78 的插入过程

④ 插入关键字 7 时,分裂过程要持续到根结点,树高度增 1,见图 7-36。

B-树的插入算法如下:

【算法 7.17】

```
int InserBTree(NodeType * * t,KeyType kx,NodeType * q,int i)
{  /*在 m 阶 B 树 * t 上结点 * q 的 key[i],key[i+1]之间插入关键码 kx */
   /*若引起结点过大,则沿双亲链进行必要的结点分裂调整,使 * t 仍为 m 阶 B 树 */
   x=kx; ap=NULL; finished=FALSE;
```

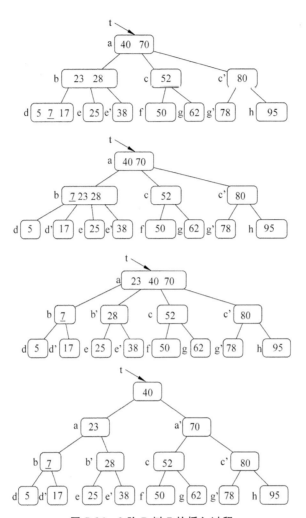

图 7-36　3 阶 B-树 7 的插入过程

```
while(q&&!finished)
{
    Insert(q,i,x,ap);      /*将 x 和 ap 分别插入到 q->key[i+1]和 q->ptr[i+1]*/
    if(q->keynum<m) finished=TRUE;             /*插入完成*/
    else
    {
        s=m/2; split(q,ap); x=q->key[s];        /*分裂结点*q*/
        /*将 q->key[s+1···m],q->ptr[s···m]和 q->recptr[s+1···m]移入新结点*ap*/
        q=q->parent;
        if(q)     i=Search(q,kx);       /*在双亲结点*q 中查找 kx 的插入位置*/
    }                                   /*else*/
}                                       /*while*/
if(!finished)                           /*(*t)是空树或根结点已分裂为*q*和 ap*/
NewRoot(t,q,x,ap); /*生成含信息(t,x,ap)的新的根结点*t,原*t 和 ap 为子树指针*/
}
```

（2）B-树的删除

若在 B-树中删除一个关键字，则首先查找到该关键字所在的结点，并从中删除之。根据关键字是否位于最下层的非终端结点，分为两种情况讨论。

① 若该关键字位于最下层的非终端结点中，且其中的关键字数目不少于$\lceil m/2 \rceil$，则删除完成，否则需进行"合并"结点的操作。因此，只需讨论删除最下层非终端结点中关键字的三种情况：

为了清楚起见，以图 7-37 中的 B-树为例。

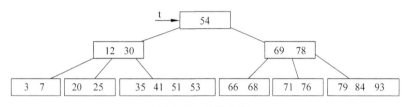

图 7-37　5 阶 B-树

- 当被删关键字所在结点 X 中的关键字数目 $n > \lceil m/2 \rceil - 1$ 时，则直接删除该关键字和相应的指针。

如删除 53，$4 > \lceil 5/2 \rceil - 1$，直接删除关键字 53 和对应的指针即可，见图 7-38。

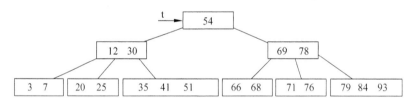

图 7-38　删除图 7-37 中的 53

- 当被删关键字所在结点 X 中的关键字数目 $n = \lceil m/2 \rceil - 1$ 时，而该结点的左兄弟（或右兄弟）结点中的关键字数目大于 $\lceil m/2 \rceil - 1$，则将左兄弟（或右兄弟）中最大的（或最小）的关键字 K 移到双亲结点中，同时将双亲结点中大于（小于）且紧靠 K 的关键字下移到被删关键字所在的结点中。

如删除 76，由于 $2 = \lceil 5/2 \rceil - 1$，右兄弟中的关键字个数 >2，删除过程见图 7-39。

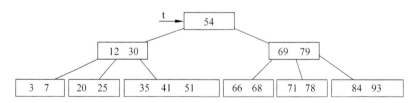

图 7-39　删除图 7-38 中的 76

- 当被删关键字所在结点中的关键字数目 $n = \lceil m/2 \rceil - 1$ 时，且该结点的左（或右）兄弟中的关键字个数等于 $\lceil m/2 \rceil - 1$，删除关键字后，将被删关键字所在结点 X 中剩余的关键字和指针以及分割 X 与其左兄弟（或右兄弟）的双亲结点中相应的关键字 k_i，合并到 X 的左兄弟（或右兄弟）结点中。由于两个结点合并后，父结点中相关项不能保持,把相关项也并入合并项。若此时父结点被破坏,则继续调整,直到根。

如删除关键字 7,由于 2＝⌈5/2⌉－1,右兄弟中的关键字个数等于 2,删除过程见图 7-40。

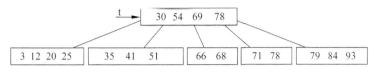

图 7-40　删除图 7-39 中的 7

② 若待删除的关键字不在最下层的非终端结点中,则将该关键字用其在树中的后继替代,然后再删除其后继元素。

如删除关键字 40,其直接后继为 50,用 50 替代 40,再按照删除原来的 50 进行处理,见图 7-41,是一棵 3 阶 B-树。

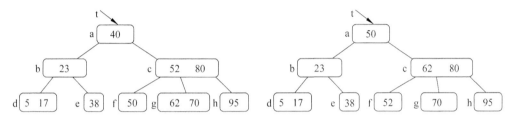

图 7-41　B-树的删除操作

B-树的结点删除函数,请读者自行完成。

3. B+树

B+树是一种 B-树的变形树。一棵 m 阶的 B+树定义如下:

(1) 树中每个结点至多有 m 棵子树;

(2) 若根结点不是叶子结点,则至少有两棵子树;

(3) 除根之外的所有非终端结点至少有⌈m/2⌉棵子树;

(4) 有 n 棵子树的结点中含有 n 个关键字;

(5) 所有叶子结点中包含了全部关键字的信息,及指向含有这些关键字记录的指针,且叶子结点本身按关键字从小到大的顺序链接;

(6) 非终端结点可看作索引结点,其中的关键字是每个子结点中的最大关键字。

B+树和 B-树的差异主要在于上述(4)、(5)和(6)条。图 7-42 为一棵 3 阶的 B+树,通常在 B+树上有两个头指针,一个指向根结点,另一个指向关键字最小的叶子结点。相应

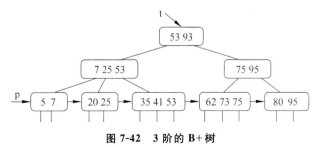

图 7-42　3 阶的 B+树

的,可以对 B+ 树进行两种查找运算:一种是从最小关键字起顺序查找,另一种是从根结点开始,进行随机查找。

在 B+ 树上进行随机查找、插入和删除的过程基本上与 B-树类似。只是在查找时,若非终端结点上的关键字等于给定值,并不终止,而是继续向下直到叶子结点。因此,在 B+ 树,不管查找成功与否,每次查找都是走了一条从根到叶子结点的路径。B+ 树查找的分析类似于 B-树。B+ 树的插入仅在叶子结点上进行,当结点中的关键字个数大于 m 时要分裂成两个结点,它们所含关键字的个数分别为 $\lceil \frac{m+1}{2} \rceil$,且双亲结点中应同时包含这两个结点中的最大关键字。B+ 树的删除也仅在叶子结点进行,当叶子结点中的最大关键字被删除时,其在非终端结点中的值可以作为一个"分界关键字"存在。

7.4.4 案例实现:基于二叉排序树的学生信息管理

学生信息可以组织为线性表,对其进行管理,如 7.2.4 节所述。但如果学生信息经常需要增加或删除,则可以按学号有序将学生信息组织为二叉排序树表,对其进行插入、删除、查询等基本操作。下面将以学生学号作为关键字,完整地描述学生信息二叉树表管理程序。

源程序如下:

```c
#include "stdio.h"
#include "malloc.h"
#include "string.h"
#include "conio.h"
//宏定义:
#define EQ(a,b) (!strcmp((a),(b)))
#define LT(a,b) (strcmp((a),(b))<0)
#define MAXSIZE 100
//查找表定义:
typedef struct
{
    char no[10];
    char name[10];
    char sex[2];
    int age;
    char birthplace[10];
}STU;
typedef STU ElemType;
typedef struct BiTNode
{
    ElemType    data;
    struct BiTNode * lchild;
    struct BiTNode * rchild;
}BiTNode, * BiTree;
//关键字类型定义:
typedef char KeyType[10];
```

```
//各功能函数声明:
void CrtBstree(BiTree * bt);                              //创建二叉排序树表
//初始条件:无
//操作结果: bt 存在
void InsBstree(BiTree * bt,ElemType e);                   //插入结点
//初始条件: 存在
//操作结果:将 p 所指结点插入到 bt 所指的二叉排序树中
void OutBstree(BiTree bt);                                //浏览查找表
//初始条件: bt 存在
//操作结果:中序遍历输出 bt 为根的二叉排序树中所有学生记录
void OutElem(BiTree p);                                   //浏览 p 所指的某条记录
//初始条件: bt 存在
//操作结果:输出 p 所指的某条记录
int DelBstree(BiTree * bt, KeyType k);                    //删除
//初始条件: bt 存在
//操作结果:将 p 所指结点删除
void Delete ( BiTree * p );                               //删除结点
int SrcBstree(BiTree bt,KeyType k,BiTree * p,BiTree * f); //查找
//初始条件: st 存在,k 存在
//操作结果:在根指针 bt 所指二叉排序树中递归地查找其关键字等于 k 的数据元素,若查找成功,
//         则返回指针 p 指向该数据元素的结点,并返回 1
//否则表明查找不成功,指针 p 指向查找路径上访问的最后一个结点,并返回函数值为 0,指针 f 指向
//         当前访问的结点的双亲,其初始调用值为 NULL
char menu();                                              //操作菜单
void main()
{
    char ch;    int flag;    BiTree bt; char no[10];
    while(1)
    (ch=menu();
    switch(ch)
    {
        case '0': exit(1);
        case '1': CrtBstree(&bt);
                if(bt) printf("创建成功!");
                else printf("创建失败!");
                break;
        case '2': if(!bt) printf("二叉排序树为空!");
                OutBstree(bt);
                printf("请按任意键继续!\n");
                getch();
                break;
        case '3': printf("输入学号:");
                scanf("%s",no);
                BiTree p,f;
```

```
                    p=bt;
                    f=NULL;
                    SrcBstree(bt,no,&p,&f);
                    if(p)
                    { printf("查找成功!\n");
                      OutElem(p);
                      printf("请按任意键继续!\n");
                      getch();
                    }
                    else
                    printf("查找失败!");
                    break;
            case '4': ElemType elem;
                    printf("输入待增加的学生记录信息(学号 姓名 性别 年龄 籍贯):");
                    printf("输入\n");
                    scanf("%s%s%s%d%s",elem.no,elem.name,elem.sex,
                         &elem.age,elem.birthplace);
                    InsBstree(&bt,elem);
                    break;
            case '5': printf("输入待删除的学生学号:");
                    scanf("%s",no);
                    DelBstree(&bt,no);
                    break;
            }                          //switch
        }                              //while
}
char menu()
{
    char ch;
    while(1)
    {
        system("cls");
        printf("/******学生信息管理系统*****/\n");
        printf("\n/******本系统基本操作如下:\n");
        printf("/******0:退出\n/******1:创建\n/******2:浏览\n");
        printf("/******3:按学号进行查找\n/******4:增加记录\n/******5:删除记录\n");
        printf("请输入操作提示:(0~5)");
        ch=getchar();
        getchar();
        if(ch>='0'&&ch<='5')return ch;
        else {printf("输入有误,重新输入!\n"); getch(); }
    }
}
//函数定义
```

```
void CrtBstree(BiTree * bt)                          //创建二叉排序树
{
    int n;
    ElemType elem;
    printf("输入结点的个数:");
    scanf("%d", &n);
    * bt=NULL;
    for(int i=0;i<n; i++)
    {
        printf("输入学号 姓名 性别 年龄 籍贯 \n");
        scanf("%s%s%s%d%s",elem.no,elem.name,elem.sex,&elem.age,elem.birthplace);
        InsBstree(bt,elem);
    }
}
void InsBstree(BiTree * bt, ElemType e )
{
    if (!(* bt))
    {
        BiTNode * s=(BiTree)malloc(sizeof(BiTNode)) ;   //为新结点分配空间
        s->data=e;
        s->lchild=s->rchild=NULL;
        * bt=s;                                          //插入 * s 为新的根结点
    }
    else if ( LT(e.no, (* bt)->data.no) )
        InsBstree(&((* bt)->lchild), e);                //将 * s 插入到 * bt 的左子树
    else
        InsBstree(&((* bt)->rchild), e);                //将 * s 插入到 * bt 的右子树
}                                                        //Insert BST
void OutBstree(BiTree bt)
{
    if(bt)
    {
        OutBstree(bt->lchild);
        printf("%s%s%s%d%s\n",
        bt->data.no,bt->data.name,bt->data.sex,bt->data.age,
                bt->data.birthplace);
        OutBstree(bt->rchild);
    }
}
void OutElem(BiTree p)
{
    printf("%s%s%s%d%s\n",
    p->data.no,p->data.name,p->data.sex,p->data.age,p->data.birthplace);
}
```

```
int SrcBstree(BiTree bt,KeyType k,BiTree * p,BiTree * f)
{   /* 在根指针 bt 所指二叉排序树中递归地查找其关键字等于 k 的数据元素,若查找成功,则返回
       指针 p 指向该数据元素的结点,并返回 1, 否则表明查找不成功,指针 p 指向查找路径上访问的
       最后一个结点,并返回函数值为 0, 指针 f 指向当前访问的结点的双亲,其初始调用值为
       NULL * /
    if (!bt)
    {
        * p= * f;
        return 0;
    }
    else if(EQ(bt->data.no ,k))
    {
        * p=bt;
        return 1;
    }
    else if(LT(bt->data.no ,k))
        return(SrcBstree(bt->rchild,k,p,&bt));
    else return(SrcBstree(bt->lchild,k,p,&bt));
}                                          //SrcBstree
int DelBstree(BiTree * bt, KeyType k)
{   /* 若二叉排序树 T 中存在其关键字等于 k 的数据元素,则删除该数据元素结点,并返回函数
       值 1,否则返回函数值 0 * /
    if (!( * bt)) return 0;              //不存在关键字等于 kval 的数据元素
    else
    {
        if ( EQ (( * bt)->data.no,k))     //找到关键字等于 key 的数据元素
        {
            Delete (bt); return 1;
        }
        else if ( LT(k, ( * bt)->data.no)) return DelBstree( &(( * bt)->lchild), k);
        else return DelBstree(&(( * bt)->rchild),k);
    }
}                                          //DeleteBST
void Delete ( BiTree * p )
{   //从二叉排序树中删除结点 * p,并重接它的左子树或右子树
    if (!( * p)->rchild)
    {
        BiTree q= * p;
        * p=( * p)->lchild;
        free(q);
    }
    else if (!( * p)->lchild)
    {
        BiTree q= * p;
```

```
        * p=( * p)->rchild;
        free(q);
    }
    else
    {
        BiTree s,q;
        q= * p; s=( * p)->lchild;              //s 指向被删结点的前驱
        while (s->rchild)
        {
            q=s; s=s->rchild;
        }
        ( * p)->data=s->data;
        if (q != * p ) q->rchild=s->lchild;
        else q->lchild=s->lchild;             //重接 * q 的左子树
        free(s);
    }
}                                            //Delete
```

如果构造的二叉排序树不是平衡二叉树,或者操作过程中导致原来平衡的二叉排序树失衡,则查找效率会降低。为此,可以在二叉排序树失衡之后进行相应的调整,使学生信息表上总是保持较高的查找效率。建议读者将上述有关二叉排序树的操作改为平衡二叉树,自行完成此部分程序。

7.5 哈 希 表

7.5.1 哈希表概念

前面讨论的查找算法,有一个共同点:记录的存储位置和它的关键字之间不存在一个确定的关系,因此,查找时需要将给定值依次和关键字集合中各个关键字进行比较,查找的效率取决于给定值与关键字进行比较的次数。因此,用这类方法表示的查找表,其平均查找长度都不为零。理想的情况是:给定一个关键字值,能很快确定对应记录在查找表中的位置,而不需要进行比较,即记录的关键字和其在表中的位置之间存在一种确定的关系。

例如:设学生的编号在 0~999 范围之内,要求为每年招收的新生(不超过 1000 名)建立一张查找表。

显然,可以用一个一维数组 $c[0..999]$ 来存放这张表,编号为 i 的学生记录存放在对应的数组元素 $c[i]$ 中。若要查看编号为 101 的学生信息,则直接访问 $c[101]$ 即可。其中,编号即为记录的关键字。记录关键字 key 与其在表中的位置具有对应的关系:$f(key)=key$。在此,我们称这个对应关系 f 为哈希函数,一维数组 $C[0..999]$ 为哈希表,根据 key 确定的存储位置 $f(key)$ 为关键字 key 的哈希地址。

再例如:对于如下 9 个关键字:{Zhao, Qian, Sun, Li, Wu, Chen, Han, Yan,

Dai},可以设哈希函数为 f(key)＝⌊(关键字第一个字母－'A'＋1)/2⌋,构建的哈希表为:

Key	Zhao	Qian	Sun	Li	Wu	Chen	Han	Yan	Dai
地址	13	8	9	6	11	1	4	12	2

由上述两个例子可见,哈希函数是一个映像,即:将关键字的集合映射到某个地址集合上。它的设置很灵活,只要这个地址集合的大小不超出允许范围即可。对于选定的某个哈希函数,不同的关键字可能得到同一个哈希地址,即:key1≠key2,且 f(key1)＝f(key2),这种现象称为"冲突",key1 和 key2 称为同义词。因此,在设计哈希函数时,一方面要考虑选择一个"好"的哈希函数,使得对于集合中的任意一个关键字,经哈希函数"映像"到地址集合中任何一个地址的概率是相同的;另一方面要选择一种处理冲突的方法。

7.5.2　常用的哈希函数

设计哈希函数时,需要考虑哈希函数的复杂度、关键字长度与表长的关系、关键字分布情况以及元素的查找频率等多个因素。下面介绍一些常用哈希函数的构造方法。

1. 除留余数法

除留余数法,即将关键字除以某个不大于表长的数 p 后所得余数作为哈希地址。即

$$H(key) = key \text{ MOD } p, p \leqslant m(表长)$$

使用除留余数法时,p 值的选取非常重要。通常,p 应为不大于 m 的质数或是不含 20 以下质因子的合数。

例如:对于关键字序列{12, 39, 18, 24, 33, 21},使用除留余数法时,若取 p＝9,则使所有含质因子 3 的关键字均映射到地址 0, 3, 6 上,从而增加了"冲突"的可能性。

2. 直接定址法

取关键字或关键字的某个线性函数值作为哈希地址。即

$$H(key) = key, 或者 H(key) = a \times key + b$$

这种方法仅限于地址集合与关键字集合大小相等的情况,不适用于关键字集合较大的情况。

例如:1949 年后出生的人口调查表,关键字是年份。

年份	1949	1950	1951	…	2010
人数	…	…	…	…	160 000

哈希函数可以定义为:(key)＝key＋(－1948)。

3. 数字分析法

假设关键字集合中的每个关键字都是由 s 位数字组成(k1, k2, …, kn),分析关键字集中的全体,并从中提取分布均匀的若干位或它们的组合作为地址。这种方法仅限于:能预先估计出全体关键字的每一位上各种数字出现的频度。

例如，有一组关键字：9815024、9801489、9806696、9815270、9802305、9808058、9013010，分析每个关键字的各位数字，可以明显看出后四位分布较为均匀，可作为哈希地址。

4．平方取中法

平方取中法，即将关键字平方后取中间几位（通常取二进制比特位）作为哈希地址。因为通过"平方运算"可以扩大关键字之间的差别，同时平方值的中间几位受到整个关键字中各位的影响，所以，由此产生的哈希地址较为均匀。

5．折叠法

折叠法，将关键字自左到右分成位数相等的几部分（最后一部分位数可以短些），然后将这几部分叠加求和，并按哈希表表长取后面若干位作为哈希地址。通常，有两种叠加方法：

（1）移位叠加法：将各部分的最后一位对齐相加。

（2）间界叠加法：从一端向另一端沿各部分分界来回折叠后，最后一位对齐相加。

例如：关键字＝25346358705，设哈希表长为三位数，则可对关键字每三位为一组进行分割。关键字分割为四组：253、463、587、05。

进行移位叠加 253＋463＋587＋05＝1308，最后以 308 作为哈希地址。也可以采用间界叠加 253＋364＋587＋50＝1254，取 254 作为哈希地址。

对于位数很多的关键字，且每一位上符号分布较均匀时，可采用此方法求得哈希地址。

6．随机数法

将关键字的随机函数值作为哈希地址，即 $H(key) = Random(key)$。通常，此方法用于对长度不等的关键字构造哈希函数。

实际造表时，不管采用何种方法构造哈希函数，总的原则是使哈希地址尽可能均匀分布，产生冲突的可能性尽可能地小。

7.5.3　解决冲突的方法

解决冲突实际是为产生冲突的地址寻找下一个"空"的哈希地址。在处理冲突的过程中，可能得到一个地址序列。通常用的处理冲突的方法有以下几种：

1．开放定址法

用开放定址法解决冲突的哈希表又称闭散列。利用下面的公式求"下一个"地址。

$$H_i = (H(key) + d_i) \bmod m$$

其中，H 为哈希函数，m 为哈希表表长，d_i 为增量序列（$i=1,2,\cdots,k$，且 $k \leqslant m-1$），H_i 为最终求得的哈希地址。根据 d_i 的取值不同，开放地址法又可分为：

（1）线性探测法

增量序列 $d_i=1,2,3,\cdots,m-1$，即当冲突发生时，顺序探测下一个地址，直到找到"空"地址。

例如：已知长度为 13 的哈希表，哈希地址为 0—12，哈希函数为 $H(key) = key \bmod 11$，现已经填入 3 个记录,其关键字分别为 16,73,39,下一个记录的关键字为 27,由哈希函数得到哈希地址为 H(27)=5,产生冲突。若采用线性探测再散列的方法解决冲突,得到下一地址为 6,仍冲突;再继续探测下一地址,直到探测到地址为 8 的位置为空时,处理冲突的过程结束,将记录填入。过程为:

$$H_1(27) = (H(27)+1) \bmod 13 = 6 \text{ 冲突}$$

$$H_2(27) = (H(27)+2) \bmod 13 = 7 \text{ 冲突}$$

$$H_3(27) = (H(27)+3) \bmod 13 = 8 \text{ 填入}$$

地址 0	1	2	3	4	5	6	7	8	9	10	11	12
key					16	39	73	**27**				

从上述线性探测再散列的过程可以看出,只要哈希表未满,总能找到一个空地址。但这种解决冲突的方法也存在一个问题:当表中第 i、i+1、i+2 位置上已填入记录时,下一个哈希地址为 i、i+1、i+2 和 i+3 的记录都将存入第 i+3 个位置,这种现象称为"二次聚集",即在处理同义词的冲突过程中又添加了非同义词导致的冲突。如果很多元素在相邻的哈希地址上"堆积"起来,则将大大降低查找效率。为此,可采用二次探测法,或双哈希函数探测法,以改善"堆积"问题。

(2)二次探测法

二次探测法,即取增量序列 $d_i = 1^2, -1^2, 2^2, -2^2, \cdots, k^2, -k^2, k \leqslant m/2$,m 为哈希表长度。上例中如果采用二次探测法,则填入 27 时计算得到的地址序列依次为:

$$H_1(27) = 5 \qquad\qquad \text{冲突}$$

$$H_2(27) = (H(27)+1) \bmod 13 = 6 \quad \text{冲突}$$

$$H_3(27) = (H(27)-1) \bmod 13 = 4 \quad \text{填入}$$

二次探测再散列可以改善"二次聚集"情况,但只有在表长 m 为 4k+3(k 是整数)的质数时才有可能。

地址 0	1	2	3	4	5	6	7	8	9	10	11	12
Key				**27**	16	39	73					

(3)随机探测再散列

增量序列 d_i=伪随机序列,处理冲突的效率取决于伪随机数列。

例 7-7:关键字集合为{ 19,01,23,14,55,68,11,82,36 },哈希表表长为 11,哈希函数 H(key)=key mod 11,分别用线性探测法、二次探测法处理冲突,构造哈希表,并给出查找成功与查找不成功的 ASL。

【性能分析】 查找成功的比较次数是针对每一个已经存在的数据,分析在哈希表中查找其进行的比较次数;查找不成功的比较次数是针对每一个哈希地址,计算查找不成功的比较次数。

采用线性探测法处理冲突,构造的哈希表如下:

地址 0	1	2	3	4	5	6	7	8	9	10
55	01	23	14	68	11	82	36	19		

查找成功的比较次数

| 1 | 1 | 2 | 1 | 3 | 6 | 2 | 5 | 1 | | |

查找成功的 ASL=(4×1+2×2+3+5+6)/9=22/9

查找不成功的比较次数

| 9 | 8 | 7 | 6 | 5 | 4 | 3 | 2 | 1 | 0 | |

查找不成功的 ASL=(9+8+7+6+5+4+3+2+1+0)/11=46/11

若采用二次探测法处理冲突,构造的哈希表如下:

位 置	0	1	2	3	4	5	6	7	8	9	10
关键字	55	01	23	14	32	86	28		19		11
查找成功比较次数	1	1	2	1	2	1	4		1		3
查找不成功比较次数	4	8	4	3	7	3	1	0	1	0	2

2. 双哈希函数探测法

双哈希函数探测法,先用第一个函数 Hash(key)对关键字计算哈希地址,一旦产生地址冲突,再用第二个函数 ReHash(key)确定移动的步长,最后,通过步长序列由探测函数寻找空的哈希地址。哈希地址计算如下:

$$Hi = (Hash(key) + i * ReHash(key))\ MOD\ m \quad (i = 1, 2, \cdots, m-1)$$

其中:Hash(key),ReHash(key)是两个哈希函数,m 为哈希表长度。

例如,Hash(key)=a 时产生地址冲突,就计算 ReHash(key)=b,则探测的地址序列为:

$$H1 = (a+b)\ MOD\ m, H2 = (a+2b)\ MOD\ m, \cdots,$$
$$Hm-1 = (a+(m-1)b)\ MOD\ m$$

直到找到一个空的地址为止。

3. 链地址法

用链地址法解决冲突的哈希表又称开散列。将哈希表的每一个单元存放一个指针。假设哈希地址在区间[0..m-1]上,则哈希表为一个指针数组。所有的同义词连成一个链表,链表头指针保存在哈希表的对应单元中。在链表中的插入位置可以是表头或表尾;也可以通过任意位置的插入将链表构造成一个有序表。

例 7-8:关键字集合为{ 19,01,23,14,55,68,11,82,36 },哈希表表长为 7,哈希

函数为 H(key)＝key MOD 7,采用链地址法处理冲突,构造哈希表,见图 7-43。

查找成功的 ASL＝(6×1＋2×2＋3×1)/9＝13/9;

查找不成功的 ASL＝(1＋2＋1＋1＋3＋1)/7＝9/7。

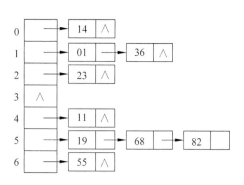

图 7-43　用链地址法处理冲突

4. 建立一个公共溢出区

设哈希函数产生的哈希地址集为[0..m−1],则分配两个表:一个基本表为 hashtable[m],每个单元只能存放一个元素;一个溢出表为 overtable[V],所有与基本表中关键字为同义词的记录都填入溢出表。

例 7-9: 关键字表(a,d,e,f,d1,d2,f1,g),表长 m＝11,哈希函数 H(key)＝i_1 % 11, i_1 为首字母在字母表中的位置。构建的基本表和溢出表如下:

基本表:

0	1	2	3	4	5	6	7	8	9	10
	a			d	e	f	g			

溢出表:

0	1	2	3	4	5	6	7	8	9	10
d1	d2	f1								

7.5.4　哈希表的查找及其性能分析

哈希表查找过程和建立哈希表的过程基本一致。基本思想为:首先根据给定的哈希函数计算哈希地址;如果相应地址上没有记录,则查找不成功;如果相应地址上有记录,则将记录的关键字与给定值进行比较,若比较相等,则查找成功,若比较不相等,则根据造表时设定的冲突解决方法找到"下一地址",直到哈希表中某个位置为空或者表中的记录关键字与给定值相同为止。

算法 7.18 给出了线性探测再散列方法处理冲突的哈希表的查找过程。

【算法 7.18】

```
//哈希表的存储结构:
typedef ElemType hashtable[m];
int hashsrch(hashtable shtable,KeyType k)
//已知 hash 函数为 hash(key),散列表的表长为 m,地址序列
//Hi=(hash(key)+di)%m, di=1,2,…,m-1
{
    j=hash(k);
```

```
if(shtable[j]==NULL)      return 0;
else if(shtable[j].key==k)      return j;
else
{
    do
    {
      j=(j+1) %m;                        //线性探测再散列
    } while(shtable[j].key !=k && shtable[j]!=NULL);
    if (shtable[j]==NULL)      return 0;
    else return j;
    }
}
}                                      //hashsrch
```

由查找过程可知,虽然哈希表在关键字和记录的存储位置之间建立了直接映像,但由于"冲突"的产生,使得该查找过程仍然是给定值与关键字进行比较的过程。因此,仍需使用平均查找长度度量哈希表的查找效率。

查找过程中,给定值与关键字进行比较的次数取决于产生冲突的多少,产生的冲突少,查找效率就高,产生的冲突多,查找效率就低。发生冲突与下列三个因素有关:

(1) 哈希函数是否均匀;

(2) 处理冲突的方法;

(3) 哈希表的装填因子。

尽管哈希函数的"好坏"直接影响冲突产生的频度,但一般情况下,我们总认为所选的哈希函数是"均匀的",因此可不考虑哈希函数对平均查找长度的影响。

对于相同的关键字集合、同样的哈希函数,在数据元素查找等概率情况下,选择不同的冲突解决方法,它们的平均查找长度不同。

一般情况下,冲突处理方法相同的哈希表,其平均查找长度依赖于哈希表的装填因子。哈希表的装填因子定义为 $\alpha = \dfrac{\text{填入表中的元素个数}}{\text{哈希表的长度}}$,$\alpha$ 是哈希表装满程度的标志因子。由于表长是定值,α 与"填入表中的元素个数"成正比。α 越大,填入表中的元素较多,产生冲突的可能性就越大;α 越小,填入表中的元素较少,产生冲突的可能性就越小,但空间的利用率会降低。为兼顾两者,α 在 $[0.6, 0.9]$ 范围内为宜。当 $\alpha < 0.5$ 时,大部分情况下平均查找长度小于 2。装填因子超过 0.5 后,哈希表的操作性能会急剧下降。

实际上,哈希表的平均查找长度是装填因子 α 的函数,不同的冲突处理方法对应的平均查找长度的函数形式不同。以下给出几种不同处理冲突方法查找成功时的平均查找长度以及对比的结果(见表 7-2)。

例 7-10:已知一个含有 100 个记录的表,关键字为中国人姓氏的拼音,请给出此表的一个哈希表设计方案,要求它在等概率情况下查找成功的平均查找长度不超过 3。

表 7-2　平均查找长度以及对比的结果

处理冲突的方法	平均查找长度	
	查找成功	查找不成功
线性探测法	$S_{nl} \approx \dfrac{1}{2}\left(1+\dfrac{1}{1-\alpha}\right)$	$U_{nl} \approx \dfrac{1}{2}\left(1+\dfrac{1}{(1-\alpha)^2}\right)$
二次探测法与双哈希法	$S_{nr} \approx -\dfrac{1}{\alpha}\ln(1-\alpha)$	$U_{nr} \approx \dfrac{1}{1-\alpha}$
拉链法	$S_{nc} \approx 1+\dfrac{\alpha}{2}$	$U_{nc} \approx \alpha + e^{-\alpha}$

【分析】　用线性探测再散列处理冲突建立哈希表。由于 $ASL=\dfrac{1}{2}\left(1+\dfrac{1}{1-\alpha}\right)$，求出 $\alpha \leqslant 4/5$。由 $\alpha=$ 记录长度 n/表长 m，可求得表长 $m=n/\alpha \geqslant (100 \times 5)/4 = 125$，取表长 $m=133$。根据关键字分析，选择哈希函数 $H(key)=5 \times (i-1)+L$。其中，i 为第一个字母在字母表中的序号，L 为关键字的长度。

哈希法是应用较为广泛的高效查找方法。例如，互联网搜索引擎中的关键词字典、域名服务器 DNS 中域名与 IP 地址的对应、操作系统中的可执行文件名表等等，都采用哈希技术来提高查找效率。

7.6　本章小结

本章介绍了几种常用的查找技术，并给出了 C 语言算法描述。既有适合无序表的顺序查找技术，适合有序表的折半查找技术，还有动态树表查找技术以及根据记录的关键字值直接进行地址计算的哈希查找技术。各种查找技术都有不同的适用情况，应根据具体情况选择使用。选择查找算法时，不仅要考虑查找表的存储结构（顺序存储还是链式存储），还要考虑查找表中数据元素的逻辑组织方式（有序的还是无序的）等诸多因素。

顺序查找是一种最简单的查找技术，对查找表的存储结构没有限制，也不要求查找表有序，因此当查找表长度较小且查找操作不是很频繁时，多采用此方法。折半（二分）查找是适用于有序表的一种查找技术，它要求查找表顺序存储。查找时，用给定值和有序表查找区间的中间记录关键字进行比较，如果相等，则查找成功；否则，缩小查找区间（原表的一半）并继续进行查找。在有序表上进行折半查找具有较高的效率。

二叉排序树和平衡二叉树上的查找都是基于二叉树的查找技术。二叉排序树的高度与关键字的插入顺序直接相关，当关键字序列本身就是有序序列时，构造的二叉排序树就退化为一棵单支树，查找效率达到最低，与顺序查找相同。平衡二叉树（AVL）是一棵平衡的二叉排序树，其左右子树高度之差的绝对值不超过 1，它具有较好的查找效率。向 AVL 树中插入一个关键字时，可能引起 AVL 失去平衡，此时要根据不同的情形进行相应的调整。

B-树和 B+树是 ISAM 中的两种索引技术，均适合在磁盘等直接存取设备上组织动态的查找表，是一种外查找算法。

哈希查找技术,用事先构造好的哈希函数和解决冲突的方法确定记录的存储位置。查找过程中,给定值与关键字进行比较的次数取决于产生冲突的多少,产生的冲突少,查找效率就高,产生的冲突多,查找效率就低。而产生冲突的多少取决于三个因素:哈希函数是否均匀;处理冲突的方法,哈希表的装填因子。

7.7　习题与实验

一、填空题

1. 在数据的存放无规律的线性表中进行检索的最佳方法是_____。

2. 线性有序表$(a_1,a_2,a_3,\cdots,a_{256})$是从小到大排列的,对一个给定的值 k,用二分法检索表中与 k 相等的元素,在查找不成功的情况下,最多需要检索_____次。设有 100 个结点,用二分法查找时,最大比较次数是_____。

3. 假设在有序线性表 a[20]上进行折半查找,则比较一次查找成功的结点数为 1;比较两次查找成功的结点数为_____;比较四次查找成功的结点数为_____;平均查找长度为_____。

4. 折半查找有序表(4,6,12,20,28,38,50,70,88,100),若查找表中元素 20,它将依次与表中元素_____比较大小。

5. 在各种查找方法中,平均查找长度与结点个数 n 无关的查找方法是_____。

6. 散列法存储的基本思想是由_____决定数据的存储地址。

7. 有一个表长为 m 的散列表,初始状态为空,现将 n(n<m)个不同的关键码插入到散列表中,解决冲突的方法是用线性探测法。如果这 n 个关键码的散列地址都相同,则探测的总次数是_____。

二、单项选择题

1. 在表长为 n 的链表中进行线性查找,它的平均查找长度为_____。
   - (A) ASL＝n;
   - (B) ASL＝(n＋1)/2;
   - (C) ASL＝$\sqrt{n}+1$;
   - (D) ASL≈log(n＋1)－1

2. 折半查找有序表(4,6,10,12,20,30,50,70,88,100)。若查找表中元素 58,则它将依次与表中_____比较大小,查找结果是失败。
   - (A) 20,70,30,50
   - (B) 30,88,70,50
   - (C) 20,50
   - (D) 30,88,50

3. 对 22 个记录的有序表作折半查找,当查找失败时,至少需要比较_____次关键字。
   - (A) 3
   - (B) 4
   - (C) 5
   - (D) 6

4. 链表适用于_____查找。
   - (A) 顺序
   - (B) 二分法
   - (C) 顺序和二分法
   - (D) 随机

5. 折半查找与二叉排序树的时间性能_____。

　　(A) 相同　　　　　　　　　　　　(B) 完全不同

　　(C) 有时不相同　　　　　　　　　(D) 数量级都是 $O(\log_2 n)$

6. 要进行线性查找,则线性表___A___;要进行二分查找,则线性表___B___;要进行散列查找,则线性表___C___。某顺序存储的表格,其中有 90 000 个元素,已按关键项的值的上升顺序排列。现假定对各个元素进行查找的概率是相同的,并且各个元素的关键项的值皆不相同。当顺序查找时,平均比较次数约为___D___,最大比较次数为___E___。

　　供选择的答案:

　　　　A~C:① 必须以顺序方式存储

　　　　　　　② 必须以链表方式存储

　　　　　　　③ 必须以散列方式存储

　　　　　　　④ 既可以以顺序方式,也可以以链表方式存储

　　　　　　　⑤ 必须以顺序方式存储且数据元素已按值递增或递减的次序排好

　　　　　　　⑥ 必须以链表方式存储且数据元素已按值递增或递减的次序排好

　　　　D,E:① 25 000　　　　② 30 000　　　　③ 45 000　　　　④ 90 000

　　　　答案:A=_____ B=_____ C=_____ D=_____ E=_____

7. 数据结构反映了数据元素之间的结构关系。链表是一种___A___,它对于数据元素的插入和删除___B___。通常查找线性表数据元素的方法有___C___和___D___两种方法,其中___C___是一种只适合顺序存储结构但___E___的方法;而___D___是一种对顺序和链式存储结构均适用的方法。

　　供选择的答案:

　　　　A:① 顺序存储线性表　　　　　　　　② 非顺序存储非线性表

　　　　　　③ 顺序存储非线性表　　　　　　　④ 非顺序存储线性表

　　　　B:① 不需要移动结点,不需要改变结点指针

　　　　　　② 不需要移动结点,只需改变结点指针

　　　　　　③ 只需移动结点,不需要改变结点指针

　　　　　　④ 既需要移动结点,又需要改变结点指针

　　　　C:① 顺序查找　　　② 循环查找　　　③ 条件查找　　　④ 二分法查找

　　　　D:① 顺序查找　　　② 随机查找　　　③ 二分法查找　　　④ 分块查找

　　　　E:① 效率较低的线性查找　　　　　　②效率较低的非线性查找

　　　　　　③ 效率较高的非线性查找　　　　　④ 效率较高的线性查找

　　　　答案:A=_____ B=_____ C=_____ D=_____ E=_____

8. 在二叉排序树中,每个结点的关键码值___A___,___B___一棵二叉排序,即可得到排序序列。同一个结点集合,可用不同的二叉排序树表示,人们把平均检索长度最短的二叉排序树称作最佳二叉排序,最佳二叉排序树在结构上的特点是___C___。

　　供选择的答案

　　　　A:① 比左子树所有结点的关键码值大,比右子树所有结点的关键码值小

　　　　　　② 比左子树所有结点的关键码值小,比右子树所有结点的关键码值大

③ 比左右子树的所有结点的关键码值都大

④ 与左子树所有结点的关键码值和右子树所有结点的关键码值无必然的大小关系

B：① 前序遍历　　　　　　　　　② 中序(对称)遍历

③ 后序遍历　　　　　　　　　④ 层次遍历

C：① 除最下二层可以不满外,其余都是充满的

② 除最下一层可以不满外,其余都是充满的

③ 每个结点的左右子树的高度之差的绝对值不大于 1

④ 最下层的叶子必须在最左边

答案：A=＿＿＿＿＿＿　B=＿＿＿＿＿＿　C=＿＿＿＿＿＿

9. 散列法存储的基本思想是根据　A　来决定　B　,碰撞(冲突)指的是　C　,处理碰撞的两类主要方法是　D　。

供选择的答案

A,B：① 存储地址　　② 元素的符号　　③ 元素个数　　④ 关键码值

　　　⑤ 非码属性　　⑥ 平均检索长度　⑦ 负载因子　　⑧ 散列表空间

C：① 两个元素具有相同序号

② 两个元素的关键码值不同,而非码属性相同

③ 不同关键码值对应到相同的存储地址

④ 负载因子过大

⑤ 数据元素过多

D：① 线性探查法和双散列函数法　　② 建溢出区法和不建溢出区法

③ 除余法和折叠法　　　　　　　　④ 拉链法和开地址法

答案：A=＿＿＿＿＿＿　B=＿＿＿＿＿＿　C=＿＿＿＿＿＿　D=＿＿＿＿＿＿

三、简答题

1. 二分查找适不适合链表结构的序列,为什么? 用二分查找的查找速度必然比线性查找的速度快,这种说法对吗?

2. 假定对有序表：$(3,4,5,7,24,30,42,54,63,72,87,95)$ 进行折半查找,试回答下列问题：

(1) 画出描述折半查找过程的判定树;

(2) 若查找元素 54,需依次与哪些元素比较?

(3) 若查找元素 90,需依次与哪些元素比较?

(4) 假定每个元素的查找概率相等,求查找成功时的平均查找长度。

3. 已知长度为 12 的表为(元素的大小按字符串比较)：

　　　〈Jan,Feb,Mar,Apr,May,June,July,Aug,Sep,Oct,Nov,Dec〉

(1) 试按表中元素的顺序插入一棵初态是空的 BST(二叉排序树)树中,画出完整的 BST 树,并在等概率情况下求 ASL 成功值。

(2) 若对表中元素顺序构造一棵 AVL 树,并求其在等概率情况下查找成功时的

ASL 成功值。

（3）若对表中元素先进行排序而构成递增有序表，求其在等概率状况下对它进行折半查找时的 ASL 成功值。

4. 用比较两个元素大小的方法在一个给定的序列中查找某个元素的时间复杂度下限是什么？如果要求时间复杂度更小，你采用什么方法？此方法的时间复杂度是多少？

5. 设哈希(Hash)表的地址范围为 0～17，哈希函数为：$H(K)=K \text{ MOD } 17$。K 为关键字，用线性探测法再散列法处理冲突，输入关键字序列：

$$(10,24,32,17,31,30,46,47,40,63,49)$$

构造 Hash 表，试回答下列问题：

（1）画出哈希表的示意图；

（2）若查找关键字 63，需要依次与哪些关键字进行比较？

（3）若查找关键字 60，需要依次与哪些关键字比较？

（4）假定每个关键字的查找概率相等，求查找成功时的平均查找长度。

四、上机实验题目

1. 分别用二叉排序树和平衡二叉树完成第 2 章的学生成绩管理系统。

2. 编程实现与哈希查找有关的一组操作。(1)构建哈希表；(2)查找；(3)计算查找成功时的 ASL 和不成功时的 ASL。

第8章

排　序

排序是数据处理领域最常用的一种运算。由第 7 章可知,对一个查找表进行顺序查找,其时间复杂度为 $O(n)$,若在排序的基础上进行折半查找,则时间复杂度可提高到 $O(\log_2 n)$。由此可见,通过排序可以使得查找更加方便,并使得查找效率显著提高。本章将介绍各种常用的排序算法,并对其性能进行分析。

8.1　问题的提出

在实际应用中,我们经常需要按照某种顺序浏览数据。例如,给定了表 8-1 所示的学生基本信息表,如果要求按成绩从高到低进行显示,便是一个基本的排序问题。排序之后的结果如表 8-2 所示。

表 8-1　学生基本信息表

学号	姓名	性别	年龄	总成绩
10001	王小丽	女	18	390
10002	李东东	男	18	392
10003	张一毛	男	19	389

表 8-2　有序学生信息表

学号	姓名	性别	年龄	成绩
10002	李东东	男	18	392
10001	王小丽	女	18	390
10003	张一毛	男	19	389

那么,针对特定的应用问题选择什么样的排序算法,算法的性能又如何,这是我们需要考虑的问题。目的是为了选择一种最有效的算法,使其具有较高的查找效率。

8.2　基　本　概　念

所谓排序,就是将一个无序的数据元素序列重新排列,使之成为按某个数据元素(或者数据项)递增或递减的有序序列。为了叙述方便,本章所讲排序均假定为按关键字的非递减有序。其形式化的定义如下：

给定 n 个记录的序列为 $\{R_1, R_2, \cdots, R_n\}$，其相应的关键字为 $\{K_1, K_2, \cdots, K_n\}$，则排序过程就是确定 $1, 2, \cdots, n$ 的一个排列 $P_1, P_2, \cdots, P_n$，使得 $K_{P1} \leqslant K_{p2} \leqslant \cdots \leqslant K_{Pn}$，则序列 R_{p1}，$R_{p2}, \cdots, R_{pn}$ 就是按关键字有序的序列，这个过程称为排序。

在排序过程中，若所有记录都是放在内存中处理，不涉及数据的内、外存交换，则称之为内部排序；反之，若排序过程中要进行数据的内、外存交换，则称之为外部排序。内排序适用于记录个数不很多的情况；外排序则适用于记录个数太多，不能一次将其全部放入内存的大文件。

若序列中的任意两个记录，其关键字 $K_x = K_y$；如果在排序之前，R_x 在 R_y 之前，而排序之后 R_x 仍在 R_y 之前，则它们的相对位置保持不变，这种排序方法是稳定的；否则排序方法是不稳定的。

排序方法很多，每种都有各自的优缺点，适用于不同的问题。本章主要讲述内部排序，包括典型算法及其性能分析。排序算法的时间性能经常通过排序过程中关键字的比较次数或记录移动的次数进行衡量；而空间性能则通过排序过程中所需要的辅助存储空间大小进行衡量。

根据排序方法的特点，可将其分为插入排序、选择排序、交换排序、归并排序和基数排序五大类。除基数排序之外，其他排序方法具有的共同特点是：将一组记录视为有序序列和无序序列两部分，初始时有序序列为空或只有一个记录，通过若干趟排序之后，逐步缩小无序序列，扩大有序序列，直至无序序列为空。

上述每一种排序方法，都需要由若干趟排序完成。每一趟排序，都会将一个或多个记录移动到符合升序或降序的相应位置上。本章在没有特殊申明的情况下，默认为按升序进行排序。

为了讨论方便，设待排序记录的关键字均为整数，数据类型定义如下：

```
#define MAXSIZE   100                  /*用作示例的顺序表的最大长度*/
typedef int KeyType;                   /*定义关键字类型为整型*/
typedef struct                         /*记录定义*/
{
    KeyType key;                       /*记录的关键字项*/
    infoType otherinfo;                /*记录的其他数据项*/
} RedType;                             /*记录类型*/
```

其中 infoType 表示其他数据项的类型。

```
typedef struct                         /*顺序表定义*/
/*r为数组,其中 r[1]~r[n]表示 n 个记录,r[0]闲置或用作哨兵单元*/
{
    RedType r[MAXSIZE+1];
    int length;                        /*顺序表长度*/
} SqList;                              /*顺序表类型*/
```

8.3　插　入　排　序

插入排序的基本思想是：将第一个记录看作有序序列，其余记录看作无序序列。每次将无序序列中的一个记录按其关键字大小插入到已经有序的序列中，直到全部记录插入为止。本节介绍两种插入排序方法：直接插入排序和希尔排序。

8.3.1　直接插入排序

直接插入排序方法的基本思想是：若记录序列 $\{L.r[1], L.r[2], \cdots, L.r[i-1]\}$ 已按关键字有序，则将记录 $L.r[i]$ 插入其中并使得插入之后的序列仍然有序。具体插入过程为：将记录 $L.r[i]$ 的关键字 K_i 依次与记录 $L.r[i-1], L.r[i-2], \cdots, L.r[2], L.r[1]$ 的关键字进行比较，直到某个记录 $L.r[j]$（$1 \leqslant j \leqslant i-1$）的关键字 K_j 不比 K_i 大为止，则记录 $L.r[i]$ 直接插入到记录 $L.r[j]$ 之后。对 n 个记录进行直接插入排序，整个排序过程需进行 $n-1$ 趟插入，即：先将序列中的第一个记录看成是一个有序的子序列，然后从第二个记录开始逐个进行插入，直至整个序列按关键字有序为止。

例 8-1：设顺序表 $L.r[1]$~$L.r[4]$ 已经有序，将 $L.r[5]$ 插入，使 $L.r[1]$~$L.r[5]$ 有序。插入的具体过程如图 8-1 所示：

基本操作	岗哨L.r[0]	L.r[1]	L.r[2]	L.r[3]	L.r[4]	L.r[5]
初始化：j=5; L.r[0]=L.r[j]; i=j-1;	9	2	10	18	25	9
i=4; L.r[0]<L.r[i];L.r[i+1]=L.r[i];i--;	9	2	10	18	25̄	25
i=3; L.r[0]<L.r[i];L.r[i+1]=L.r[i];i--;	9	2	10	18̄	18	25
i=2; L.r[0]<L.r[i];L.r[i+1]=L.r[i];i--;	9	2	10̄	10	18	25
i=1; L.r[0]>L.r[i];L.r[i+1]=L.r[0];	9	2	9	10	18	25

图 8-1　一次直接插入过程

需要注意的是，为了避免在查找插入位置时数组下标越界的检查，将待插入记录复制到 $L.r[0]$，即在 $L.r[0]$ 处设置监视哨。从 $i=4$ 开始向岗哨的方向查找插入位置，如果 $L.r[0]<L.r[i]$，则执行 i--，之后继续查找；否则 $L.r[0] \geqslant L.r[i]$，则找到插入位置为 $i+1$，进行插入。

例 8-2：设关键字序列为 $\{26, 18, 20, 18*, 38, 30, 20, 23, 31, 29\}$，则直接插入排序的执行步骤如图 8-2 所示（第 2 个 18 后面的 * 以示与第 1 个 18 的区别，表示不同记录的关键字）。

直接插入排序的算法描述如下。

【算法 8.1】

```
void straightsort(SqList * L)
{  //设立监视哨:r[0]=r[i],在查找的过程中同时后移记录
    for(int i=2;i<=L->length;i++)
    {
        L->r[0]=L->r[i];                      //设置岗哨
```

```
        int j=i-1;
        while(L->r[0].key<L->r[j].key)
        {
            L->r[j+1]=L->r[j];
            j--;
        }
        L->r[j+1]=L->r[0];                    //把岗哨的值放入到已经找到的插入位置
    }
}//straightsort
```

初始关键字：岗哨 [26] 18 20 18* 38 30 20* 23 31 29

第1趟排序后：**18** [18 26] 20 18* 38 30 20* 23 31 29

第2趟排序后：**20** [18 20 26] 18* 38 30 20* 23 31 29

第3趟排序后：**19** [18 18* 20 26] 38 30 20* 23 31 29

第4趟排序后：**38** [18 18* 20 26 38] 30 20* 23 31 29

第5趟排序后：**30** [18 18* 20 26 30 38] 20* 23 31 29

第6趟排序后：**20** [18 18* 20 20* 26 30 38] 23 31 29

第7趟排序后：**23** [18 18* 20 20* 23 26 30 38] 31 29

第8趟排序后：**31** [18 18* 20 20* 23 26 30 31 38] 29

第9趟排序后：**29** [18 18* 20 20* 23 26 29 30 31 38]

图 8-2 完整的直接插入排序过程

因为只含一个记录的序列必定是有序序列,故插入应该从 i＝2 开始。整个插入排序需要 n−1 趟"插入"。另外,在第 i 趟中,若第 i 个记录的关键字不小于第 i−1 个记录的关键字,"插入"也就不需要进行了。在算法中,为了避免在查找插入位置时数组下标越界,每一趟插入都需要在 L.r[0]处重新设置监视哨。

直接插入排序算法简洁、稳定、易于实现。当待排序记录的数量很小时,直接插入排序是一种很好的排序方法。但是当 n 很大时,显然不宜采用直接插入排序算法。

【算法分析】 直接插入排序算法从空间来看,只需一个记录的辅助空间。从时间来看,该算法的基本操作为"比较两个关键字的大小与移动记录",而比较的次数和移动记录的次数取决于待排序列的初始状态。分三种情况考虑:

(1) 最好情况下,初始关键字序列按非递减有序排列。每趟操作只需 1 次比较 (L->r[0].key<=L->r[j].key)和 2 次移动(L->r[0]＝L->r[i]和 L->r[j+1]＝ L->r[0])。

总比较次数＝n−1 次,总移动次数＝2(n−1)次。

（2）最坏情况下,即初始关键字序列非递增有序排列时。对第 j 趟排序,插入记录需要同前面的 j 个记录进行 j 次关键字的比较,移动记录的次数为 j+2 次。

$$总比较次数 = \sum_{j=1}^{n-1} j = \frac{1}{2}n(n-1)$$

$$总移动次数 = \sum_{j=1}^{n-1} (j+2) = \frac{1}{2}n(n-1) + 2n$$

（3）在随机情况下,即初始关键字序列出现各种排列的概率相同。可取上述两种情况下的最小值和最大值的平均值,即所需进行关键字间的比较次数和移动记录的次数约为 $n^2/4$,综上所述,直接插入排序的时间复杂度为 $O(n^2)$。这是一个稳定的排序方法。

8.3.2　折半插入排序

折半插入排序（Binary Inseteion Sort）的基本思想是:利用“折半查找”寻找待插入记录在有序序列中的插入位置,并进行插入。

例如,初始关键字序列为{12,17,19,20,23,25,29,32},若待插入关键字为 22。采用直接插入排序,比较次数为 5 次,而采用折半插入排序,则需依次与关键字 20、25、23 比较,比较次数仅为 3 次。当已排序的关键字数量很大时,折半插入排序的性能提升更加明显。折半插入排序的算法如下所示:

【算法 8.2】

```
void BinsertSort( SqList * L)
{   /*对顺序表 L 作折半插入排序*/
    int i, j, m, low, high;
    for( i=2; i<=L->length;++i)
    {
        L->r[0]=L->r[i];                      /*将 L->r[i]暂存到 L->r[0]*/
        low=1; high=i-1;
        while( low<=high )
        {   /*在区间[low..high]中折半查找插入位置*/
            m=(low+high)/2;                   /*折半*/
            if(LT(L->r[0].key,L->r[m].key))
                high=m-1;                     /*插入点在左半区间*/
            else low=m+1;                     /*插入点在右半区间*/
        }
        /*插入的位置是 high+1,将区间[high+1,i-1]内的记录后移*/
        for(j=i-1; j >=high+1;--j)
            L->r[j+1]=L->r[j];
        L->r[high+1]=L->r[0];                 /*在插入点处插入待插的记录*/
    }
}
```

【算法分析】　从空间上看,折半插入排序所需的附加存储空间与直接插入排序相同。从时间上看,折半插入并没有减少记录间的移动次数,仅仅减少了关键字间的比较次数,因此其时间复杂度仍为 $O(n^2)$。折半插入排序是稳定的。

8.3.3　希尔排序

希尔排序(Shell Sort)是 D. L. Shell 在 1995 年提出的,又称缩小增量排序,是对直接插入排序的一种改进。它的基本思想是:首先将整个待排序记录序列按给定的增量分成若干个子序列,然后分别对各个子序列进行直接插入排序,当整个序列中的记录"基本有序"时,再对全体记录进行一次直接插入排序。

具体操作为:

(1) 取一个整数 $d1=\lfloor n/2 \rfloor$ 作为增量,所有间隔为 d1 的记录放在同一组中,在各组内分别进行直接插入排序。

(2) 再取一个增量 $d2=\lfloor d1/2 \rfloor$,重复上述分组和排序工作,直至取 dk=1,即所有记录放在同一组内进行直接插入排序。

另外一种可用的步长选择方法,只要保证两相邻步长不是互为倍数即可。

例 8-3:初始关键字序列为{39,80,76,41,13,29,50,78,30,11,100,7,41*,86}。步长因子分别取 5、3、1,则希尔排序的过程示例如图 8-3 所示:

原始序列	39	80	76	41	13	29	50	78	30	11	100	7	41*	86
	39					29					100			
		80					50					7		
d=5			76					78					41*	
				41					30					86
					13					11				
第1趟排序后	29	7	41*	30	11	39	50	76	41	13	100	80	78	86
	29			30			50			13			78	
d=3		7			11			76			100			86
			41*			39			41			80		
第2趟排序后	13	7	39	29	11	41*	30	76	41	50	86	80	78	100
d=1	13	7	39	29	11	41*	30	76	41	50	86	80	78	100
第3趟排序后	7	11	13	29	30	39	41*	41	50	76	78	80	86	100

图 8-3　希尔排序的过程

一趟希尔排序的算法如下所示。

【算法 8.3】

```
void shellpass(SqList * L,int step)
{  //将 L.r[1..n]按间距 step 分组进行一趟 shell 排序,同时对 step 个子序列进行直接插入排序
    for(int i=step+1;i<=L->length;i++)              //从每组的第二个记录起处理
    {
        RedType temp=L->r[i];
```

```
        int j=i-step;
        while(j>=1 && LT(temp.key,L->r[j].key))
        {
            L->r[j+step]=L->r[j];                    //元素右移
            j=j-step;
        }                                            //考虑前一个位置
        L->r[j+step]=temp;                           //r[i]放在合适的位置
    }
}
```

完整的希尔排序算法如下所示。

【算法 8.4】

```
void shellsort (SqList * L,int d[],int t)
{
    for(int k=0; k<t; k++) shellpass(L,d[k]);
}                                                    //shellsort
```

上述算法中,用数组 d[1..t]存增量序列,且 n>d[1]>d[2]> … >d[t]=1。每一趟希尔排序用函数 shellpass()实现,共需要 t 趟希尔排序,其中第 i 趟的增量为 d[i]。

【算法分析】 由于直接插入排序算法在 n 值较小时,效率比较高,在 n 值很大时,若序列按关键字基本有序,效率依然较高,其时间效率可提高到 O(n)。因此,希尔排序从这两点考虑,进行了改进。

希尔排序的分析是一个复杂的问题,它的时间花费依赖于选取的增量序列。到目前为止,确定一种最好的增量序列仍然没有定论。一般来说,如果增量序列中的值没有除 1 之外的公因子或者至少相邻两个增量序列中的值没有除 1 之外的公因子,则这样的增量序列是比较好的。例如,可以采用的增量序列形如:$1,3,7,\cdots,2k-1$,时间复杂度可达到 $O(n^{1.5})$。增量序列不管如何选取,必须保证最后一个增量的值为 1。希尔排序方法是不稳定的。

8.4 交 换 排 序

交换排序的基本思想是:初始状态时,将有序序列看作空,所有记录作为无序序列。比较两个待排序记录的关键字,若为逆序则相互交换位置,否则保持原来的位置不变。本节主要讨论两种交换排序法:冒泡排序和快速排序。

8.4.1 冒泡排序

冒泡排序是最简单的一种交换排序方法,其基本思想是:首先将第 1 个记录的关键字与第 2 个记录的关键字进行比较,若为逆序则交换这两个记录,再将第 2 个记录与第 3 个记录的关键字进行比较,依次类推,直至将第 n−1 个记录和第 n 个记录进行比较为止,上述过程称为第 1 趟冒泡排序,其结果是关键字最大的记录被存放到最后的位置。然后进行第 2 趟冒泡排序,即对前 n−1 个记录进行同样的操作,使关键字次大的记录被存放在倒数第 2 个位置上,即第 n−1 个记录的位置。依次进行第 3,4,…,n−1 趟冒泡排序。一般地,第 i 趟冒泡排序,将该趟最大关键字的记录安置在第 n−i+1 个位置上。显然,当一趟排序过程中没有任何交换发生,则算法结束。整个排序过程最多需要 n−1 趟冒泡排序。

在冒泡排序算法的每一趟排序过程中参与相邻记录比较的区间取决于上一趟排序被交换的最后一个记录。

例 8-4:初始关键字序列为{23 14 18 25 3 27 19 25 ∗},其冒泡排序过程如图 8-4 所示。

关键字序列	23	14	18	25	3	27	19	25*
第1趟排序:r[1]~r[8] 最后被交换的是r[7]和r[8]	[14]	[23]	18	25	3	27	19	25*
	14	[18]	[23]	25	3	27	19	25*
	14	18	[23]	[25]	3	27	19	25*
	14	18	23	[3]	[25]	27	19	25*
	14	18	23	3	[25]	[27]	19	25*
	14	18	23	3	25	[19]	[27]	25*
	14	18	23	3	25	19	[27]	[25*]
	14	18	23	3	25	19	25*	27
第2趟排序:r[1]~r[7] 最后被交换的是r[5]和r[6]	[14]	[18]	23	3	25	19	25*	27
	14	[18]	[23]	3	25	19	25*	27
	14	18	[23]	[3]	25	19	25*	27
	14	18	3	[23]	[25]	19	25*	27
	14	18	3	23	[25]	[19]	25*	27
	14	18	3	23	19	[25]	[25*]	27
第3趟排序:r[1]~r[5] 最后被交换的是r[4]和r[5]	[14]	[18]	3	23	19	25	25*	27
	14	[18]	[3]	23	19	25	25*	27
	14	3	[18]	[23]	19	25	25*	27
	14	3	18	[23]	[19]	25	25*	27
	14	3	18	19	23	25	25*	27
第4趟排序:r[1]~r[4] 最后被交换的是r[1]和r[2] 算法结束	[14]	[3]	18	19	23	25	25*	27
	3	[14]	[18]	19	23	25	25*	27
	3	14	[18]	[19]	23	25	25*	27

图 8-4 冒泡排序过程

冒泡排序的算法如下所示:

【算法 8.5】

```
void BubbleSort(int r[ ], int n)
{
    exchange=n;
    while (exchange)                              //控制趟数
    {
```

```
        bound=exchange;
        exchange=0;
        for (j=1; j<bound; j++)                    //一趟冒泡
            if (r[j]>r[j+1])
            {
                r[0]=r[j];r[j]=r[j+1];r[j+1]=r[0];    //交换
                exchange=j;
            }
    }
}
```

【算法分析】 从空间上看,只需一个记录的辅助存储单元,空间复杂度为 $O(1)$。从时间上看,在最好情况下,当待排序记录为正序时,实际上只需进行 $n-1$ 次关键字比较,不需要移动记录,即进行一趟排序即可。在最坏情况下,即当待排序记录为逆序时,需要进行 $n-1$ 趟冒泡排序,且需进行 $\sum\limits_{i=1}^{n-1}(n-i)=n(n-1)/2$ 次关键字比较和 $3\times n\times$ $(n-1)/2$ 次记录移动,因此总的时间复杂度为 $O(n^2)$。冒泡排序是稳定的排序算法,适用于记录基本有序的情况。

8.4.2　快速排序

快速排序由 C. A. R. Hoare 于 1962 年提出,是对冒泡排序的一种改进。基本思想是:首先选取某个记录的关键字作为基准,通过一趟排序将待排序的记录分割成左、右两个子表,左边子表中各记录的关键字都小于或等于关键字 K,右边子表中各记录的关键字都大于或等于关键字 K;之后再对左右两部分分别进行快速排序。快速排序是目前内部排序中速度较快的一种方法。

一趟快速排序的具体操作是:

(1) 假设待排序序列为 $\{L. r[s], L. r[s+1], \cdots, L. r[t]\}$,首先选取一个记录(通常选取第 1 个记录)L. r[s] 作为**基准记录**,又称"**枢轴记录**";为了减少记录的交换次数,将**枢轴记录** L. r[s] 复制到 L. r[0] 中,即 L. r[0]= L. r[s];

(2) 附设两个指针 low 和 high,它们的初值分别为 s 和 t;

(3) 从 high 所指位置开始向前搜索,找到第一个关键字小于 L. r[0]. key 的记录,将 L. r[high] 赋给 L. r[low],即 L. r[low]= L. r[high]。

(4) 从 low 所指位置起向后搜索,找到第一个关键字大于 L. r[0]. key 的记录,将 L. r[low] 赋给 L. r[high],即 L. r[high]= L. r[low]。

重复步骤(3)和(4),直至 high==low,算法结束。

例 8-5:初始关键字序列为 $\{70, 73, 70*, 23, 93, 18, 11, 68\}$,一趟快排序过程示例如图 8-5 所示。

一趟快速排序的算法如图 8-5 所示。

主要操作	r[0]	r[1]	r[2]	r[3]	r[4]	r[5]	r[6]	r[7]	r[8]
r[0]=r[low] low=1　　high=8	70	70 ↑low	73	70*	23	93	18	11	68 ↑high
r[0].key>r[high].key r[low]=r[high]	70	68 ↑low	73	70*	23	93	18	11	68 ↑high
r[0].key >r[high].key low++	70	68	73 ↑low	70*	23	93	18	11	68 ↑high
r[0].key <r[low].key r[high]=r[low]	70	68	73 ↑low	70*	23	93	18	11	73 ↑high
r[0].key <r[high].key high--	70	68	73 ↑low	70*	23	93	18	11 ↑high	73
r[0].key >r[high].key r[low]=r[high]	70	68	11 ↑low	70*	23	93	18	11 ↑high	73
r[0].key >r[low].key low++	70	68	11	70* ↑low	23	93	18	11 ↑high	73
r[0].key ==r[low].key low++	70	68	11	70*	23 ↑low	93	18	11 ↑high	73
r[0].key >r[low].key low++	70	68	11	70*	23	93 ↑low	18	11 ↑high	73
r[0].key <r[low].key r[high] = r[low]	70	68	11	70*	23	93 ↑low	18	93 ↑high	73
r[0].key <r[high].key high--	70	68	11	70*	23	93 ↑low	18 ↑high	93	73
r[0].key >r[high].key r[low]=r[high]	70	68	11	70*	23	18 ↑low	18 ↑high	93	73
r[0].key >r[low].key low++	70	68	11	70*	23	18	18 ↑low ↑high	93	73
low==high r[low]=r[0]	70	68	11	70*	23	18	70 ↑high ↑low	93	73

图 8-5　一趟快速排序

【算法 8.6】

```
int partition( SqList * L, int low, int high )
{   /* 交换顺序表 L 中子表 r[low..high]的记录,将"基准"记录插入到正确位置并返回其所在
       位置,此时,在它之前(后)的记录均不大(小)于它,在它之后的记录均不小于它 */
    L->r[0]=L->r[low];                 /* 选取第 1 个记录作为基准记录 */
    while(low<high)
    {
        while((low<high)&&(L->r[high].key>=L->r[0].key))
            --high;
        L->r[low]=L->r[high];          /* 比基准记录小的记录移到低端 */
        while((low<high)&&(L->r[low].key<=L->r[0].key))
            ++low;
        L->r[high]=L->r[low];          /* 比基准记录小的记录移到高端 */
    }
    L->r[low]=L->r[0];                 /* 基准记录落到最终位置上 */
    return low;                        /* 返回基准记录的位置 */
}
```

如待排序列中只有一个记录,则显然有序。否则,一趟快速排序可以将初始序列分割为两个子序列,对子序列继续进行快速排序。整个快速排序过程可以递归进行。算法8.7和算法8.8给出了顺序表上的快速排序。

【算法 8.7】

```
void Qsort ( SqList * L, int low, int high )
{  /* 对顺序表 L 中的子序列 L.r[low..high]作快速排序,算法中出现的 pivotloc 是基准记
      录位置 */
   int pivotloc;
   if(low<high)                              /* 长度大于 1 */
   {  /* 将 L.r[low..high] 分别成两个子序列 */
      pivotloc=partition( L, low, high );
      Qsort(L,low,pivotloc-1);               /* 对低端子表递归排序 */
      Qsort(L,pivotloc+1,high);              /* 对高端子表递归排序 */
   }
}
```

【算法 8.8】

```
void QuickSort (SqList * L)
{  /* 对顺序表 L 作快速排序 */
   Qsort(L, 1, L->length);
}
```

【算法分析】　从空间上看,快速排序是递归的,每层递归调用时的指针和参数都需要用栈来存放,递归调用次数决定了存储开销。理想情况下,即每次分割为长度相同的两个子序列,空间复杂度为 $O(\log_2 n)$;在最坏情况下,即初始为一个有序序列,空间复杂度为 $O(n)$。

从时间上看,每次划分若能使左右两个子序列长度相等,则这是最佳的情况,此时划分的次数为 $\log_2 n$,总的比较次数为 $n\log_2 n$,其时间复杂度为 $O(n\log_2 n)$。若初始记录序列按关键字有序或基本有序时,快速排序将蜕化为冒泡排序,其时间复杂度为 $O(n^2)$。针对这种情况,通常依"三者取中"的法则来选取基准记录,即比较 $L.r[s].key$,$L.r\left[\frac{s+t}{2}\right].key$,以及 $L.[t].key$,取关键字居于中间的记录为基准记录。经验证明,这种方法可大大改善快速排序在最坏情况下的性能。快速排序通常被认为在同数量级 $O(n\log_2 n)$ 的排序方法中平均性能最好的方法,它是不稳定的。

8.5　选 择 排 序

选择排序的基本思想是：初始状态的有序序列为空,所有记录看作无序序列。每趟排序在 $n-i+1(i=1,2,\cdots,n-1)$ 个记录构成的无序序列中,选取关键字值最小的记录作为有序序列中第 i 个记录。主要包括简单选择排序和堆排序。

8.5.1 简单选择排序

简单选择排序是一种最简单的选择排序方法,其基本思想是:对 n 个待排序记录进行 n－1 趟扫描,第 i 趟扫描从无序序列中选出最小关键字值的记录与第 i 个记录交换($1\leqslant i\leqslant n-1$)。

具体操作如下:第一趟扫描,选出 n 个记录中关键字值最小的记录,并与 L.r[1]记录交换;第二趟扫描,选出余下的 n－1 个记录中关键字值最小的记录,并与 L.r[2]记录交换;依次类推,第 i 趟扫描,选出余下的 n－i＋1 个记录中关键字值最小的记录,并与 L.r[i]记录交换;直至第 n－1 趟扫描结束,此时整个序列即为有序序列。

例 8-6:初始关键字序列为:37,18,64,14,96,48,42,简单选择排序的示例过程如图 8-6 所示。

	1　2　3　4　5　6　7
第一趟: 在r[1]~r[7]找到最小值r[4],将r[1]与r[4]交换	37 18 64 14 96 48 42 ↑　　　↑
第二趟: 在r[2]~r[7]找到最小值r[2],不交换	14 18 64 37 96 48 42
第三趟: 在r[3]~r[7]找到最小值r[4],将r[3]与r[4]交换	14 18 64 37 96 48 42 　　　↑　↑
第四趟: 在r[4]~r[7]找到最小值r[7],将r[4]与r[7]交换	14 18 37 64 96 48 42 　　　　↑　　　↑
第五趟: 在r[5]~r[7]找到最小值r[6],将r[5]与r[6]交换	14 18 37 42 96 48 64 　　　　　↑　↑
第六趟: 在r[6]~r[7]找到最小值r[7],将r[6]与r[7]交换	14 18 37 42 48 96 64 　　　　　　↑　↑
算法结束	14 18 37 42 48 64 96

图 8-6　简单选择排序过程

简单选择排序的算法如下所示。

【算法 8.9】

```
void Simple_selectsort (SqList * L)
{  /* 对顺序表 L 作简单选择排序 */
    int i, k, j; RedType temp;
    for(i=1;i<L->length;++i)
    { /* 进行 n-1 趟扫描和选择 */
        k=i;                            /* 记住当前最小记录的位置 */
        for(j=i+1;j<=L->length;++j)     /* 在 L->r[i..length]中选择最小记录 */
            if(L->r[j].key<L->r[k].key) k=j;
        if(i! =k)
        { /* 把第 k 个记录与第 i 个记录交换 */
            temp=L->r[i];
            L->r[i]=L->r[k];
```

```
                L->r[k]=temp;
            }
        }
    }
```

8.5.2　堆排序

首先给出堆的定义:设有 n 个记录的关键字构成的序列 $\{K_1, K_2, \cdots, K_n\}$,当且仅当满足下述关系时,称之为堆。

$$K_i \leqslant K_{2i} \text{ 且 } K_i \leqslant K_{2i+1}, \text{ 或者 } K_i \geqslant K_{2i} \text{ 且 } K_i \geqslant K_{2i+1}, \quad \left(i = 1, 2, \cdots, \left\lfloor \frac{n}{2} \right\rfloor\right)$$

若以一维数组作此序列的存储结构,并将其看成一棵完全二叉树,则堆的含义表明:完全二叉树中所有非叶子结点的关键字值均不大于(或不小于)其左右孩子结点的关键字值。相应地,将该完全二叉树称之为小(或大)根堆。因此,若序列 $\{K_1, K_2, \cdots, K_n\}$ 是堆,则堆顶元素(或完全二叉树的根)必为序列中 n 个元素的最小值(或最大值)。

例 8-7:序列 $\{96, 83, 27, 38, 11, 9\}$ 和 $\{12, 36, 24, 85, 47, 30, 53, 91\}$ 为堆,对应的完全二叉树分别如图 8-7(a)、(b)所示。

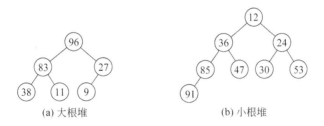

(a) 大根堆　　　　　　　　　　　　(b) 小根堆

图 8-7　堆对应的完全二叉树形态

利用堆对 n 个元素进行排序,具体操作为:首先将这 n 个元素按关键字建成堆;将堆顶元素输出,得到 n 个元素中关键字最小(或最大)的元素;然后,再对剩下的 n-1 个元素建成堆,输出新的堆顶元素,得到 n 个元素中关键字值次小(或次大)的元素。如此反复,直到所有元素输出,即得到一个按关键字有序的序列。上述排序过程称为堆排序。

因此,实现堆排序需解决两个问题:

(1) 如何将 n 个元素的序列按关键字建成堆;

(2) 输出堆顶元素后,怎样调整剩余 n-1 个元素,使其成为一个新堆。

首先,讨论输出堆顶元素后,对剩余元素重新调整为堆的过程。

设一个由 n 个元素构成的小根堆。输出堆顶元素之后,将堆顶元素与堆中最后一个元素进行交换。此时,n-1 个元素构成的序列不再是一个堆,但根结点的左右子树均为堆。因此,此时可从根结点开始,自上而下进行调整。首先,将堆顶元素和左、右子树中较小子树根结点比较,若小于该子树根结点的值,则与该子树根结点交换。由于交换,使得左子树或右子树不再满足堆的特性,因此需要继续对左子树或右子树进行调整。重复上述调整过程,直至调整到叶子结点。这个自根结点到叶子结点的调整过程称为"筛选"。

调整堆的过程示例如图 8-8 所示(这里只是部分示例)。

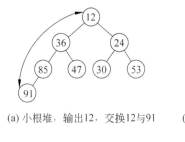

(a) 小根堆,输出12,交换12与91　　(b) 从根开始调整,先交换91与24,
　　　　　　　　　　　　　　　　　　　　再交换91与30直到满足小根堆

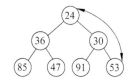
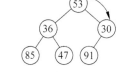
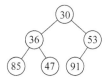

(c) 输出24,交换24与53　　(d) 从根开始调整,交换53与30,　　(e) 调整后的新堆
　　　　　　　　　　　　　　直到满足小根堆

图 8-8　调整堆的过程

下面讨论,给定一个包含 n 个元素的初始序列,如何构建堆。

从一个无序序列建造初始堆的过程就是一个反复"筛选"的过程。若将 n 个待排序记录的关键字序列看成是一棵完全二叉树,则最后一个非叶子结点是第 $\left\lfloor \frac{n}{2} \right\rfloor$ 个结点。由此,"筛选"只需从第 $\left\lfloor \frac{n}{2} \right\rfloor$ 个元素开始。然后,再依次筛选第 $\left\lfloor \frac{n}{2} \right\rfloor - 1, \left\lfloor \frac{n}{2} \right\rfloor - 2, \cdots,$ $\left\lfloor \frac{n}{2} \right\rfloor - i$,直到筛选到第 1 个结点为止。此时,得到的最终完全二叉树所对应的序列就是一个堆。

例 8-8:初始关键字序列为{49,38,65,97,76,13,27,49},则构造初始小根堆的示例过程如图 8-9 所示。

根据前面的分析,在实现堆排序时,需要两个函数来共同完成。一个是实现"筛选"的函数,另一个是通过反复调用"筛选"函数实现堆排序的函数。

为使排序结果按关键字值非递减有序,则在堆排序算法中,首先建一个"大根堆",并将堆顶元素与序列中最后一个记录(第 n 个记录)交换;其次对序列中前 n−1 个记录进行筛选,重新调整为一个"大根堆",并将新的堆顶元素与第 n−1 个记录交换;如此反复直至排序结束。因此,"筛选"应沿关键字较大的孩子结点向下进行。堆排序实现如算法 8.10 和算法 8.11 所示。

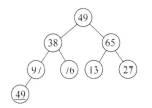

(a) 初始序列对应的完全二叉树

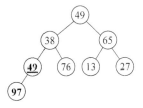

(b) 筛选第1个非叶子结点97之后

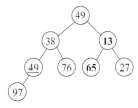

(c) 筛选原第2个非叶子结点65之后

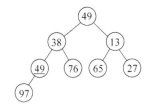

(d) 筛选原第3个非叶子结点38之后, 不动

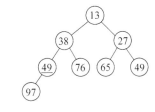

(e) 筛选原第4个非叶子结点49之后,得到小根堆

图 8-9 构造堆的过程

【算法 8.10】

```
void HeapAdjust ( SqList * L, int s, int m )
{   /* 已知 L->r[s..m]中的记录的关键字除 L->r[s].key 之外满足堆的定义,
       本函数调整 L->r[s]的关键字,使 L->r[s..m]成为一个大根堆 */
    int j;
    RedType temp=L->r[s];
    for( j=2 * s; j <=m; j * =2 )
    {
        if(j<m && L->r[j].key <L->r[j+1].key)
            ++j;                               /* 沿较大孩子结点向下筛选 */
        if( temp.key >=L->r[j].key ) break;    /* temp 应插入位置 s 上 */
        L->r[s]=L->r[j];
        s=j;
    }
    L->r[s]=temp;                              /* 插入 */
}
```

【算法 8.11】

```
void HeapSort ( SqList * L )
{   /* 对顺序表 * L 进行堆排序 */
    RedType temp;
    int i;
    for(i=L->length/2;i>0;--i)                 /* 将 L->r[1.L->length]建成大根堆 */
        HeapAdjust( L, i, L->length );
    for(i=L->length; i >1;--i)
    {   /* 将堆顶记录和当前尚未排序子序列 L->r[1..i]中最后一个记录相互交换 */
        temp=L->r[i];
```

```
            L->r[i]=L->r[1];
            L->r[1]=temp;
            HeapAdjust(L,1,i-1);              /*将 L->r[1..i-1]重新调整为大根堆*/
        }
    }
```

【算法分析】　从空间上看,堆排序过程中,仅需一个记录大小的辅助存储空间,供交换元素使用,因此空间复杂度为 O(1)。从时间上看,堆排序运行的主要时间耗费在建初始堆和调整建新堆时的反复"筛选"上。对深度为 k 的堆,HeapAdjust 算法中进行的关键字比较次数不超过 2(k−1)次。对于 n 个结点的完全二叉树,其深度为 $\lfloor \log_2 n \rfloor$ ＋1。因此,调整建新堆时需要调用 HeapAdjust 过程 n−1 次,总共进行的比较次数不超过 $2(\lfloor \log_2(n-1) \rfloor + \lfloor \log_2(n-2) \rfloor + \cdots + \lfloor \log_2 2 \rfloor) < 2n \lfloor \log_2 n \rfloor$。由此可见,堆排序在最坏的情况下,其时间复杂度也为 O(nlog₂n),相对于快速排序来说,这是堆排序最大的优点。堆排序对 n 较大的序列比较有效,记录数 n 较少时不提倡使用。堆排序是不稳定的排序算法。

8.6　归并排序

归并排序(Merging Sort)的基本思想是:将两个或两个以上的有序序列归并成一个新的有序序列的过程。

最简单的归并排序为 2-路归并排序,基本思想是:设含有 n 个记录的初始序列,可以把每个记录看成一个原始子序列,每个子序列的长度为 1;然后将相邻子序列进行两两归并,得到 $\lceil \frac{n}{2} \rceil$ 个长度为 2 或 1 的子序列;继续将前面得到的子序列进行两两归并,直至得到一个长度为 n 的序列为止。

例 8-9:设初始关键字列为{46,55,13,42,94,05,17,70,60},其 2-路归并排序过程如图 8-10 所示。

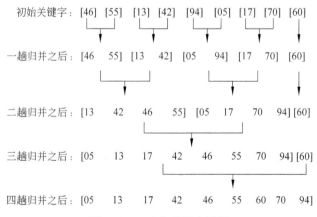

图 8-10　2-路归并排序过程

2-路归并排序最核心的操作是：将一维数组中前后相邻的两个有序序列合并成一个有序序列。对应该合并操作的算法描述如下所示。

【算法 8.12】

```
void Merge (RedType SR[], RedType TR[], int s, int m, int t)
{   /*将有序的 SR[i…m]和 SR[m+1…n]归并为有序的 TR[i…n] */
    int i, j, k;
    i=s, j=m+1, k=s;
    while( i <=m && j <=t )
    {   /* 当两个有序子表均未完时 */
        if((LT(SR[i].key, SR[j].key))
            TR[k++]=SR[i++];
        else TR[k++]=SR[j++];
    }
    while( i <=m ) TR[k++]=SR[i++];          /*当第 1 个子序列未完时 */
    while( j <=t ) TR[k++]=SR[j++];          /*当第 2 个子序列未完时 */
}
```

一趟完整的归并操作是将 SR[1…n]中前后相邻且长度为 len 的有序段进行两两合并，得到前后相邻，长度为 2 * len 的有序段，并存放到 TR[1…n]中。可分为三种情况：两段等长序列的归并、两段不等长序列的归并、一段序列。设变量 first 记录第一个归并段的起始位置，变量 last 记录第二个归并段的起始位置，设 last＝first+len。如果 last 小于 n，则属于两段归并，并且如果 last ＋len－1 大于等于 n，是不等长的两段进行归并，否则是等长的两段归并；如果 last 大于等于 n，则只剩下一段序列。其算法实现如下所示。

【算法 8.13】

```
void MergPass ( RedType SR[], RedType TR[], int n, int len )
{   /*将 SR[1…n] 中长度为 len 的相邻两个子序列归并到 TR[1..n]中, n 为数组总长度 */
    int first, last;                         /*设两个归并段的起始位置 */
    first=1;
    while( first+len <=n )                   /*至少有两个有序段 */
    {   last=first+2 * len-1;
        if( last >n )      last=n;           /*最后一段可能不足 len 个结点 */
        Merge( SR,TR,first,first+len-1,last ); /*相邻有序段归并 */
        first=last+1;                        /*下一对有序段中左段的开始下标 */
    }
    if(first <=n)                            /*当还剩下一个有序段时,将其从 SR 复制到 TR */
    for(; first <=n; first++)TR[ first ]=SR[ first ];
}
```

对顺序表进行归并的算法如下：

【算法 8.14】

```
void MergSort(SqList * L )
{   //对数组 L->r 中的记录进行 2-路归并排序,temp 为辅助数组
```

```
    m=1;                                    //子序列长度初始化
    while (m < L->length)
    {
        MergPass(LS->r,temp,L->length,m);   //将 L->r 按长度 m 归并到 temp 数组中
        for(int i=1; i<=L->length; i++)
            L->r[i]=temp[i];                //将一趟排序结果回送到 r 中
        m=2 * m;                            //改变子列长度
    }
}                                           //MergSort
```

【算法分析】 从空间上看,实现归并排序需要与待排序列长度相等的辅助空间,故其空间复杂度为 O(n)。从时间上看,对长度为 n 的序列进行归并排序,将这 n 个元素看作叶子结点,若将两两归并生成的子表看作它们的父结点,则归并过程对应于由叶向根生成一棵二叉树的过程。所以归并趟数约等于二叉树的高度减 1,即 $\log_2 n$。每趟归并需移动记录 n 次,故时间复杂度为 $O(n\log_2 n)$。归并排序是稳定的排序方法。

8.7 基 数 排 序

基数排序(radix sorting)是和前面讨论的各种排序方法完全不相同的一种排序方法,它不需要进行关键字的比较和记录的移动(或交换),是一种基于多关键字排序的思路对单关键字进行排序的一种内部排序方法,又称为桶排序。

8.7.1 多关键字排序

首先,我们通过一个例子来理解多关键字排序。例如,一副扑克中有 52 张牌以及四种花色,花色的大小关系为:梅花<方块<红心<黑桃,面值的大小关系为:2<3<4<5<6<7<8<9<10<J<Q<K<A。若对扑克牌按花色、面值进行升序排序,得到的序列为:梅花 2,3,…,A,方块 2,3,…,A,红心 2,3,…,A,黑桃 2,3,…,A。也就是说,对于任意两张牌,若花色不同,不论面值怎样,花色低的那张牌小于花色高的,只有在同花色情况下,大小关系才由面值的大小确定。这就是多关键字排序的思想。

对于上面的例子,我们讨论以下两种排序方法。

方法 1:先对花色排序,将其分为 4 个组,即梅花组、方块组、红心组、黑桃组;再分别对每个组按面值进行排序;最后,将 4 个组连接起来即可。

方法 2:先按 13 个面值给出 13 个编号组(2 号,3 号,…,A 号),将牌按面值依次放入对应的编号组,分成 13 堆;再按花色给出 4 个编号组(梅花、方块、红心、黑心),将 2 号组中牌取出分别放入对应花色组,再将 3 号组中牌取出分别放入对应花色组,以此类推,4 个花色组中均按面值有序;最后,将 4 个花色组依次连接起来即可。

一般情况下,设有 n 个记录的序列,每个记录包含 d 个关键字 $\{k^1,k^2,\cdots,k^d\}$,则称序列对关键字 $\{k^1,k^2,\cdots,k^d\}$ 有序是指:对于序列中任意两个记录 L.r[i] 和 L.r[j]($1\leqslant i\leqslant j\leqslant n$),都满足下列有序关系:

$$k_i^1,k_i^2,\cdots,k_i^d < k_j^1,k_j^2,\cdots,k_j^d$$

其中 k^1 称为最主位关键字，k^d 称为最次位关键字。

多关键字排序，按照从最主位到最次位关键字或从最次位到最主位关键字的顺序逐次排序，分两种方法：

最高位优先法（Most Significant Digit first，简称 MSD 法）：先按 k^1 排序，将序列分成若干组，同一组中的记录与关键字 k^1 相等；再将每组按 k^2 排序，分成子组；之后，对后面的关键字继续这样的排序分组，直到按最次位关键字 k^d 对各子组排序；最后将各组连接起来，便得到一个有序序列。上述对扑克牌排序的方法 1 即是 MSD 法。

最低位优先法（Least Significant Digit first，简称 LSD 法）：先从 k^d 开始排序，再对 k^{d-1} 进行排序，依次重复，直到对 k^1 排序后便得到一个有序序列。上述扑克牌排序方法 2 即是 LSD 法。

MSD 和 LSD 只约定按什么样的"关键字次序"来进行排序，而未规定对每个关键字进行排序时所用的方法。若按 MSD 进行排序，则必须将序列逐层分割成若干子序列，然后对各子序列分别进行排序。若按 LSD 进行排序，则不必将序列分成若干个子序列，对每个关键字都是整个序列参加排序，通过若干次"分配"和"收集"来实现排序，并可将其用到单关键字的排序上。

8.7.2 链式基数排序

基数排序是借助于"分配"和"收集"两种操作来实现对单关键字进行排序的一种内部排序方法。有的单关键字可以看成由若干个关键字复合而成。例如，若关键字是由 4 个字母组成的单词，则可看成是由 4 个关键字（k^1，k^2，k^3，k^4，）组成，k^1 是第 4 位（最高位）上的字母，k^2 是第 3 位（次高位）上的字母，依次类推。假定只能是大写字母，则每个关键字的范围相同（'A' $\leqslant k^1,k^2,k^3,k^4\leqslant$ 'Z'）；又若关键字是数值，且其值在 0 到 999 之间，那么可以看成由三个关键字（k^1，k^2，k^3）组成，k^1 是百位数，k^2 是十位数，k^3 是个位数，每个关键字的范围相同（$0\leqslant k^1,k^2,k^3\leqslant9$）。

链式基数排序的基本思想是按照 LSD 方法进行排序。具体如下：从最低位关键字起，按关键字的不同值将待排序列中每个记录"分配"到 rd 个队列中，然后再"收集"回到序列中，如此反复进行 d 次。其中，rd 是关键字的取值范围，又称为基数；例如前述字母组成的关键字的 rd＝26，十进制数值关键字的 rd＝10。d 是关键字分成的单关键字数目，例如前述字母关键字中 d＝4，数值关键字中 d＝3。

例如，初始关键字列为：027,114,253,809,916,357,483,009，则基数排序的全过程示例如图 8-11 所示。

上述链式基数排序中，第一趟分配是从最低位关键字（个位数）开始，将静态链表中存储的 8 个待排序记录分配至 10 个链队列中，每个队列中记录关键字的个位数值相等，如图 8-11(b)所示。其中 f[i]和 e[i]分别为第 i 个队列的头指针和尾指针。第一趟收集是改变所有非空队列的队尾记录的指针域，令其指向下一个非空队列的队头记录，重新将 10 个队列中的记录链成一个链表，如图 8-11(c)所示。第二趟及第三趟的分配和收集分别是对十位数和百位数进行的，其处理过程和方法与个位数上的处理完全相同，至此排序完成。

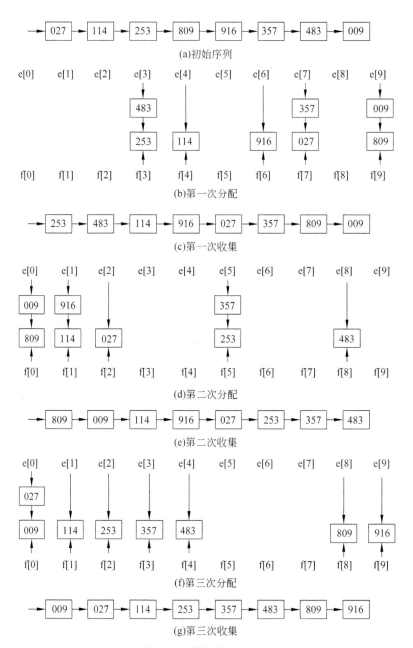

图 8-11　基数排序的过程

静态存储链表类型定义：

```
# define KEY_SIZE 8                          /* 关键字项数的最大值 */
# define RD 10                               /* 关键字基数,此时是十进制基数 */
# define MAX_SPACE 100                       /* 待比较记录最大个数 */
typedef int KeyType;
typedef struct                               /* 静态链表的结点定义 */
{
```

```
    KeyType keys[KEY_SIZE];                  /* 关键字 */
    InfoType otheritems;                     /* 其他数据项 */
    int next;                                /* 下一个关键字 */
}SLCell;                                     /* 静态链表的结点类型 */
typedef struct                               /* 静态链表定义 */
{
    SLCell r[MAX_SPACE];                     /* 静态链表可利用空间 */
    int keynum;                              /* 记录的当前关键字个数 */
    int recnum;                              /* 静态链表的当前长度 */
}SLList;                                      /* 静态链表类型 */
typedef int Arrtype[RD];                      /* 指针数组类型 */
```

算法如下所示：

【算法 8.15】

```
void Distribute( SLCell * r, int i, Arrtype f, Arrtype e )
{   /* 静态链表 L 的 r 域中记录已经按 (Keys[0],Keys[1],…, Keys[i-1])有序。此算法
    按第 i 个关键字 Keys[i]建立 rd 个子表,使同一个子表中记录的 Keys[i]相同,
    f[0..rd-1]和 e[0..rd-1] 分别指向各子表中的第 1 个记录和最后一个记录 */
    int j, p;
    for( j=0; j<RD; j++) e[j]=f[j]=0;        /* 各子表初始化为空表 */
    for( p=r[0].next; p; p=r[p].next )
    {
        j=r[p].keys[i];                      /* 将第 p 个记录散布到分链中 */
        if(! f[j]) f[j]=p;
        else r[e[j]].next=p;
        e[j]=p;                              /* 将 p 所指的结点插入到第 j 个子表中 */
    }
}
void Collect( SLCell * r, int i, Arrtype f, Arrtype e )
{   /* 此算法按 keys[i]自小到大地将 f[0..rd-1]所指各子表依次链接成一个链表,
    e[0..rd-1] 为各子表的尾指针 */
    int j=0;                                 /* 指示非空链表位置 */
    int t=0;                                 /* 指向收集链的当前位置 */
    while(j <RD )
    {
        while( j<RD && ! f[j] ) j++;         /* 寻找非空子表 */
        if( j==RD ) break;                   /* 没有有效数据结点了 */
        r[t].next=f[j];                      /* 如果找到了,就链接两个非空子表 */
        t=e[j]; j++;
    }
    r[t].next=0;                             /* t 指向最后一个非空子表中的最后一个
结点 */
}
```

【算法 8.16】

```
void Radixsort( SLList * L )
{   /*顺序表 L 采用静态链表表示.对 L 作基数排序,使得 L 成为按关键字自小到大的有序静态
       链表,L->r[0]为头结点 */
    int i, f[RD], e[RD];
    for( i=0; i<L->recnum;++i )
        L->r[i].next=i+1;
    /*将 L 改造为静态链表 */
    L->r[L->recnum].next=0;
    for( i=0; i<L->keynum;++i )        /*按最低位优先依次对各关键表进行分配和收集 */
    {
        Distribute(L->r, i, f, e);     /*第 i 趟分配 */
        Collect(L->r,i,f,e);           /*第 i 趟收集 */
    }
}
```

【算法分析】　　从时间上看,对于 n 个待排序记录,每个记录含 d 个关键字,每个关键字取值范围为 rd。每一趟分配的时间复杂度为 $O(n)$,每一趟收集的时间复杂度为 $O(rd)$,又因整个排序需要进行 d 趟分配和收集,所以,链式基数排序的时间复杂度为 $O(d(n+rd))$。在排序的时候,需要 rd 个队列的头指针和尾指针,以及用于静态链表的 n 个指针,故算法所需要的辅助空间为 2rd+n 个。基数排序适用于字符串和整数这类有明显结构特征的关键字,且适用于 n 较大、d 较小的场合,它是稳定的排序算法。

8.8　案例实现：学生基本信息表的排序

学生信息描述如表 8-1 所示,可以按学号对其进行排序,也可以按成绩进行排序。本节将以学号作为待排序关键字,完整地描述学生信息表的各种插入排序算法的实现。

```
#include "malloc.h"
#include "stdio.h"
#include "string.h"
#include "conio.h"
//宏定义:
#define EQ(a,b) (!strcmp((a),(b)))
#define LT(a,b) (strcmp((a),(b))<0)
#define ASSIGN(a,b) (strcpy(a,b))
#define MAXSIZE 100                     /*用作示例的顺序表的最大长度 */
//关键字类型定义:
typedef char KeyType[6];                /*定义关键字类型为字符串型 */
//学生基本信息类型定义
typedef struct
{
```

```
    KeyType  key;
    char     no[6];
    char     name[10];
    char     sex[2];
    int      age;
    float    score;
}STU;
typedef STU RedType;
typedef struct                                          /*顺序表定义*/
{    /* r为数组,其中 r[1]~r[n]表示 n 个记录,r[0]闲置或用作哨兵单元*/
    RedType r[MAXSIZE+1];
    int length;                                         /*顺序表长度*/
} SqList;                                               /*顺序表类型*/
//各功能函数声明:
int CreateList(SqList * sl);                            //创建表
//初始条件:无
//操作结果:sl 存在并且包含多个学生记录,学生记录无序排列
int OutList(SqList sl);                                 //浏览查找表
//初始条件:sl 存在
//操作结果:顺序输出 sl 中包含的学生记录
void straightsort(SqList * L);                          //直接插入排序
//初始条件:sl 是无序序列
//操作结果:按关键字(学号)有序的序列
void BinsertSort(SqList * L);                           //折半插入排序
//初始条件:sl 是无序序列
//操作结果:按关键字(学号)有序的序列
void shellpass(SqList * L, int step);                   //一趟希尔排序
//初始条件:sl 是无序序列
//操作结果:步长为 step 的组内有序序列
void shellsort (SqList * L, int d[], int t);            //完整的希尔排序
//初始条件:sl 是无序序列
//操作结果:按关键字(学号)有序的序列
void BubbleSort(SqList * L);                            //直接插入排序
//初始条件:L 是无序序列
//操作结果:按关键字(学号)有序的序列
int partition( SqList * L, int low, int high );
//初始条件:sl 是初始序列
//操作结果:划分元素的位置
void Qsort ( SqList * L, int low, int high );
//初始条件:L 是无序序列
//操作结果:low..high 区间,按关键字(学号)有序的序列
void QuickSort (SqList * L);
//初始条件:L 是无序序列
//操作结果:按关键字(学号)有序的序列
```

```
    void SelectSort (SqList * L);                    //简单选择排序
    void HeapAdjust ( SqList * L, int s, int m );
    void HeapSort ( SqList * L);                     //堆排序
    int menu();                                      //操作菜单
    /* 各个函数的定义 */
    void main()
    {
        SqList sl,slBack;
        int     flag,num;
        int d[3]={5,3,1};
        while(1)
        {
            num=menu();
            switch(ch)
            {
                case 0: exit(0);
                case 1: flag=CreateList(&sl);
                        if(flag) printf("创建成功!");
                        else printf("创建失败!");
                        slBack=sl;                   //保存原始数据
                        printf("输入回车键继续…");getch();
                        break;
                case 2: flag=OutList(sl);
                        if(!flag) printf("表为空!");
                        printf("输入回车键继续…");getch();
                        break;
                case 3: sl=slBack;
                        printf("输入回车键继续…");getch();
                        break;
                case 4: straightsort(&sl);
                        printf("输入回车键继续…");getch();
                        break;
                case 5: BinsertSort(&sl);
                        printf("输入回车键继续…");getch();
                        break;
                case 6: shellsort(&sl,d,3);
                        printf("输入回车键继续…");    getch();
                        break;
                case 7: BubbleSort(&sl);
                        printf("输入回车键继续…");    getch();
                        break;
                case 8: QuickSort(&sl);
                        printf("输入回车键继续…");getch();
                        break;
```

```
        case 9: SelectSort(&sl);
                printf("输入回车键继续…");getch();
                break;
        case 10: HeapSort(&sl);
                printf("输入回车键继续…");getch();
                break;
        default: continue;
    }                                    //switch
}                                        //while
}
int menu()
{
    int n;
    while(1)
    {
        system("cls");
        printf("/*****学生信息表的排序操作演示系统*****/\n");
        printf("\n/*****本系统基本操作如下:\n/*****0:退出 \n);
        printf("/*****1:创建 \n/*****2:浏览 \n/*****3:重置为无序表\n");
        printf("/*****4:直接插入排序 \n/*****5:折半插入排序 \n/*****6:希尔排序 \n");
        printf("/*****7:冒泡排序 \n/*****8:快速排序 \n");
        printf("/*****9:简单选择排序 \n/*****10:堆排序 \n");
        printf("请输入操作提示:(0~10)");
        scanf("%d",&n); getchar();
        if(n<0||n>10){ printf("请重新输入!\n"); getch();}
        else return n;
    }                                    //while
}
int CreateList(SqList * L)                //创建表
{
    printf("输入表的长度:");
    scanf("%d",&L->length);
    if(L->length >MAXSIZE)
    {
        printf("表需要空间太大,发生溢出!");
        return 0;
    }
    for(int i=1;i<L->length+1; i++)
    {
        printf("输入学号 姓名 性别 年龄 成绩 \n");
        scanf("%s%s%s%d%f",L->r[i].no,L->r[i].name,L->r[i].sex,&L->r[i].age,
                                                        &L->r[i].score);
        ASSIGN(L->r[i].key,L->r[i].no);
    }
```

```
        return 1;
    }
    int OutList(SqList L)
    {
        if(!L.length)return 0;
        printf("表如下(包含%d个记录):",L.length);
        printf("\n学号\t姓名\t性别\t年龄\t籍贯\n ");
        for(int i=1;i<L.length+1;i++)
            printf("%s\t%s\t%s\t%d\t%f\n",L.r[i].no,L.r[i].name,L.r[i].sex,
                                        L.r[i].age,L.r[i].score);
        return 1;
    }
    void straightsort(SqList * L)
    {   //设立监视哨:r[i]Tr[0],在查找的过程中同时后移记录
        KeyType x;
        for(int i=2;i<=L->length;i++)
        {
            L->r[0]=L->r[i];
            int j=i-1;
            ASSIGN(x,L->r[0].key);
            while(LT(x,L->r[j].key))
            {
                L->r[j+1]=L->r[j];
                j--;
            }
            L->r[j+1]=L->r[0];
        }
    }                                       //straightsort
    void BinsertSort( SqList * L)
    {   /*对顺序 L 作折半插入排序 */
        int i, j, m, low, high;
        for( i=2; i <=L->length;++i)
        {
            L->r[0]=L->r[i];                          /*将 L->r[i]暂存到 L->r[0] */
            low=1; high=i-1;
            while( low<=high )
            {   /*在区间[low..high]中折半查找插入位置*/
                m=(low+high)/2;                      /*折半*/
                if(LT(L->r[0].key,L->r[m].key))
                    high=m-1;                        /*插入点在左半区间*/
                else low=m+1;                        /*插入点在右半区间*/
            }
            for(j=i-1; j >=high+1;--j)               /*记录后移*/
                L->r[j+1]=L->r[j];
```

```
        L->r[high+1]=L->r[0];                    /* 在插入点处插入待插的记录 */
    }
}
void shellpass(SqList * L,int step)
{   //将 L.r[1..n]按间距 step 分组进行一趟 shell 排序
    for(int i=step+1;i<=L->length;i++)           //从每组第二个元起处理
    {
        RedType temp=L->r[i];
        int j=i-step;
        while(j>=1 && LT(temp.key,L->r[j].key))
        {
            L->r[j+step]=L->r[j];                 //元素右移
            j=j-step;
        }                                         //考虑前一个位置
        L->r[j+step]=temp;                        //r[i]放在合适的位置
    }
}
void shellsort (SqList * L,int d[],int t)
{
    for(int k=0; k<t; k++)
    shellpass(L,d[k]);
}                                                 //shellsort
void BubbleSort(SqList * L)
{   //设一个标志 flag,当本趟有交换则 flag 置为 1,否则为 0
    int i=1;                                      //初始化,i 为趟数
    while(i<L->length)
    {
        int flag=0;                               //每趟开始
        for(int j=1;j<=L->length-i;j++)
        if(LT(L->r[j+1].key,L->r[j].key))
        {
            RedType temp=L->r[j];
            L->r[j]=L->r[j+1];
            L->r[j+1]=temp;
            flag=1;
        }
        if (flag) i++;                            //如果有交换,进行下一趟
        else break;
    }
}                                                 //bubblesort
int partition( SqList * L, int low, int high)
{   /* 交换顺序表 L 中子表 r[low..high]的记录,将"基准"记录插入到正确位置并返回其所在
      位置,此时,在它之前(后)的记录均不大(小)于它 */
    L->r[0]=L->r[low];                           /* 选取第 1 个记录作为基准记录 */
```

```
        while(low<high)
        {
            while((low<high)&&(LT(L->r[0].key, L->r[high].key)||EQ(pivotkey,
                L->r[high].key)))
                --high;
            L->r[low]=L->r[high];                    /*比基准记录小的记录移到低端*/
            while((low<high)&&(LT(L->r[low].key, L->r[0].key)||EQ(L->r[low].key,
                L->r[0].key)))
                ++low;
            L->r[high]=L->r[low];                    /*比基准记录小的记录移到高端*/
        }
        L->r[low]=L->r[0];                           /*基准记录落到最终位置上*/
        return low;                                  /*返回基准记录的位置*/
    }
void Qsort ( SqList * L, int low, int high )
{   /*对顺序表 L 中的子序列 L.r[low..high]作快速排序,
    算法中出现的 pivotloc 是基准记录位置*/
    int pivotloc;
    if(low <high)                                    /*长度大于 1*/
    {   /*将 L.r[low..high] 分别成两个子序列*/
        pivotloc=partition( L, low, high );
        Qsort(L,low,pivotloc-1);                     /*对低端子表递归排序*/
        Qsort(L,pivotloc+1,high);                    /*对高端子表递归排序*/
    }
}
void QuickSort (SqList * L)
{   /*对顺序表 L 作快速排序*/
    Qsort(L, 1, L->length);
}
void SelectSort (SqList * L)
{   /*对顺序表 L 作简单选择排序*/
    int i, k, j;
    RedType temp;
    for(int i=1;i<L->length;++i)
    {   /*进行 n-1 趟扫描和选择*/
        k=i;                                         /*记住当前最小记录的位置*/
        for(j=i+1;j<=L->length;++j)         /*在 L->r[i..length]中选择最小记录*/
            if(LT(L->r[j].key, L->r[k].key))k=j;
        if(i! =k)
        {   /*把第 k 个记录与第 i 个记录交换*/
            temp=L->r[i];
            L->r[i]=L->r[k];
            L->r[k]=temp;
        }
```

```
    }
}
void HeapAdjust ( SqList * L, int s, int m )
{   /* 已知 L->r[s..m]中的记录的关键字除 L->r[s].key之外满足堆的定义,
      本函数调整 L->r[s]的关键字,使 L->r[s..m]成为一个大根堆 */
    int j;
    RedType temp=L->r[s];
    for( j=2 * s; j <=m; j * =2 )
    {
        if(j<m && LT(L->r[j].key, L->r[j+1].key))++j;  /* 沿较大孩子结点向下筛选 */
        /* temp 应插入位置 s 上 */
        if(LT(L->r[j].key,temp.key) ||EQ(L->r[j].key,temp.key)) break;
        L->r[s]=L->r[j];
        s=j;
    }
    L->r[s]=temp;                              /* 插入 */
}
void HeapSort ( SqList * L )
{ /* 对顺序表 H 进行堆排序 */
    RedType temp;
    for(int i=L->length/2;i>0;--i)          /* 将 H->r[1..H.length]建成大根堆 */
        HeapAdjust ( L, i, L->length );
    for(i=L->length; i >1;-- i )
    {   /* 将堆顶记录和当前尚未排序子序列 H->r[1..i]中最后一个记录相互交换 */
        temp=L->r[i];
        L->r[i]=L->r[1];
        L->r[1]=temp;
        HeapAdjust(L,1,i-1);                 /* 将 H.r[1..i-1]重新调整为大根堆 */
    }
}
```

　　需要说明的是,由于作为关键字的学号是字符串类型,因此,对其进行比较和赋值都需要调用相应的字符串操作函数。程序中,为了方便,通过宏定义实现此操作。另外,程序中增加了一个变量 slBack,用来保存初始构建的无序表,能够在调用某排序函数之后恢复到无序序列的状态,以便在下一次调用其它的排序函数。程序中没有包含归并排序和基数排序的函数,读者可自己完成。

8.9　各种内部排序方法的比较

　　本章介绍了五类内部排序算法:插入排序、交换排序、选择排序、归并排序和基数排序。各种算法的效率和稳定性不同,表 8-3 列出了各算法的性能。

表 8-3　各种排序方法的性能

排序方法	最好情况	平均时间	最坏情况	辅助存储	稳定性
直接插入排序	$O(n)$	$O(n^2)$	$O(n^2)$	$O(1)$	稳定
简单选择排序	$O(n^2)$	$O(n^2)$	$O(n^2)$	$O(1)$	稳定
冒泡	$O(n)$	$O(n^2)$	$O(n^2)$	$O(1)$	稳定
希尔排序		$O(n^{1.25})$		$O(1)$	不稳定
快速排序	$O(n\log n)$	$O(n\log n)$	$O(n^2)$	$O(\log n)$	不稳定
堆排序	$O(n\log n)$	$O(n\log n)$	$O(n\log n)$	$O(1)$	不稳定
归并排序	$O(n\log n)$	$O(n\log n)$	$O(n\log n)$	$O(n)$	稳定
基数排序	$O(d(n+rd))$	$O(d(n+rd))$	$O(d(rd))$	$O(n+rd)$	稳定

从表中可以看出：

（1）从平均性能而言，快速排序最佳，时间效率最高。但在最坏情况下退化成冒泡排序，其性能不如堆排序和归并排序稳定。后两者相比较，当 n 较大时，归并排序所需时间比堆排序更少，但所需辅助存储量最多。

（2）基数排序适用于 n 值很大而关键字较小的序列。

（3）从稳定性来看，除了基数排序、归并排序、简单排序是稳定的以外，几乎所有性能较好的内部排序方法都是不稳定的。

（4）当序列中的记录"基本有序"或 n 值较小时，直接插入排序是最佳的排序方法。因此常将它与其他的排序方法，诸如快速排序、归并排序等结合在一起使用。

对于实际应用问题，选择排序方法时需要综合考虑以下几方面因素：1)时间复杂度；2)空间复杂度；3)稳定性；4)简单性。通常，当待排序记录数 n 较小时，采用直接插入排序或简单选择排序为宜；当待排序记录已经按关键字基本有序时，则选择直接插入排序或冒泡排序为宜；当待排序记录数 n 较大，关键字分布较随机，且对稳定性不作要求时，采用快速排序为宜；当待排序记录数 n 较大，内存空间允许，且要求排序稳定时，归并排序为宜；当待排序记录数 n 较大，关键字分布可能会出现正序或逆序的情况，且对稳定性不作要求时，采用堆排序（或归并排序）为宜。

8.10　本 章 小 结

排序就是重排一组记录使其按关键字的值递增或递减有序。本章介绍了五类内部排序：插入排序、交换排序、选择排序、归并排序和基数排序。各种内部排序算法的效率和稳定性不同，适用于不同的实际应用问题。

插入排序包括直接插入排序和希尔排序。当待排序记录个数较少或序列已基本有序时，直接插入排序效率较高。希尔排序是直接插入排序的一种改进方法。由于直接插入排序算法在 n 值较小时，效率比较高；在 n 值很大时，若序列按关键字基本有序，效率依然较高，希尔排序即从这两点考虑，进行了改进。直接插入排序是稳定的，希尔排序是不稳定的。

交换排序包括冒泡排序和快速排序。冒泡排序是基于相邻两记录关键字值的比较与交换实现排序,因此是一种稳定的排序方法。快速排序是基于不相邻记录间关键字值的比较与交换,它是一种不稳定的排序方法。就平均性能而言,快速排序是最好的内部排序方法之一。

选择排序主要包括简单选择排序和堆排序。简单选择排序的特点是交换次数较少,是稳定的算法。堆排序是利用堆进行排序的算法,是不稳定的。归并排序通过不断地将两个有序表合并成一个有序表的归并过程来进行排序。归并排序的运行时间并不依赖于待排序记录的原始顺序,它避免了快速排序的最差情况。归并排序是一种稳定的排序方法。基数排序是利用多次分配和收集过程进行的排序,是一种稳定的排序方法。

8.11 习　　题

一、填空题

1. 大多数排序算法都有两个基本的操作:_____和_____。

2. 在对一组记录(54,38,96,23,15,72,60,45,83)进行直接插入排序时,当把第 7 个记录 60 插入到有序表时,为寻找插入位置至少需比较_____次。

3. 在插入和选择排序中,若初始数据基本正序,则选用_____;若初始数据基本反序,则选用_____。

4. 在堆排序和快速排序中,若初始记录接近正序或反序,则选用_____;若初始记录基本无序,则最好选用_____。

5. 对于 n 个记录进行冒泡排序,在最坏的情况下所需要的时间是_____。若对其进行快速排序,在最坏的情况下所需要的时间是_____。

6. 对于 n 个记录进行归并排序,所需要的平均时间是_____,所需要的附加空间是_____。

7. 对于 n 个记录进行 2 路归并排序,整个归并排序需进行_____趟。

8. 设要将序列(Q, H, C, Y, P, A, M, S, R, D, F, X)中的关键码按字母序的升序重新排列,则:

(1) 冒泡排序一趟扫描的结果是_____;

(2) 初始步长为 4 的希尔(shell)排序一趟的结果是_____;

(3) 二路归并排序一趟扫描的结果是_____;

(4) 快速排序一趟扫描的结果是_____;

(5) 堆排序初始建堆的结果是_____。

9. 在堆排序、快速排序和归并排序中,

(1) 若只从存储空间考虑,则应首先选取_____方法,其次选取_____方法,最后选取_____方法;

（2）若只从排序结果的稳定性考虑,则应选取_____方法;

（3）若只从平均情况下最快考虑,则应选取_____方法;

（4）若只从最坏情况下最快并且要节省内存考虑,则应选取_____方法。

二、单项选择题

1. 将 5 个不同的数据进行排序,至多需要比较_____次。

　　（A）8　　　　　（B）9　　　　　（C）10　　　　　（D）25

2. 排序方法中,从未排序序列中依次取出元素与已排序序列（初始时为空）中的元素进行比较,将其放入已排序序列的正确位置上的方法,称为_____。

　　（A）希尔排序　　（B）冒泡排序　　（C）插入排序　　（D）选择排序

3. 从未排序序列中挑选元素,并将其依次插入已排序序列（初始时为空）的一端的方法,称为_____。

　　（A）希尔排序　　（B）归并排序　　（C）插入排序　　（D）选择排序

4. 对 n 个不同的关键字进行冒泡排序,在下列哪种情况下比较的次数最多?_____

　　（A）从小到大排列好的　　　　　　（B）从大到小排列好的

　　（C）记录无序　　　　　　　　　　（D）记录基本有序

5. 对 n 个不同的关键码进行冒泡排序,在元素无序的情况下比较的次数为_____。

　　（A）n+1　　　　（B）n　　　　　（C）n−1　　　　（D）n(n−1)/2

6. 快速排序在下列哪种情况下最易发挥其长处?_____

　　（A）被排序的数据中含有多个相同关键字

　　（B）被排序的数据已基本有序

　　（C）被排序的数据完全无序

　　（D）被排序的数据中的最大值和最小值相差悬殊

7. 对 n 个记录作快速排序,在最坏情况下,算法的时间复杂度是_____。

　　（A）O(n)　　　（B）O(n²)　　　（C）O(nlog₂n)　　　（D）O(n³)

8. 若一组记录的关键字为(46,79,56,38,40,84),则利用快速排序的方法,以第一个记录为基准得到的一次划分结果为_____。

　　（A）38,40,46,56,79,84　　　　　（B）40,38,46,79,56,84

　　（C）40,38,46,56,79,84　　　　　（D）40,38,46,84,56,79

9. 下列关键字序列中,_____是堆。

　　（A）16,72,31,23,94,53　　　　　（B）94,23,31,72,16,53

　　（C）16,53,23,94,31,72　　　　　（D）16,23,53,31,94,72

10. 堆是一种_____排序。

　　（A）插入　　　　（B）选择　　　　（C）交换　　　　（D）归并

11. 堆的形状是一棵_____。

　　（A）二叉排序树　　　　　　　　　（B）满二叉树

　　（C）完全二叉树　　　　　　　　　（D）平衡二叉树

12. 若一组记录的关键字为(46,79,56,38,40,84),则利用堆排序的方法建立的初始堆为_____。

　　(A) 79,46,56,38,40,84　　　　　(B) 84,79,56,38,40,46

　　(C) 84,79,56,46,40,38　　　　　(D) 84,56,79,40,46,38

13. 下述几种排序方法中,要求内存最大的是_____。

　　(A) 插入排序　　　(B) 快速排序　　　(C) 归并排序　　　(D) 选择排序

参 考 文 献

[1]　严蔚敏. 数据结构(第二版). 北京：清华大学出版社.

[2]　耿国华. 数据结构(C 语言版). 北京：高等教育出版社.

[3]　李春葆. 数据结构教程. 北京：清华大学出版社.

[4]　[美]Bruno R. Preiss. 数据结构与算法. 北京：电子工业出版社.

[5]　殷人昆. 数据结构(C 语言描述). 北京：机械工业出版社.

[6]　冯志权. 数据结构与算法设计. 北京：中国电力出版社.

[7]　闫玉宝,徐守坤. 数据结构. 北京：清华大学出版社.

[8]　宁正元,王秀丽. 算法与数据结构. 北京：清华大学出版社.